Holzschädlingsbekämpfung durch Begasung

Fumigation as a Means of Wood Pest Control

Beiträge einer Fortbildungsveranstaltung
der Restaurierungswerkstätten des Bayerischen Landesamtes für Denkmalpflege
am 22. Oktober 1993 in München

Proceedings of a Conference
held by the Restoration Studios of the Bavarian State Conservation Office
in Munich on October 22, 1993

ARBEITSHEFTE DES BAYERISCHEN LANDESAMTES FÜR DENKMALPFLEGE, BD. 75

Arbeitshefte des Bayerischen Landesamtes für Denkmalpflege
Herausgegeben von Generalkonservator Prof. Dr. Michael Petzet

Die Drucklegung erfolgte mit freundlicher Unterstützung
der Messerschmitt Stiftung

Übersetzungen ins Englische bzw. Deutsche (Beitrag Gilberg/Roach)
von Michaela Nierhaus, München

Umschlagabbildungen

Aufbau des Gehäuses zur Anobienbekämpfung von Holzskulpturen aus der Münchner Frauenkirche
in den Werkstätten des Bayerischen Landesamtes für Denkmalpflege (Ausführung Firma Biebl);
Aufnahmen: Cristina Thieme, 1991

Redaktion und Layout: Susanne Böning-Weis, Erwin Emmerling, Danica Tautenhahn
Gesamtherstellung: Lipp GmbH, Graphische Betriebe, Meglingerstraße 60, 81477 München
Vertrieb: Karl M. Lipp Verlag, Meglingerstraße 60, 81477 München

ISBN 3-87490-640-X

Inhalt / *Contents*

Vorwort

Das zweite von den Restaurierungswerkstätten des Bayerischen Landesamtes für Denkmalpflege am 22. Oktober 1993 in München veranstaltete Kolloquium zum Thema Holz, war der „Holzschädlingsbekämpfung durch Begasung" gewidmet, weil sehr viele Unsicherheiten in der Beurteilung der heute verwendeten Gase, ihrer Auswirkungen und ihrer Wirksamkeit bestehen. Begasung ist einerseits für die Kunstwerke wohl die schonendste Methode der Holzschädlingsbekämpfung. Andererseits ist man bisher aber nicht ohne Gase ausgekommen, die für den Menschen, die Kunstwerke oder die Umwelt risikofrei gewesen wären. Ethylenoxid erwies sich als krebserregend, Phosphorwasserstoff ist kritisch für Metalle, das gleiche gilt für Cyanwasserstoff (Blausäure), der außerdem sehr lange Lüftungsphasen erfordert. Im letzten Jahrzehnt wurde in der Bundesrepublik Deutschland fast ausschließlich Brommethan (Methylbromid) aufgrund seines günstigen Preises, seiner hohen Wirksamkeit und gering eingeschätzter Schädlichkeit für Kunstwerke eingesetzt. Doch auch diesem Gas werden inzwischen krebserregende und zusätzlich ozonschichtschädigende Eigenschaften zugeschrieben, so daß geplant ist, die Produktion bis zum Jahr 2000 einzustellen. In der Diözese Würzburg darf dieses Gas bereits seit März 1994 nicht mehr verwendet werden. Aus diesem Grunde wird neuerdings versucht, alternative Begasungsmittel wie Sulfurylfluorid (Altarion Vikane), Kohlendioxid oder Stickstoff einzusetzen, Gase, die wahrscheinlich als unschädlich einzustufen sind, die aber entweder in ihrer Wirksamkeit auf alle Stadien der Insekten oder in ihrer Auswirkung auf die Kunstwerke noch nicht ausreichend getestet worden sind. Es erscheint daher dringend erforderlich, daß sich die Denkmalpflege angesichts des allgemein zunehmenden Schädlingsbefalls in die Untersuchungen einschaltet, um ihre Anforderungen einzubringen. Der denkmalpflegerische Anteil an der Forschung muß sich dabei auf mögliche Auswirkungen der Gase auf die in Monumenten wie Kirchen oder Schlössern z. B. vorhandene Materialvielfalt beziehen. Die Referate des Kolloquiums von 1993 sollen den derzeitigen Wissensstand zu den verwendeten Gasen darstellen und zusammenfassen, um deren Wirksamkeit bzw. die mit der Anwendung verbundenen Risiken klarzulegen. Die bisher bekannt gewordenen Schäden und Risiken erfordern jedenfalls zwingend neue Wege in der Holzschädlingsbekämpfung mit dem Ziel, in Zukunft Methoden und Materialien empfehlen zu können, die für den Menschen, die Kunstwerke und die Umwelt als bedenkenlos eingestuft werden können.

Foreword

The subject of the second conference on wood held by the restoration studios of the Bavarian State Conservation Office in Munich on October 22, 1993, was "Fumigation as a Means of Wood Pest Control". We chose this subject because there is much uncertainty in the assessment of the gases that are in use today concerning their effects and their effectivity. On the one hand, fumigation seems to be the safest wood pest control method for works of art. On the other hand, it has hitherto not been possible to eradicate wood pests with gases that involve no risk to man, to materials or to the environment. Ethylene oxide proved to be carcinogenic, hydrogen phosphide is critical for metals, the same applies to hydrogen cyanide (prussic acid) which, in addition, requires long periods of airing. For the past ten years, methyl bromide has been almost exclusively employed in Germany, because it was inexpensive, very effective and seemed safe for the works of art. However, it has now been attributed carcinogenic and ozone-depleting properties so that production is supposed to stop by 2000. The diocese of Würzburg has already forbidden its use since March 1994. Thus, alternative fumigants are being sought, such as sulfuryl fluoride (Altarion Vikane), carbon dioxide and nitrogen: gases which can presumably be considered safe, but whose effectivity in all the phases of the lifecycle of the insects and whose effect on the works of art have not been sufficiently investigated. It is, therefore, imperative that the Office for the Conservation of Cultural Property takes the initiative, particularly, in view of the increasing infestation and becomes involved in studies in order to ensure its special needs are reflected. From the point of view of the conservation of cultural property research has to consider the possible effect of the gases on the great variety of materials in richly furnished monuments like churches, palaces etc. The aim of the papers of this conference is to reveal and summarize the knowledge that is currently available about these gases in order to get a clear picture of the hazards and the effectivity. The damage and risks that have come to light force us to seek new paths in wood pest control with the goal of being able to recommend methods and materials that do not jeopardizc man, the works of art or the environment.

Michael Kühlenthal   Michael Petzet

Wibke Unger

Nahrung und Klima als entscheidende Faktoren für Angriff, Bestand und Ausbreitung holzzerstörender Insekten und Pilze in Baudenkmälern

Nicht nur die Spezies *Homo sapiens recens* braucht geeignete Nahrung in ausreichender Menge und eine heile Umwelt ohne Klimaveränderungen und Luftverschmutzung, um gedeihen und überleben zu können, sondern auch die Schadorganismen des Holzes können ohne die Erfüllung dieser Prämissen ihre Lebenstätigkeit nicht entfalten. Zwar sind Insekten und Pilze wesentlich genügsamer und widerstandsfähiger gegenüber Milieuveränderungen als der Mensch, aber einige wesentliche Ansprüche an Nahrung und Klima stellen sie ebenfalls.

Für die weitere Abarbeitung des Themas erscheint es sinnvoll, sich zu vergegenwärtigen, was die komplexen Begriffe Nahrung und Klima im Hinblick auf die Lebenstätigkeit holzzerstörender Insekten beinhalten (Übersicht 1).

Sowohl Nahrungsbestandteile und -faktoren als auch Klimabestandteile und -faktoren spielen eine entscheidende Rolle im Leben holzzerstörender Insekten. Von den Nahrungsbestandteilen sind Zellulose, Eiweiß, Stärke, Zucker, Vitamine, Spurenelemente und Wasser von Bedeutung. Als Nahrungsfaktoren haben die Holzart, die Oberflächenbeschaffenheit des Holzes, sein Alter und der Grad des Holzabbaus (z. B. durch Pilze) sowie der Früh- und Spätholzanteil einen Einfluß. Als Klimafaktoren sind die geographische Breite, die Lage über dem Meeresspiegel oder die Entfernung von Meer und Gebirgen zu nennen. Den weitaus größten Einfluß auf die Lebenstätigkeit holzzerstörender Insekten üben aber die Klimabestandteile Temperatur und Luftfeuchte aus.

Hinsichtlich des Nährstoffbedarfs stellen die einzelnen Arten der holzzerstörenden Insekten unterschiedliche Ansprüche (Übersicht 2). Die Larven des Gewöhnlichen Nagekäfers (*Anobium punctatum* De Geer) sind weitgehend unabhängig von der Zusammensetzung der Nahrung, weil ihr Darmsystem Hefezellen enthält. Die Symbiose mit den Hefezellen ermöglicht ihnen den Aufschluß der Zellulose des Holzes. Das Vorhandensein von Eiweiß fördert zwar das Wachstum der Larven, für ihr Überleben ist es aber nicht zwingend erforderlich. Daher stimmt die These nicht, daß durch eine Wärmebehandlung infolge der Koagulation des im Holz vorhandenen Eiweißes ein ausreichend vorbeugender Effekt gegen *A. punctatum* erzielt wird.

Bei anderen Nagekäferarten, wie dem Gescheckten Nagekäfer (*Xestobium rufovillosum* De Geer), dem Trotzkopf (*Coelostethus pertinax* L.) und dem Schwammholz-Nagekäfer (*Priobium carpini* Herbst) verläuft die Hefesymbiose schwächer. Deshalb wird von ihnen durch Pilze vorgeschädigtes Holz bevorzugt.

Die Larven des Hausbockkäfers (*Hylotrupes bajulus* L.) haben im Gegensatz zu denen von *A. punctatum* keine Symbionten und benötigen Eiweiß für eine optimale Entwicklung. Durch Wärme und Alterung chemisch verändertes Eiweiß ist für sie schwer- bzw. unverdaulich. Deshalb wird über 70 Jahre altes oder wärmebehandeltes Holz vom Hausbockkäfer selten neu befallen.

Der Braune Splintholzkäfer (*Lyctus brunneus* Steph.) benötigt stärke- und eiweißhaltiges Holz. Das ist ein Grund dafür, daß Kiefernholz wegen des geringen Stärkegehaltes nicht befallen wird.

Übersicht 3 zeigt, welche Hölzer von den einzelnen Spezies der holzzerstörenden Insekten überhaupt bzw. bevorzugt angegriffen werden. Diese Erkenntnisse sind im Rahmen der Diagnose eines Insektenbefalls zu berücksichtigen. Nadelholzschädlinge sind der Schwammholz-Nagekäfer, der Trotzkopf und der Hausbockkäfer. Der Gewöhnliche Nagekäfer befällt sowohl Nadel- als auch Laubholz. Nach eigenen Erfahrungen entwickeln sich Anobienlarven aber in Laubholz, insbesondere in Linden- und Haselnußholz, schneller als in Nadelholz (z. B. Kiefer). Der Gekämmte Nagekäfer, der Gescheckte Nagekäfer und der Braune Splintholzkäfer sind Laubholzspezialisten.

Ein weiteres wichtiges Kriterium ist die Struktur der Holzoberfläche. Rauhe, rissige, pilzvorgeschädigte Oberflächen verleiten die Weibchen der holzzerstörenden Insekten viel eher zur Eiablage als glatte, geschlossene Oberflächen. Nur die Weibchen der Splintholzkäfer benagen die Holzoberfläche zur Eiablage.

Die Klimabestandteile Luftfeuchte und Temperatur sind für die Entwicklung holzzerstörender Insekten von außerordentlicher Bedeutung. Entsprechend der jeweils herrschenden Luftfeuchte und der Raumtemperatur stellt sich die Holzfeuchte ein. Mit steigender Luftfeuchte nimmt auch die Holzfeuchte bis zur Fasersättigung zu. In Übersicht 4 ist der Feuchtigkeitsbedarf der Larven holzzerstörender Insekten auf der Basis von Literaturangaben und eigenen Untersuchungen zusammengestellt.

Für *A. punctatum* liegt das Holzfeuchteoptimum im Bereich von 28-30 %. Bei Holzfeuchten von 47-50 % stellen die Larven ihr Wachstum ein. Permanente relative Luftfeuchten von < 60 % führen zu Holzfeuchten von 10-12 %, bei denen sich das Wachstum der Anobienlarven stark verlangsamt.

Die Larven des Hausbockkäfers benötigen für ihre optimale Entwicklung eine über dem Fasersättigungspunkt liegende Holzfeuchte von 30-40 %. Selbst in Holz mit einer Feuchte von 65 % können sie noch existieren.

Lediglich 14-16 % Holzfeuchte reichen aus, um eine optimale Entwicklung der Larven des Braunen Splintholzkäfers zu garantieren. Daher sind trockene, stärkehaltige Laub- oder Tropenhölzer (Limba, Abachi) besonders gefährdet.

Die Larven der genannten Holzschädlinge zählen zu den Trockenholzinsekten. Das bedeutet, daß sie eine Austrocknung des Holzes durchaus längere Zeit überleben können. Die Fähigkeit zu hungern ist bei den Larven des Gewöhnlichen Nagekäfers und des Hausbockkäfers besonders ausgeprägt.

Sehr markant ist der Temperatureinfluß auf die Larvenentwicklung (Übersicht 5).

Jüngere und ältere Anobienlarven gedeihen bei Temperaturen von 21-24 °C optimal. Aber bereits Temperaturen über 25 °C werden von den Larven nicht gut vertragen. Sie sind wärmeempfindlicher als die Hausbocklarven und werden eher abgetötet. Unterhalb von 12 °C nimmt die Aktivität der Larven des Gewöhnlichen Nagekäfers stark ab.

Der Hausbockkäfer liebt die Wärme, so daß er sonnenbestrahlte Dachböden bevorzugt aufsucht. Das Optimum der Larvenentwicklung liegt bei 28-30 °C, und sogar bei 35 °C zeigen

Übersicht 1. Definition von Nahrung und Klima im Hinblick auf die Lebenstätigkeit holzzerstörender Insekten

Nahrung	
Nahrungsbestandteile	**Nahrungsfaktoren**
Zellulose	Holzart
Eiweiß	Oberflächenbeschaffenheit
Stärke	des Holzes (Rauhigkeit)
Vitamine	Grad des Holzabbaus
Spurenelemente	(durch Pilze)
Wasser (Holzfeuchte)	Früh- und Spätholzanteil
Klima	
Klimabestandteile	**Klimafaktoren**
Temperatur	geographische Breite
Luftfeuchte	Höhe über dem Meeresspiegel
Luftdruck	Entfernung von Meer
Sonnenscheindauer	und Gebirgen

Übersicht 2. Nährstoffbedarf der Larven holzzerstörender Insekten

Spezies	Chemische Verbindungen
Gewöhnlicher Nagekäfer *(Anobium punctatum* De Geer*)*	Zellulose, Eiweiß (geringe Mengen)
Hausbockkäfer *Hylotrupes bajulus* L.	Eiweiß, Zellulose, Polyosen, Vitamin B
Brauner Splintholzkäfer *(Lyctus brunneus* Steph.*)*	Stärke, Eiweiß, Zucker, Spurenelemente

Übersicht 3. Die holzzerstörenden Insekten und ihre Nahrungsquellen

Spezies	Nadelholz	Laubholz	Sonstige Charakteristika
Gekämmter Nagekäfer		x	feinporiges Kernholz
Schwammholz-Nagekäfer	x		pilzbefallenes Holz
Gewöhnlicher Nagekäfer	x	x	
Trotzkopf	x		pilzbefallenes Holz
Gescheckter Nagekäfer		x	pilzbefallenes Eichenholz
Hausbockkäfer	x		Splintholz
Brauner Splint-holzkäfer		x	Splintholz

Übersicht 4. Feuchtigkeitsbedarf der Larven holzzerstörender Insekten

Spezies	Holzfeuchte, %			Luftfeuchte, %		
	min	**opt**	max	min	**opt**	max
Gewöhnlicher Nagekäfer	10-12	**28-30**	47-50	~ 60	**> 95**	> 95
Hausbockkäfer	9-10	**30-40**	65-80	~ 50	**> 95**	> 95
Brauner Splint-holzkäfer	7-8	**14-16**	23	~ 30	**> 80**	~ 90

Larven im Laborexperiment noch eine Zunahme ihrer Masse. Wenn tiefe Temperaturen (z. B. -10 °C) herrschen, dann verfallen die Larven des Hausbockkäfers in eine Kältestarre und fangen erst bei einem Temperaturanstieg wieder an zu fressen.

Die Larven des Braunen Splintholzkäfers erreichen bei 26-27 °C ihre höchste Aktivität. Nach Laborexperimenten wachsen die Larven im Temperaturbereich von 18 °C bis 30 °C.

Die Angaben zur Abtötungstemperatur für *Lyctus brunneus* variieren zwischen 49 und 65 °C, wobei die Experimente sowohl mit Larven im Reagenzglas (niedriger Wert) als auch mit tief im Holz lebenden Larven (höherer Wert) durchgeführt wurden.

Die wichtigsten in historischen Gebäuden vorkommenden pilzlichen Holzzerstörer sind der Echte Hausschwamm [*Serpula lacrymans* (Wulf.: Fr.) Schroet.], der Braune Kellerschwamm [*Coniophora puteana* (Schum.: Fr.) Karst.] und der Weiße Porenschwamm [*Poria placenta* (Fries) Cook sensu J. Eriksson]. Sie bauen die Zellulose des Holzes ab und werden als Braun- oder Destruktionsfäulepilze bezeichnet.

Bei hohen Luftfeuchten wachsen auf den Oberflächen Schimmelpilze, die das Holz nicht zerstören, aber sein ästhetisches Aussehen beeinträchtigen. Sie leben oft von den Inhaltsstoffen oberflächennaher Holzzellen. Die drei genannten Braunfäulepilze bevorzugen Nadelholz als Nahrungsquelle (Übersicht 6). Der Echte Hausschwamm und der Braune Kellerschwamm greifen gelegentlich auch Laubbholz an, wobei die einzelnen Laubholzarten in unterschiedlichem Ausmaß zerstört werden.

Das entscheidende Kriterium für das Auskeimen der Sporen und die Bildung des Pilzmyzels ist die Holzfeuchte. Der Echte Hausschwamm benötigt im Anfangsstadium für sein optimales Wachstum die geringste Holzfeuchte (Übersicht 7). Mit fortschreitender Entwicklung erhöht sich sein Feuchtigkeitsanspruch. Er kann aber auch trockenes Holz angreifen, wenn es ihm gelingt, mit Hilfe seines Myzels bzw. seiner Myzelstränge von anderen, feuchten Stellen Wasser heranzutransportieren. Der Braune Kellerschwamm entwickelt sich erst bei sehr hohen Holzfeuchten in ausreichendem Maße. Ein Feuchteentzug bewirkt sein Absterben. Der Weiße Porenschwamm benötigt für sein Wachstum eine zwischen den beiden bereits besprochenen Pilzen liegende Holzfeuchte. Trockenes Holz läßt er unversehrt. Die untere Schwelle der Holzfeuchte liegt für die holzzerstörenden Pilze (*Basidiomyceten*) bei 20 %. Daher wird von ihnen ständig trockenes Holz nicht angegriffen. Holzbewohnende Schimmelpilze (*Ascomyceten, Fungi imperfecti*) bevorzugen Holzfeuchten oberhalb des Fasersättigungspunktes. Diese Pilze sind erste Anzeiger für unzulässig hohe Feuchtigkeitswerte in Gebäuden und für den Beginn eines biogenen Befalls.

Die Übersicht 8 enthält Angaben zum Temperatureinfluß auf das Myzelwachstum holzzerstörender Pilze. Das Myzel des Echten Hausschwamms gedeiht bei Zimmertemperaturen um 21°C optimal. Bereits bei 27 °C wird das Myzelwachstum eingestellt. Sowohl der Braune Kellerschwamm als auch der Weiße Porenschwamm sind wärmeliebender bzw. -resistenter. Sie hören erst bei etwa 35 °C auf zu wachsen. Die untere Grenztemperatur für ein Wachstum des Myzels liegt für alle besprochenen Pilze bei 3 °C.

Folgerungen für die denkmalpflegerische Praxis

Bislang ist lediglich der Einfluß von Nahrung und Klima auf die Entwicklung der Larven holzzerstörender Insekten betrachtet worden. Der Generationszyklus der Insekten umfaßt aber noch

Übersicht 5. Temperatureinfluß auf die Entwicklung und Abtötung der Larven holzzerstörender Insekten

Spezies	Temperatur, °C min	opt	max	Abtötung
Gewöhnlicher Nagekäfer	12	**21-24**	29	47-50
Hausbockkäfer	16-19	**28-30**	35	55-57
Brauner Splintholzkäfer	18	**26-27**	30	49-65

Übersicht 6. Nahrungsquellen zelluloseabbauender Pilze

Spezies	**Nadelholz**	**Laubbholz**
Echter Hausschwamm *[Serpula lacrymans* (Wulf.: Fr.) Schroet.]	x	⊗
Brauner Kellerschwamm *[Coniophora puteana* (Schum.: Fr.) Karst.]	x	⊗
Weißer Porenschwamm *[Poria placenta* (Fries) Cook sensu J. Eriksson]	x	((x))

Legende: x = Hauptvorkommen
⊗ = unterschiedl. starker Angriff der einzelnen Arten
((x)) = selten vorkommend

Übersicht 7. Einfluß der Holzfeuchte auf das Myzelwachstum holzschädigender Pilze

Spezies	Holzfeuchte, % min	opt	max
Echter Hausschwamm	20	**30-40**	40-60
Brauner Kellerschwamm	20	**50-60**	?
Weißer Porenschwamm	20	**40**	?
Schimmelpilze (z. B., *Penicillium-* u. *Aspergillus*-Arten)	20	**> 30**	?

Übersicht 8. Temperatureinfluß auf das Myzelwachstum und die Abtötung holzzerstörender Pilze

Spezies	Temperatur, °C min	opt	max	Abtötung
Echter Hausschwamm	3	**18-21-22**	26-28	50 (½ h)
Brauner Kellerschwamm	3	**22-24**	32-35	58 (½ h)
Weißer Porenschwamm	3	**27-28**	35-36	58 (1 h)

weitere Entwicklungsstadien (Ei, Puppe, Imago) unterschiedlicher Dauer (Anhang 1). Dabei werden die einzelnen Entwicklungsphasen wie Kopulation der Käfer, Eiablage, Verpuppung, Schlupf und Flug ebenfalls sehr stark durch Nahrung und Klima beeinflußt. Mit Hilfe von Übersicht 9 läßt sich abschätzen, welcher stimulierende oder inhibierende Effekt eintritt, wenn durch Beheizen eines Raumes Lufttemperatur und -feuchte verändert werden. Dabei muß zwischen einer kontinuierlichen und diskontinuierlichen Beheizung unterschieden werden.

Der erste Fall ist in dauernd beheizten (zentralbeheizten) Gebäuden gegeben. Während der Heizperiode kommt es zu einem permanenten Temperaturanstieg und zu einer Abnahme der Luft- und Holzfeuchte. Hohe Temperaturen und niedrige Luftfeuchten schaden der Entwicklung der Anobienlarven. In Holzobjekten, die aktiv befallen sind, kümmern die Larven und erreichen nicht ihre natürliche Vitalität. *A. punctatum* benötigt außerdem für eine ungestörte Verpuppung eine längere Abkühlperiode. Bei ungenügender Abkühlung verzögert sich die Verpuppung, und der Schlupf der Käfer wird gestört. Die Populationsdichte sinkt, und der aktive Befall kann erlöschen. Werden während der Flugzeit im Frühjahr und Sommer durch die Weibchen Eier (Anhang 2) auf das hölzerne Interieur abgelegt, dann verhindert das warme und trockene Innenklima im Herbst und Winter eine zügige Weiterentwicklung der Eilarven zu mittelgroßen Larven. Die Ausfallquote ist hoch, die Gefahr des Aufflammens eines stetigen Befalls niedrig. Das ist ein Grund dafür, daß in zentralbeheizten Räumen keine insektenvorbeugenden Holzschutzmittel eingesetzt zu werden brauchen.

Übersicht 9. Stimulierende und inhibierende Wirkungen auf die einzelnen Entwicklungsphasen des Gewöhnlichen Nagekäfers (*Anobium punctatum* De Geer)

Entwicklungsphase	**Wirkung stimulierend**	**inhibierend**
Kopulation der Käfer	Dunkelheit (Photophobie)	Helligkeit
Eiablage	Eichensplint, Linde, Pappel, Weide, Haselholz; alte Schlupfgänge, Risse, Spalten, Dunkelheit	glatte, geschlossene Oberflächen
Larvenentwicklung (Eilarve bis Verpuppung)	Lufttemp.: 21-24 °C Luftfeuchte: > 95 % Holzfeuchte: 28-30 %	Lufttemp.: 29 °C Luftfeuchte: < 55 % Holzfeuchte: < 10 %
Verpuppung	längere Abkühlung (5 Monate, mittlere Temp. bei +5 °C)	ungenügend lange und tiefe Abkühlung
Schlupf	warme Mittagsstunden, aber nicht zu heiß	niedrige oder zu hohe Temperaturen während der Mittagszeit
Flug der Käfer	warme Mittagsstunden, aber nicht zu heiß	niedrige oder zu hohe Temperaturen während der Mittagszeit

Im Gegensatz zu Wohngebäuden werden viele Kirchen, aber auch Räume in Schlössern und Burgen nur diskontinuierlich während der Heizperiode erwärmt. Es kommt zu merklichen Temperaturschwankungen, die entsprechende Luft- und Holzfeuchteschwankungen nach sich ziehen. Nicht nur starke Quell- und Schwundbewegungen treten an der hölzernen Ausstattung auf, sondern bei einem bereits vorhandenen aktiven Befall wirkt sich der ständige Temperaturwechsel auf die Larvenentwicklung günstig aus. Die durchschnittliche Larvengröße erhöht sich. Da die meisten Kirchen an den Wochentagen nicht beheizt werden, reichen diese Abkühlperioden aus, um eine Verpuppung in Gang zu setzen. Der Befall wird somit erhalten. Zusammenfassend betrachtet, wirkt sich die diskontinuierliche Beheizung eher fördernd als hemmend auf die Entwicklung der Anobienlarven aus.

In kontinuierlich beheizten Gebäuden, die sich in einem einwandfreien baulichen Zustand befinden, ist mit dem Auftreten holzzerstörender Pilze nicht zu rechnen. Da in zentral- und ofenbeheizten Räumen die Luftfeuchte niedrig liegt, beträgt die sich im Holz einstellende Gleichgewichtsfeuchte lediglich 6-10 %. Sie liegt damit unter dem Minimumwert von 20 %. Diese Feuchte verhindert ein Auskeimen von Sporen und ein Myzelwachstum holzzerstörender Pilze.

Anders sieht es hingegen in Baudenkmalen wie Kirchen, Burgen und Schlössern aus, die selten bzw. sporadisch beheizt werden. Dabei ist durchaus mit einer differenzierten Reaktion der einzelnen pilzlichen Holzzerstörer entsprechend ihrer Lebensweise zu rechnen.

Wird ein bisher unbeheiztes Kirchenschiff mit einem unentdeckt gebliebenen Befall durch den Echten Hausschwamm zukünftig sporadisch an Sonn- und Feiertagen beheizt, dann werden sich die Klimaschwankungen eher negativ auf das Wachstum des Myzels auswirken. Der Echte Hausschwamm liebt nach GROSSER (1987) ein möglichst konstantes, kühl-feuchtes Klima mit wenig Luftbewegung. Die kurzzeitigen Temperaturanhebungen von vielleicht +3 °C auf die sogenannte Behaglichkeitstemperatur eines Kirchenbesuchers mit Winterbekleidung von 12-16°C im Innenraum der Kirche dürften kaum einen wachstumsbeschleunigenden Einfluß auf das Myzel ausüben. Zu kurz ist die Zeitspanne, in der das veränderte Raumklima auf das Mikroklima des Befallsherdes durchschlagen kann.

Dagegen ist es möglich, daß es durch das wiederholte Aufheizen an den kalten Außenwänden und im Fußbodenbereich zu Taupunktunterschreitungen kommt. Die dabei auftretende erhöhte Feuchtigkeit begünstigt in Verbindung mit der zeitweise höheren Raumlufttemperatur bzw. der Raumumschließungsflächentemperatur das Auskeimen von Sporen holzzerstörender Pilze und von Schimmelpilzen auf organischen Materialien. Unisolierte Berührungsstellen von Holzbauteilen mit Mauerwerk sind besonders gefährdet. Bei hoher Holzfeuchte ist der Braune Kellerschwamm oftmals Wegbereiter für den Echten Hausschwamm.

Generell sollte ein Raumklima, wie es sich über Jahrzehnte in Kirchen gebildet und auf das sich Raumhülle und Ausstattung eingestellt haben, nicht leichtfertig und ohne zwingende Gründe verändert werden. Im negativen Fall reagiert die hölzerne Ausstattung mit Rissen, Schimmelpilzbewuchs infolge von Tauwasseranfall und einer erhöhten Anfälligkeit gegenüber holzzerstörenden Insekten (hier insbesondere den einzelnen Nagekäferarten).

Nach dem Entwurf der VDI-Richtlinie 3817, Blatt 1 (Oktober 1990) ist es für selten beheizte Gebäude am besten, eine Grundtemperierung (z. B. 8 °C) festzulegen (Grundheizung), die Frost- und Schwitzwasserschäden ausschließt und die Aufheizgeschwindigkeit zwischen Grundtemperatur und Nutzungstemperatur (z. B. 15 °C) durch eine Zusatzheizung nicht zu schnell zu erhöhen. Außerdem sollte versucht werden, die Raumluftfeuchte möglichst das ganze Jahr über konstant zu halten. Das kann für die Beheizung in den Wintermonaten den Einsatz von Luftbefeuchtern bedeuten.

Literatur

1 W. BAVENDAMM, Die Holzschäden und ihre Verhütung. Stuttgart (Wiss. Verlagsgesellschaft) 1974.

2 S. CYMOREK, *Hylotrupes bajulus*-Verpuppung und -Flug, deren Klimaabhängigkeit und Beziehung zur Artverbreitung. In: Zeitschrift für angewandte Entomologie 62 (1968), S. 316-344.

3 S. CYMOREK, Methoden und Erfahrungen bei der Zucht von *Anobium punctatum* (De Geer). In: Holz Roh- und Werkstoff 33 (1975), S. 239-246.

4 S. CYMOREK, Der Fall *Lyctus*. Skizzen über Auftreten, Bedeutung und Bekämpfung eines Holzwurmes. In: Praktische Schädlingsbekämpfer 31 (1979), S. 66-69.

5 D. GROSSER, Pflanzliche und tierische Bau- und Werkholzschädlinge. Leinfelden-Echterdingen (DRW) 2. Aufl. 1987.

6 E. KÖNIG, Tierische und pflanzliche Holzschädlinge. Stuttgart (Holz-Zentralblatt-Verlag) 1957.

7 A. PFEIL, Kirchenheizung und Denkmalschutz. Wiesbaden und Berlin (Bauverlag) 1975.

8 J. SEELE, Raumklima, Raumschale und Ausstattung, Teil 1. In: Bautenschutz + Bausanierung 16 (1993), S. 68-71.

9 W. STEIN, Vorratsschädlinge und Hausungeziefer. Stuttgart (Ulmer) 1986.

10 W. UNGER, A. UNGER, Was sind Anobien? Holztechnologie 27 (1986) 5, S. 255-257.

11 VDI 3817, Technische Gebäudeausrüstung in denkmalwerten Gebäuden, Grundlagen. Blatt 1 (Entwurf), Oktober 1990.

12 H. WEBER, Grundriß der Insektenkunde. Stuttgart (Gustav Fischer Verlag) 1966.

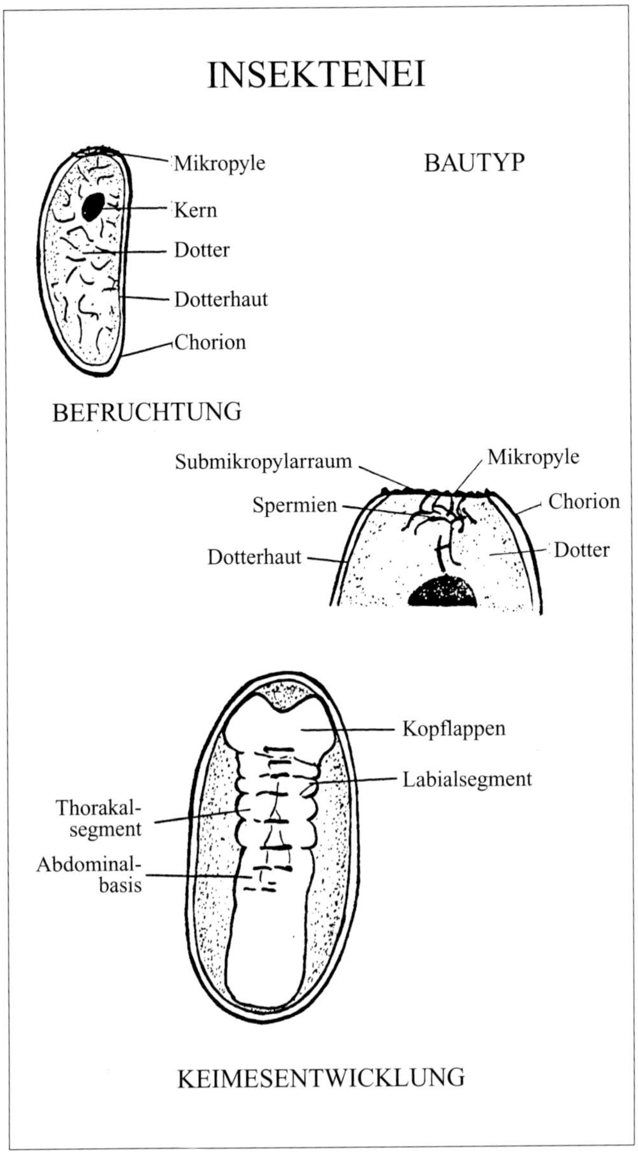

Abb. 1. Schematische Darstellung eines Insekteneies, des Befruchtungsvorganges und der Entwicklung der Eilarve (nach [12])

Anlage 1: Generationsdauer bei holzzerstörenden Insekten

Unter einer Generation wird die Entwicklung Ei - Larve - Puppe - Imago (Käfer) verstanden. Die Generationsdauer gibt die gesamte Zeitspanne dieser Entwicklung an. Sie ist vom Nahrungsangebot und vom Klima abhängig. Die einzelnen Entwicklungsstadien existieren unterschiedlich lang. Als Demonstrationsbeispiel soll der Gewöhnliche Nagekäfer dienen. Die Flugzeit der Käfer fällt in die Monate April bis August. In dieser Zeit werden die befruchteten Eier durch das Weibchen abgelegt. Etwa 14 Tage nach der Eiablage schlüpfen die sich im Ei entwickelnden Larven und bohren sich sofort ins Holz ein. Diese Eilarven wachsen in 3-4 Jahren durch Häutungen zu mittelgroßen Larven heran. Das Puppenstadium erstreckt sich lediglich über 2-4 Wochen. Auch das Käferstadium dauert nicht länger.
Das Larvenstadium ist bei den holzzerstörenden Insekten das entscheidende Stadium. Nur die Larven zerstören das Holz. Daher richten sich die Bekämpfungsmaßnahmen vorwiegend gegen dieses Entwicklungsstadium.
Viele Material- und Hygieneschädlinge, die ebenfalls in Baudenkmälern auftreten können, haben dagegen eine wesentlich kürzere Generationsdauer. Das bedeutet, daß innerhalb *eines* Jahres 1-4 Generationen möglich sein können. In diesem Fall werden notwendige Bekämpfungsmaßnahmen gegen alle Entwicklungsstadien, die oft gleichzeitig nebeneinander vorkommen, eingeleitet.

Anlage 2: Aufbau des Insekteneies

Das Insektenei ist die weibliche Fortpflanzungszelle mit mindestens einem Chromosomensatz, aus der sich nach der Befruchtung durch die männliche Keimzelle ein neues Insekt entwickelt. Der Bauplan des Insekteneies ist einfach (s. Abb. 1). Der im Inneren befindliche Dotter mit dem Eikern wird von der meist sehr dünnen Dotterhaut umschlossen. Der Dotter enthält verschiedene Stoffe wie z. B. Eiweiß, Lipoproteide, Fette und Glykogen. Den äußeren Abschluß des Eies bildet das widerstandsfähige Chorion (Eihülle). Es besteht aus Chorionin, einem chitinähnlichen, schwefelhaltigen Stoff. Durch das Chorion und die Dotterhaut führt ein Eintrittskanal für die Spermien (Mikropyle).
Viele flüssige Holzschutzmittel und einige Begasungsmittel zeigen gegen die Eier der holzzerstörenden Insekten wegen des stabilen Chorions und der recht kleinen Mikropyle nur eine abgeschwächte Wirksamkeit. Die Barriere des Chorions kann dann leichter überwunden werden, wenn das betreffende Bekämpfungsmittel mit den chemischen Bestandteilen des Chorions reagiert. Ein Beispiel dafür ist das Begasungsmittel Brommethan, durch das die schwefelhaltigen Bestandteile des Chorions chemisch verändert werden.

Anhang

Diskussion

Siegmund: Ich arbeite auf diesem Gebiet seit ungefähr 42 Jahren und kann die Angaben von Frau Dr. Unger nur bestätigen. Je wärmer wir unsere Kunstobjekte beschicken, um so länger dauert die Entwicklung der Holzschädlinge, die sich bis auf 8 Jahre hinauszögern kann. Rein theoretisch könnten wir nur mit einer Beheizung einen Befall ohne andere Maßnahmen abtöten: Die alte Generation stirbt ab, und der Jungbefall, also die Eilarven, haben nicht mehr das nötige Startkapital. Sie brauchen ein überhöhtes Maß an Holzfeuchte. Dafür spricht, daß die Kirchen in den neuen Bundesländern mehr aktiven Befall haben, als in den alten Bundesländern, wo wir ab 1970 Heizungen eingebaut haben.

Emmerling: Innerhalb der vom Landesamt für Denkmalpflege betreuten Maßnahmen an Kirchen ist eine Reduzierung von Befall in Bayern definitiv nicht festzustellen.
Es ist aber noch ein anderer Aspekt anzusprechen: Innerhalb der letzten 40 Jahre wurden die meisten bayerischen Kirchen restauriert und immer wieder prophylaktische Schutzmaßnahmen durchgeführt. Falls Ihre Beobachtungen des rückläufigen Schädlingsbefalls stimmen, wäre zu fragen, ob dies tatsächlich ein Ergebnis von Klimaveränderungen in den Kirchen ist oder vielleicht auch der Auswirkungen von Behandlungen mit Xylamon oder Basileum-Produkten. Es hat schließlich fast zum Standard gehört, bei Kirchenrestaurierungen die Holzflächen mit Fungiziden oder Pestiziden einzulassen.

Siegmund: Die Holzschutzmittel allein sind sicher nicht entscheidend, sondern der gesamte Einsatz unserer Produkte. Man ist z. B. bei der Verleimung von den historischen Substanzen etwas abgekommen, und führt den Schädlingen heute deshalb nicht mehr soviel Eiweißstoffe zu wie früher.

Preis: Gibt es irgendwelche objektive Meßmethoden über den Umfang eines Befalls?

Dr. W. Unger: Es gibt verschiedene Möglichkeiten, einen aktiven Insektenbefall zu diagnostizieren. Das einfachste wäre mengenmäßig durch Feststellung der Zahl der Fluglöcher mit einem hellen Rand. Die alten Fluglöcher sind nachgedunkelt und haben einen dunklen Rand. Ferner haben wir in Eberswalde ein Schwingungsmeßgerät entwickelt, mit welchem man die Bewegungen der Larven messen kann, wobei die Anobienlarven ganz andere Bewegungsintensität haben, als die Hausbocklarven. Auf diese Weise kann man auch die Arten unterscheiden. Das lohnt sich aber nur für wertvolle Kunstobjekte. Man kann, allerdings auch nur bei wertvollen Kunstwerken, Röntgenstrahlen verwenden und die Larven vor und nach einer Bekämpfungsmaßnahme fotografieren und sehr gut erkennen, ob die Larven gesund sind oder nicht. Man verwendet dabei die weichen Strahlen der Mammographie. Dann kann man nach Feinden der Insekten suchen. Wenn man die Feinde der Insekten in einem Gebäude findet und das in einem ausreichenden Maße, ist daraus zu schließen, daß auch die Population der Holzschädlinge aktiv ist.

Zwischenfrage: Welche Feinde meinen Sie?

Dr. W. Unger: Schlupfwespen z. B. oder den Blauen Fellkäfer.

Dr. Kühlenthal: Wenn wir eine Bekämpfungsmaßnahme sachgerecht einleiten wollen, bedeutet dies doch wohl, daß zuerst mittels einer Untersuchung Art und Umfang des Befalls diagnostiziert werden müssen. Und danach dann die Bekämpfung gewählt und auch das Umfeld nach Möglichkeit so eingestellt werden sollte, daß es ungünstig für den speziellen Befall ist.

Dr. W. Unger: Wir haben erst Maßnahmen eingeleitet, wenn ich genau Art und Intensität des Befalls diagnostiziert habe. Bei Nagekäfern z. B. gibt es eine Art, den Weichen Nagekäfer/*Ernobius mollis* L., welche für Gebäude ungefährlich einzustufen ist, weil sie zwar ähnlich wie *Anobium punctatum* aussieht und auch in Gebäuden zu beobachten ist, Eiablage und Vermehrung aber im Freien in berindetem Holz stattfindet. Somit ist auch die Diagnose der Art des Befalls wichtig.

Emmerling: Wenn ich alles richtig verstanden habe, gibt es also derzeit keine korrekte Meßmethode, die relativ einfach angewendet werden kann, um einen Befall quantitativ zu bestimmen, außer gutachterlicher Tätigkeit von Experten und Erfahrungswerten. Wenn Experten nicht eingesetzt werden, bedeutet dies somit, daß wir aufgrund von Augenschein und Erfahrung reagieren, wobei es sicherlich nicht grundsätzlich schlecht ist, aufgrund von Erfahrungswerten zu arbeiten.

Ein Diskussionsteilnehmer: Man sollte vielleicht auch Zukunftsperspektiven benennen. Eine von ihnen ist das Aufstellen von Lockstofffallen. Die chemische Zusammensetzung des Lockstoffs von *Anobium punctatum* ist bereits ermittelt worden und man könnte auf diese Weise die Stärke einer Population beim Käferflug feststellen.

Wibke Unger

Nutrition and Climatic Atmospheric Conditions: Decisive Factors for the Attack, Infestation and Spread of Wood-destroying Insects and Fungi in Architectural Monuments

Not only *Homo sapiens recens* need sufficient amounts of suited nutrition and a safe environment without drastic changes or air pollution in order to thrive and survive, but so do wood pests. Although insects and fungi are much less demanding and much more resistant to environmental changes than human beings, nonetheless, they also have fundamental nutritional and environmental needs. Before proceeding, it is necessary to define these two complex terms, nutrition and environment, in relation to wood-destroying insects (Survey 1).

Nutrients and nutritional factors as well as atmospheric elements and environmental factors play a decisive role in the life and activity of wood-destroying insects. The important nutrients are cellulose, protein, starch, glucose, vitamins, trace elements and water. Influential nutritional factors are the type of wood, the state of the surface of the wood, its age and the degree of decay (e.g., due to fungi) as well as the amount of early and late wood. The environmental factors are latitude, altitude and proximity to the sea and mountains. The by far greatest influence on the life of wood-destroying insects are the atmospheric elements - temperature and humidity. As for the nutritional needs, each type of wood-destroying insect has its own (Survey 2).

The larvae of the *Anobium punctatum* De Geer (common furniture beetle) are largely independent of the composition of their nutrients, because their intestinal tract contains yeast cells. The symbiosis with these yeast cells permits them to break up the cellulose in wood. Although the presence of protein contributes to the growth of the larvae, it is not essential for their survival. Thus the premise that thermal treatment is adequate treatment for preventing *Anobium punctatum* attack, because it coagulates the protein in the wood is not valid.

Yeast symbiosis is much less pronounced in the other types of boring beetles such as the *Xestobium rufovillosum* De Geer (death watch beetle), the *Coelostethus pertinax* L. and the *Priobium carpini* Herbst. These borers, thus, prefer wood already damaged by fungi.

Contrary to the larvae of the *A. punctatum,* the larvae of the *Hylotrupes bajulus* L. (house longhorn beetle) do not need symbionts and protein for optimum development. For them, protein chemically altered by heat and aging is difficult or impossible to digest. This explains why wood that is more than 70 years old or that has undergone thermal treatment is rarely attacked by *Hylotrupes bajulus* L. The *Lyctus brunneus* Steph. (common powder-post beetle) needs wood that contains starch and protein. A reason why pine is not attacked is that its starch content is low. Survey 3 shows which woods are attacked if at all or preferably by which species of the wood-destroying insects. This information has to be considered when diagnosing insect infestation. Conifers softwood pests are the *Priobium carpini* Herbst, the *Coelostethus pertinax* L. and the *Hylotrupes bajulus* L. The *Anobium punctatum* attacks softwood as well as hardwood. My own experience, however, has been that Anobia larvae develop faster in wood, especially in linden and hazelnut wood, than in coniferous wood (e.g., pine). The *Ptilinus pectinicornis* L., the *Xestobium rufovillosum* De Geer and the *Lyctus brunneus* Steph. are hardwood specialists.

The surface structure of the wood is another decisive factor. Rough, cracked, already fungi-damaged surfaces are a greater inducement for female wood-destroying insects to lay eggs than closed, smooth surfaces. Only the female *Lyctus brunneus* Steph. bores into the surface of the wood to lay eggs.

The environmental factors, humidity and temperature, are of extraordinary importance for the development of wood-destroying insects. Wood moisture depends on the ambient humidity and room temperature. If the humidity rises so does the moisture-content of the wood until the wood fibers are saturated. Survey 4 is a compilation of the moisture requirements of the larvae of wood-destroying insects on the basis of literary sources and own research. Optimum wood moisture for the *Anobium punctatum* lies in the range of 28-30 %. The larvae stop growing at wood moistures of 47-50 %. Permanent relative humidity of < 60 % results in wood moisture of 10-20 %, at which the Anobia larvae dramatically slow down growth.

The larvae of the *Hylotrupes bajulus* require wood moisture of 30-40 %, which lies above the saturation point of the fiber, for optimum development. They are still viable in wood with a moisture content of 65 %.

Wood moisture of just 14-16 % suffices to guarantee the optimum development of the larvae of the *Lyctus brunneus* Steph. Thus, dry, starch-bearing wood or tropical wood (limba, abachi) are particularly endangered.

The larvae of the mentioned wood pests are dry-wood insects that means that they can survive for extended periods of time even when wood dries. The larvae of the *Anobium punctatum* and the *Hylotrupes bajulus* have a pronounced ability to survive periods of starvation. The influence of temperature is especially marked in the development of the larvae (Survey 5).

Younger and older Anobia larvae thrive best at temperatures of 21-24 °C. However, they do not appreciate temperatures above 25 °C. They are more sensitive to heat than the *Hylotrupes bajulus* and are more readily killed. The activity of the larvae of the *Anobium punctatum* diminishes greatly below 12 °C.

The *Hylotrupes bajulus* loves heat and, therefore, has a preference for sun-radiated attics. Optimum larvae development lies at 28-30°C. In laboratory experiments, the larvae even increased their mass at 35 °C. When low temperatures set in (e.g., -10 °C), the larvae become dormant and do not begin eating again until temperatures rise.

The larvae of the *Lyctus brunneus* Steph. are most active at temperatures of 26-27°C. In laboratory experiments, the larvae grow in the temperature range of 18 °C to 30 °C.

The temperature at which the *Lyctus brunneus* is killed varies between 49-65 °C. Experiments were conducted with larvae in the test tube (lower value) as well as with larvae deep down in the wood (higher value).

Survey 1: Definition of Nutrition and Atmospheric Conditions with Regard to the Activity of Wood-destroying Insects

Nutrition	
Nutritional Elements	**Nutritional Factors**
Cellulose	Type of wood
Protein	State of the surface of the wood (roughness)
Starch	
Glucose	Age of the wood
Vitamins	Degree of decay (due to fungi)
Trace elements	
Water (moisture content)	Portion of early and late wood
Atmospheric Conditions	
Atmospheric elements	**Environmental factors**
Temperature	Latitude
Humidity	Altitude
Air pressure	Distance from the sea and from mountains
Duration of sunshine	

Survey 2: Nutritional Requirements of the Larvae of Wood-destroying Insects

Species	**Chemical Compounds**
Anobium punctatum De Geer (Common Furniture Beetle)	Cellulose, protein (small amounts)
Hylotrupes bajulus L. (House longhorn beetle)	Protein, cellulose, polyoses, vitamin B
Lyctus brunneus Steph. (Powderpost beetle)	Starch, protein, glucose, trace elements

Survey 3: The Wood-destroying Insects and Their Sources of Nutrition

Species	**Softwood**	**Hardwood**	**Other Characteristics**
Ptilinus pectinicornis L.		x	fine-pore heart wood
Priobium carpini Herbst.	x		fungi-infested wood
Anobium punctatum De Geer	x	x	
Coelostethus pertinax L.	x		fungi-infested wood
Xestobium rufovillosum De Geer		x	fungi-infested oak
Hylotrupes bajulus L.	x		sapwood
Lyctus brunneus Steph.		x	sapwood

The most important wood-destroying fungi found in historical buildings are *Serpula lacrymans* [dry rot (Wulf.: Fr.) Schroet], *Coniophora puteana* [brown cellar fungus (Schum.: Fr.) Karst] and the *Poria placenta* [white porous fungus (Fries) Cook sensu J. Eriksson]. They break down the cellulose in the wood and are referred to as brown – dry rot or wood-destroying fungi.

When the humidity is high enough, molds grow on the surface of the wood that do not destroy it, but impair its appearance. These molds frequently feed on the materials in the wood cells close to the surface. The three brown rot fungi mentioned prefer pine wood (Survey 6). The *Serpula lacrymans* and the *Coniophora puteana* occassionally also attack wood. The degree of damage varies according to the type of foliaceous wood.

The decisive factor for germination of the spores and formation of the mycelium is the moisture content of the wood. For optimum growth, *Serpula lacrymans* requires minimal moisture content in the initial stage (Survey 7). As it matures, its moisture needs increase. But it can also attack dry wood if it succeeds in transporting water from moist sites with its mycelium, respectively its mycelium strands. *Coniophora puteana* develops sufficiently only if there is a very high moisture content. Removal of the moisture kills it. The Poria placenta requires a moisture content that lies between that of the two previously discussed fungi. Dry wood is not attacked. The lower threshold is about 20% for the wood-destroying fungi *(Basidiomycetes)*. They, therefore, do not attack permanently dry wood. Molds *(Ascomycetes, Fungi imperfecti)* inhabiting wood prefer a moisture content above the saturation point of the fiber. These fungi are the first indication that the moisture in a building is too high and the first sign of biogenetic attack.

Survey 8 shows the influence of temperature on the growth of mycelium of wood-destroying fungi. The mycelium of *Serpula lacrymans* thrives at room temperatures of about 21 °C. The mycelium growth stops at 27 °C. Both the *Coniophora puteana* and the *Poria placenta* more heat-loving, respectively heat-resistent. They stop growing when temperature reaches 3 °C. The lowest temperature for mycelium growth of the discussed fungi is 3 °C.

Consequences for Conservation Practice

Hitherto only the influence of nutritional elements and climatic conditions on the development of the larvae of wood-destroying insects has been studied. The life cycle of the insects, however, is also made up of other stages of development (egg, pupa, imago) of different duration (Appendix 1). The various phases of development, such as copulation of the insects, egg-laying, emergence and flight are very strongly influenced by nutrition and environment. Survey 9 permits estimating which stimulating or inhibiting effects set in when heating changes the ambient temperature or humidity of a room. Thereby we must differenciate between continuous and discontinuous heating.

The former is the case in continuously heated (centrally heated) buildings. During the heating period there is a constant increase in temperature and a decrease in the humidity and in the moisture content of the wood. High temperatures and low humidities are detrimental to the development of Anobia larvae. In actively infested wooden objects, the growth of the larvae is stunted and they do not attain their usual vitality. Furthermore, *Anobium punctatum* requires for undisturbed pupation a prolonged cool period. Insufficent cooling delays the pupa stage and interrupts emergence. Population density sinks and active attack may cease. If during the flight period in spring and summer, the female lays eggs (Appendix 2) on the wooden interior, the warm and dry indoor environment in autumn and winter prevents rapid growth of the emerged larvae to medium-sized larvae. The percentage of loss is high, the danger of resurgence of continuous attack is low. This is why there is no need of preventive measures to protect the wood in centrally heated rooms.

Contrary to dwellings, many churches but also chambers in castles and palaces are only heated sporadically. There are marked differences in temperature resulting in corresponding fluctuations in humidity and in the moisture content of the wood. Not only does wood undergo marked swelling and shrinking, but in the case of already active infestation the constant change in temperature is favorable to the development of the larvae. The average size of the larvae increases. As most of the churches are not heated on week days, these cool periods suffice to initiate the pupa stage. To sum up, sporadic heating promotes rather than hinders the development of Anobia larvae.

In constantly heated buildings of perfect structural condition, attack of wood-destroying fungi is unlikely. As in centrally heated and stove-heated rooms humidity is low, the moisture content equilibrium in the wood is only 6-10 %: thus below the minimum value of 20 %. This moisture level prevents germination of the spores of wood-destroying fungi as well as growth of the mycelium.

In architectural monuments, such as churches, castles and palaces which are rarely, respectively sporadically heated, the situation is different. Different reactions of the individual wood-destroying fungi depending on their respective mode of life must be expected.

If a previously unheated nave of a church with hitherto undiscovered dry rot infestation is heated sporadically on Sundays and holidays, the fluctuations in environmental conditions has a negative effect on mycelium growth. Dry rot thrives, according to GROSSER (1987), in a constant, cool-moist environment with little air movement. The brief rises in temperature from perhaps +3°C to the so-called comfortable temperature for a visitor wearing winter clothes of 12-16°C in the church will hardly have any growth-accelerating influence on the mycelium. This period of changed climatic conditions in the room is too short to affect the micro-environment of the site of infestation.

On the other hand, due to repeated heating, the thaw point may be passed on the cold walls and floor. The resulting increased humidity in combination with a periodically raised room temperature, respectively a raised temperature of the room surfaces is favorable to the germination of spores of wood-destroying fungi and molds on organic materials. Particulary at risk are points where the wood is in direct contact with the masonry without any isolation. When the moisture content of the wood is high, brown cellar fungi is often the precursor of dry rot.

In general, the climatic conditions in churches that over centuries have developed and to which decoration and equipment have been adapted, should not be thoughtlessly altered without crucial reasons. In a worst case scenario, the effect on the wooden decoration is cracks, mold growth due to dew formation and greater susceptibility to attack by wood-destroying insects (in particular various types of boring beetles).

According to the draft of the VDI guideline 3817, page 1 (October 1990), the best thing for buildings that are seldomly heated, is to set a basic temperature (e.g., 8°C basic heating temperature) that excludes damage due to frost and perspiration and not to accelerate too greatly the speed with which the temperature is

Survey 4: Moisture Needs of the Larvae of Wood-destroying Insects

Species	**Wood Moisture Content, %**			**Humidity, %**		
	min.	**opt.**	max.	min.	**opt.**	max.
Anobium punctatum De Geer	10-12	**28-30**	47-50	~ 60	**> 95**	> 95
Hylotrupes bajulus L.	9-10	**30-40**	65-80	~ 50	**> 95**	> 95
Lyctus brunneus Steph.	7-8	**14-16**	23	~ 30	**> 80**	~ 90

Survey 5: Influence of Temperature on the Development and on the Mortality of the Larvae of Wood-destroying Insects

Species	**Temperature, °C**			
	min.	**opt.**	max.	Eradication
Anobium punctatum De Geer	12	**21-24**	29	47-50
Hylotrupes bajulus L.	16-19	**28-30**	35	55-57
Lyctus brunneus Steph.	18	**26-27**	30	49-65

Survey 6: Sources of Nutrition for Cellulose Decomposing Fungi

Species	**Softwood**	**Hardwood**
Serpula lacrymans (Dry Rot (Wulf.: Fr.) Schroet.)	x	⊗
Coniophora puteana (Brown Cellar Fungi (Schum.: Fr.) Karst.)	x	⊗
Poria placenta (White Porous Fungi (Fries) Cook sensu J. Eriksson)	x	((x))

Legend: x = main occurrence
⊗ = varying degree of infestation in different species
((x)) = rare

Survey 7: Influence of Moisture Content in the Wood on Mycelium Growth of Wood-living Fungi

Species	**Moisture Content, %**		
	min.	**opt.**	max.
Serpula lacrymans	20	**30-40**	40-60
Coniophora puteana	20	**50-60**	?
Poria placenta	20	**40**	?
Molds (e.g., *Penicillium* and *Aspergillus* species)	20	**> 30**	?

Survey 8: Influence of Temperature on Mycelium Growth and the Eradication of Wood-destroying Fungi

Species	Temperature, °C			
	min.	**opt.**	max.	Eradication
Serpula lacrymans	3	**18-21-22**	26-28	50 (½ h)
Coniophora puteana	3	**22-24**	32-35	58 (½ h)
Poria placenta	3	**27-28**	35-36	58 (1 h)

Survey 9: Stimulating and Inhibiting Effects on the Different Phases of Development of the *Anobium punctatum* De Geer

Development Phase	**Effect**	
	Stimulation	**Inhibition**
Copulation of the Beetle	Darkness (Photophobia)	Light
Egg-laying	Oak sapwood, linden poplar, willow, hazelnut; old emergence passages, cracks, fissures, darkness	Smooth, closed surfaces
Larvae development (Ovum larvae to pupation)	Air temp.: 21-24 °C Humidity: > 95 % Moisture content of wood: 28-30 %	Air temp.: 29 °C Humditiy: < 55 % Moisture content of wood: < 10 %
Pupation	Extended cool period (5 months, average temp. at +5 °C)	Cool period is too brief and too warm
Emergence	Warm noon hours, but not too hot	Too low or too high temperatures at noon
Flight	Warm noon hours, but not too hot	Too low or too high temperatures at noon

raised from basic temperature to in-use temperature (e. g., 15°C) by means of a supplementary heating. Moreover, room humidity should be kept as constant as possible all year round. This may mean that during the winter months humidifiers have to be employed.

Bibliography

1 W. BAVENDAMM, Die Holzschäden und ihre Verhütung. Stuttgart (Wissenschaftliche Verlagsgesellschaft) 1974.

2 S. CYMOREK, *Hylotrupes bajulus*-Verpuppung und -Flug, deren Klimaabhängigkeit und Beziehung zur Artverbreitung. In: Zeitschrift für angewandte Entomologie 62 (1968), S. 316-344.

3 S. CYMOREK, Methoden und Erfahrungen bei der Zucht von *Anobium punctatum* (De Geer). In: Holz Roh- und Werkstoff 33 (1975), S. 239-246.

4 S. CYMOREK, Der Fall *Lyctus*. Skizzen über Auftreten, Bedeutung und Bekämpfung eines Holzwurmes. In: Prakt. Schädlingsbekämpfer 31 (1979), S. 66-69.

5 D. GROSSER, Pflanzliche und tierische Bau- und Werkholzschädlinge. Leinfelden-Echterdingen (DRW) 2. Aufl. 1987.

6 E. KÖNIG, Tierische und pflanzliche Holzschädlinge. Stuttgart (Holz-Zentralblatt-Verlag) 1957.

7 A. PFEIL, Kirchenheizung und Denkmalschutz. Wiesbaden und Berlin (Bauverlag) 1975.

8 J. SEELE, Raumklima, Raumschale und Ausstattung, Teil 1. In: Bautenschutz + Bausanierung 16 (1993), S. 68-71.

9 W. STEIN, Vorratsschädlinge und Hausungeziefer. Stuttgart (Ulmer) 1986.

10 W. UNGER, A. UNGER, Was sind Anobien? Holztechnologie 27 (1986) 5, S. 255-257.

11 VDI 3817, Technische Gebäudeausrüstung in denkmalwerten Gebäuden, Grundlagen. Blatt 1 (Entwurf), Oktober 1990.

12 H. WEBER, Grundriß der Insektenkunde. Stuttgart 1966.

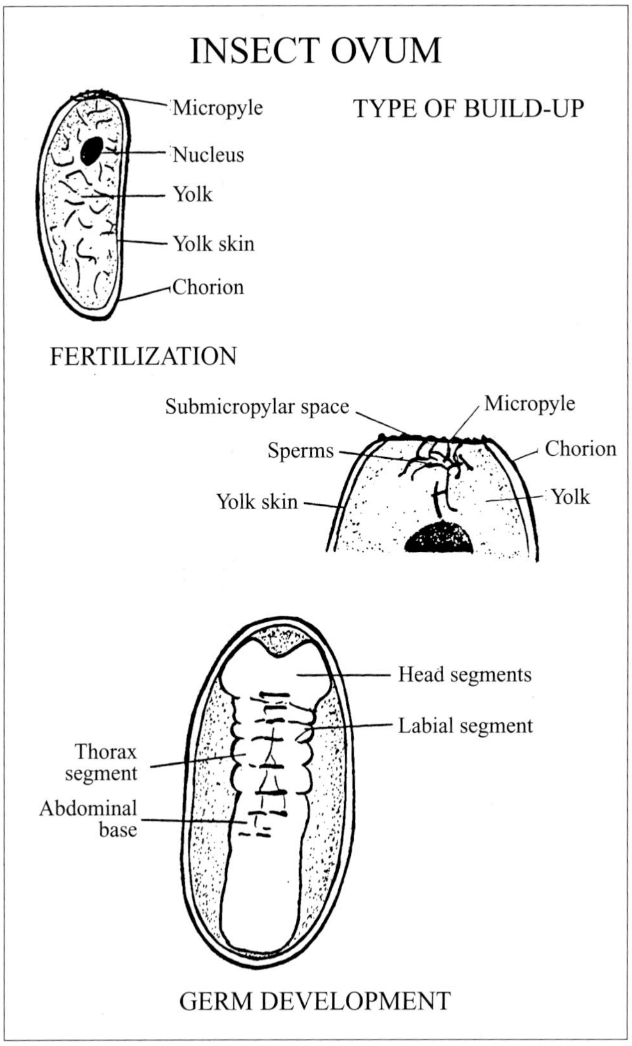

Diagram of an insect egg, of fertilization and the development of an ovum larvae (according to (12))

Appendix 1: Lifespan of a Generation of Wood-destroying Insects

Generation means the development from egg - larva - pupa - imago (beetle). The lifespan of a generation covers the entire period of this development. It is dependent on the available nutrition and the environment. The single stages of development are of different duration. The *Anobium punctatum* is used as an example. The flight period of the beetle is from April to August. During this time, the female lays the fertilized eggs. About 14 days after the eggs were laid, the larvae developing in the eggs emerge and immediately bore themselves into the wood. It takes 3-4 years for these egg larvae to grow to medium-sized larvae by molting. The pupa stage lasts only 2-4 weeks, and the beetle stage also does not last much longer.

The larva stage is the crucial stage of the wood-destroying insects. Only the larvae destroy wood. Thus, the control and eradication measures are primarily aimed at this stage of development.

Many material and hygiene pests which also can infest architectural monuments have a substantially shorter lifespan in comparison. This means that within **one** year, 1-4 generations are possible. In this case necessary control and eradication measures are intiated against all the stages of development, which can occur simultaneously.

Appendix 2: The Build-up of an Insect Egg

The ovum of an insect is the female reproduction cell with at least one set of chromosomes, from which a new insect develops following fertilization by the male germ cell. The build-up of the insect egg is simple (see the plate). The yolk inside the egg containing the nuclus of the egg is usually enclosed by a very thin skin. The yolk contains various materials, such as, e. g., protein, lipoproteins, fatty substances and glycogen. The outer membrane of the egg is formed by resistant chorion, a chitin-like substance containing sulfur. There is a passage through the chorion and the skin of the yolk for the spermatozoa to enter the ovum (micropyle).

The stability of the chorion and the minuteness of the mycropyles weakens the effect of many liquid wood preservatives and some fumigants on the eggs of wood-destroying insects. The barrier of the chorion can then be more easily overcome if the respective eradication means reacts with the chemical elements of the chorion. An example of this is the fumigant methyl bromide which chemically alters the sulfur-containing elements of the chorion.

Appendix

Discussion

Siegmund: I have been working in this field for about 42 years and can only confirm what Dr. Unger has said. The more we expose art objects to heat, the longer it takes the wood pests to develop, delaying development up to 8 years. In theory, we could control infestation only by heating without using any other measures: The old generation dies, and the conditions for renewed infestation, i. e., the egg and larvae, are no longer given. They need a high moisture content in the wood. This premise is supported by the fact that there is more active infestation in churches in the former East Germany than in the west, where heating systems have been installed since 1970.

Emmerling: In Bavaria, the measures applied in churches under the supervision of the Bavarian Office of Conservation do not indicate a definitive reduction in infestation.

However, there is another aspect to be considered: Over the past 40 years, most Bavarian churches were restored and prophylactic measures were carried out. Should your observation that there is less pest infestation be true, the question arises whether this is really due to the changed environment conditions in the churches or rather is the result of treatment with Xylamon or Basileum products. After all, it is almost standard procedure in church restoration to treat wooden surfaces with fungicides or pesticides.

Siegmund: Wood protection products alone are surely not decisive, but rather the entire implementation of the products. For example, historical substances are being employed less in gluing and consequently less proteins are made available for the pests.

Preis: Are there any objective measuring methods to determine the extent of the infestation?

Dr. W. Unger: There are different possibilities of diagnosing active insect infestation. The simplest method would be to determine the number of holes with light edges. The old holes are dark-edged, because they darken with age. In Eberswalde, we have developed a vibration meter to measure larvae activity. The intensity of Anobia larvae activity is quite different from that of Hylotrupes larvae making it possible to differenciate between the two. This, however, is only worthwhile for valuable art objects. On the other hand, X-rays can also be employed for valuable works of art. Using mammography X-rays, one can photograph the larvae before and after control measures have been conducted and clearly see whether the larvae are still viable or not. In addition, one can watch for the enemies of the insects. If one finds enemies of the insect in a building in great numbers, one can conclude that the woodpest population is active.

Thrown in question: What enemies?

Dr. W. Unger: Wasps, for example, or blue field bugs.

Dr. Kühlenthal: This means, if we are to introduce proper control measures, we first have to diagnose the type and extent of infestation and select the method and, if possible, influence the surroundings in such a manner that it becomes unfavorable for the specific.

Dr. W. Unger: We do not introduce measures until the exact type and intensity of infestation has been diagnosed. There is, for example, a type of wood-boring beetle that is harmless in buildings, *Ernobius mollis* L., because although it looks like the *Anobium punctatum* and can be found in buildings, it lays eggs and multiplies outdoors in bark-covered wood. Thus, diagnosing the type of infestation is crucial.

Emmerling: If I have understood correctly, there is no real measuring method for quantitative determination of infestation at this time that is relatively easy to apply other than to consult the opinions and experience of experts. If we do not turn to experts, it means that we are working on the basis of observation and experience. Although most likely, it is not fundamentally wrong to found work on experience.

A participant: One ought to also mention future possibile measures. One of them is setting up bait traps. The chemical composition of the bait material for *Anobium punctatum* has already been discovered and one could then determine in this way the strength of a bug population in the flight phase.

Achim Unger

Begasung von Kulturgütern: Grundlagen – Materialien – Entwicklungen

Grundlagen

Der Begriff „Begasen“ unterlag im Laufe der Jahrhunderte zahlreichen Abwandlungen und erfuhr dabei teilweise einen Bedeutungswandel. Im Altertum war unter „Begasen“ eher ein „Räuchern“ bzw. „Ausräuchern“ zu verstehen. Das „Ausräuchern“ hat sich in dem heute für das Begasen im Englischen gebräuchlichen Wort „Fumigate“ erhalten. Im 19. Jahrhundert bzw. in der 1. Hälfte des 20. Jahrhunderts waren die Begriffe „Entwesen“ und „Durchgasen“ im schädlingsbekämpfenden Gewerbe üblich.

Befaßt man sich mit der Frage, was Begasungsmittel (Fumigantien) eigentlich sind, so werden unterschiedliche Definitionen angeboten:

1. Gasförmige oder leicht vergasbare Präparate (also auch Flüssigkeiten und Feststoffe), die biozid (insektizid, fungizid, bakterizid) wirken und zur Entseuchung von Gegenständen, Vorräten, Räumen und Gebäuden dienen.
2. Chemikalien, die unter Normalbedingungen (Normaldruck und -temperatur) in ausreichend hoher Konzentration in der Gasphase vorhanden sind und auf eine spezifische Schädlingsart tödlich wirken.

Beide Formulierungen geben Teilaspekte richtig wieder; was fehlt, ist eine abgerundete, umfassende Definition. Auch in der TRGS 512 „Begasungen“ fehlt eine entsprechende Begriffsbestimmung.

Die Vernichtung von Schaderregern durch gasende oder gasförmige Substanzen ist keine Erfindung der Neuzeit, wie Tab. 1 zeigt. Das Räuchern von Holz über dem Feuer war sicherlich nützlich. Hierdurch wurde nicht nur ein bereits bestehender Befall dezimiert, vielleicht sogar liquidiert, sondern auch ein gewisser vorbeugender Schutz durch eine chemische Veränderung der im Holz vorhandenen Harzsäuren, Terpene und phenolischen Verbindungen erreicht. Begasungen im heutigen Sinne fanden erstmals 1880 in den USA statt, als Pflanzen- und Vorratsschädlinge mit Blausäure bekämpft wurden.

Um 1900 wurden schädlingsbefallene Kunstobjekte aus Holz in den Museen den Dämpfen von Kohlendisulfid (Schwefelkohlenstoff) und Tetrachlorkohlenstoff in Gaskisten ausgesetzt. Diese Methode hielt sich sehr lange, obwohl die beiden Flüssigkeiten gute Lösungsmittel für Fassungskomponenten sind und ein Erweichen von Bindemitteln nicht auszuschließen ist. Die denkmalpflegerisch spektakulärste Aktion war wohl die Behandlung des gotischen Schnitzaltars in der Pfarrkirche zu Kefermarkt (Österreich) mit dem Blausäure-Präparat Zyklon B.

Die insektzide Wirkung des gegenwärtig noch häufig eingesetzten Brommethans (Methylbromids) wurde 1932 erkannt. Das Mittel kann nach neueren Untersuchungen Krebs (im Tierversuch) auslösen und schädigt die Ozonschicht, so daß zukünftig mit seiner Ablösung zu rechnen ist. Ein Ersatz wird in dem 1957 in den USA zum ersten Mal verwendeten Sulfurylfluorid gesehen. In Deutschland wurde 1992 erstmals eine anobienbefallene Kirche mit diesem Begasungsmittel behandelt.

Der Gedanke, zukünftig chemisch weitgehend indifferente Gase wie Stickstoff und Kohlendioxid für die Bekämpfung von Material- und Vorratsschädlingen einzusetzen, ist bereits Mitte des vorigen Jahrhunderts im Ansatz vorhanden gewesen. Aus der Zeit nach 1850 existieren Patente, die eine Behandlung von Holz mit Kohlendioxid empfehlen, und 1860 wurde Stickstoff gegen vorratsschädliche Insekten angewendet.

Materialien und gegenwärtiger Entwicklungsstand

Innerhalb der Gruppe der Begasungsmittel muß zwischen chemisch aktiven (reaktiven) und chemisch inaktiven (inerten) Verbindungen unterschieden werden. Zu den reaktiven Begasungsmitteln zählen: Cyanwasserstoff (Blausäure), Phosphorwasserstoff (Phosphin), Brommethan (Methylbromid), Ethylenoxid (Oxiran), Propylenoxid (1,2-Epoxypropan), Sulfurylfluorid, Formaldehyd und mit Einschränkung Thymol. Kohlendioxid, Distickstoffoxid (Lachgas), Stickstoff sowie die Edelgase Argon und Helium bilden die Gruppe der inerten Begasungsmittel. Gegenwärtig stehen die reaktiven Begasungsmittel Brommethan und Sulfurylfluorid sowie die inerten Gase Kohlendioxid, Stickstoff und Argon im Mittelpunkt des Interesses.

Tab. 2 enthält Angaben zu den chemischen Eigenschaften von Brommethan und Sulfurylfluorid. Von besonderer Bedeutung für die Behandlung von Kulturgut sind die in den Gasen entsprechend des Reinheitsgrades in unterschiedlichen Anteilen vorhandenen Nebenprodukte und mögliche Zerfallsreaktionen. Sowohl beim Brommethan als auch Sulfurylfluorid können stark saure Verunreinigungen als auch Zerfallsprodukte auftreten, die Pigmente und Bindemittel beeinträchtigen. Von den physikalischen Eigenschaften (Tab. 3) der beiden farblosen, nicht brennbaren Gase Brommethan und Sulfurylfluorid sind das Dichteverhältnis, der Dampfdruck und die Wasserlöslichkeit von besonderem Interesse. Sowohl Brommethan als auch Sulfurylfluorid sind deutlich schwerer als Luft (etwa 3,5 x). Die Gase setzen sich am Boden ab und müssen bei Begasungen umgewälzt werden, um überall die erforderliche Konzentration zu gewährleisten. Sulfurylfluorid ist wesentlich flüchtiger als Brommethan. Während sich Sulfurylfluorid sehr wenig in Wasser löst, mischt sich Brommethan mit Wasser in deutlich höherem Anteil. Die beiden reaktiven Begasungsmittel sind hochgiftig (Tab. 4). Während für Brommethan in der Gefahrstoffverordnung das Gefahrsymbol T und ein MAK-Wert von 5 ppm ausgewiesen sind, ist noch keine Einordnung von Sulfurylfluorid vorgenommen worden. Brommethan ist als potentiell kanzerogen eingestuft und gilt als „Ozonkiller“. Wenn Brommethan für Begasungen (z. B. von Gebäuden) herangezogen wird, dann sollte nach dem Ende der Behandlung das Gas wieder abgesaugt werden, um die Umweltbelastung zu minimieren. Nach dem gegenwärtigen Erkenntnisstand wird Sulfurylfluorid vollständig oxidiert, bevor es in die Ozonschicht gelangt. Wird das Gas in die Atmosphäre entlassen, dann können sich Fluorwasserstoff-säure, schweflige und Schwefelsäure bilden, die zum sauren Regen beitragen.

Brommethan wirkt sowohl insektizid als auch fungizid. Infolge seiner Eigenschaft, sich in Fetten und Ölen zu lösen bzw. mit Proteinen zu reagieren, kann es leichter durch die Schutzhülle der Eier von Schadinsekten eindringen als Sulfurylfluorid (Tab. 5). Letzteres weist aber eine höhere Toxizität gegenüber den übrigen Entwicklungsstadien der Insekten (Larve, Puppe, Imago) im Vergleich zu Brommethan auf. Sowohl Braunfäule- als auch Schimmelpilze können durch Brommethan abgetötet werden. Für die Vernichtung der Sporen ist allerdings nach den bisherigen Untersuchungen eine bis zu 10 x höhere Dosis erforderlich. Zur Wirkung von Sulfurylfluorid auf Pilze liegen nur wenige Angaben vor. Bekannt ist eine Aktivitätshemmung bei verschiedenen Schimmelpilzen. Sporen haben eine Sulfurylfluorid-Behandlung überlebt. Insgesamt betrachtet, ist die fungizide Wirkung des Gases im Vergleich zu Ethylenoxid wesentlich schwächer. Generell sind noch Grundlagenuntersuchungen notwendig, um die Wirkung von Brommethan und Sulfurylfluorid auf die pilzlichen Zellstrukturen und den Stoffwechsel zu ergründen.

Brommethan und Sulfurylfluorid (technisch) können verschiedene kulturgutrelevante Materialien angreifen (Tab. 6). An den einzelnen Reaktionen mit den Werkstoffen sind nicht nur die genannten Gase an sich, sondern auch die in ihnen enthaltenen Verunreinigungen (vgl. Tab. 2) und die Luft- bzw. Materialfeuchte beteiligt. Beim Einsatz von Brommethan sind bisher vor allem Veränderungen an Bleipigmenten und ein Anlaufen von polierten Metalloberflächen (Versilberungen, Vergoldungen) festgestellt worden. Besonders gravierend ist die Fähigkeit des Brommethans, sich mit schwefelhaltigen, organischen Substanzen unter Bildung übelriechender, toxischer Thioalkohole (Mercaptane) umzusetzen. Beispielsweise kann das Cystein, eine Schwefel enthaltende Aminosäure, mit Brommethan nach folgender Gleichung reagieren:

$HS\text{-}CH_2\text{-}CH\ (NH_2)\text{-}COOH$	+	CH_3Br	→	$CH_3SH\ \uparrow$	+	$Br\text{-}CH_2\text{-}CH(NH_2)\text{-}COOH$
α-Amino-ß-mercapto-propionsäure (Cystein)		Brom-methan		Methanthiol (Methylmer-captan)		α-Amino-β-brom-propionsäure

Methanthiol siedet bei 6 °C und ist bei Raumtemperatur gasförmig. Sein widerlicher Geruch hält lange an.

Technisches Sulfurylfluorid kann insbesondere bei hoher Luftfeuchte mit Metallen Fluoride, Sulfate und Hydrate bilden. Weiterhin können an pflanzlichen Ölen und tierischen Leimen optische Veränderungen eintreten. Auch bestimmte Pigmente in Leinölbindung bleiben nicht verschont. *Reines* und trockenes Sulfurylfluorid ist chemisch weitgehend inaktiv. Lediglich bei Textilfarbstoffen sind bisher Veränderungen beobachtet worden.

Für die Begasung historischer Gebäude wird sowohl für Brommethan als auch Sulfurylfluorid eine Aufwandmenge von etwa 20-70 g/m³ kalkuliert, wenn gegen holzzerstörende Insekten vorgegangen werden soll (Tab. 7). Die höhere Dosis ist immer dann angebracht, wenn mit frisch abgelegten Eiern oder Puppen zu rechnen ist. Die mittlere Begasungsdauer liegt für beide Gase bei 72 Stunden. Aufwandmenge und Begasungsdauer für sich allein sind nur bedingt repräsentativ, entscheidend ist das c·t-Produkt aus Aufwandmenge (c) und Zeit (t). Die Aufwandmenge läßt sich beispielsweise deutlich verringern, wenn die Begasungsdauer entsprechend verlängert wird. Das c·t-Produkt sollte möglichst in allen zu sanierenden Räumen des Gebäudes konstant sein.

Zur Bekämpfung des Myzels des Echten Hausschwamms sind etwa 40 g/m³ Brommethan bei einer Begasungsdauer von 96 h notwendig. Die Wirkung von Sulfurylfluorid auf das Myzel des Echten Hausschwamms und anderer holzzerstörender Pilze muß noch ermittelt werden. Zweckmäßigerweise sollten Begasungen mit Brommethan bei > 4°C vorgenommen werden, weil sonst die Gefahr besteht, daß aus den Stahlflaschen flüssiges Mittel in größeren Anteilen austritt. Für Sulfurylfluorid wird in der Literatur eine Mindesttemperatur von 12°C genannt. Nach Angaben der Fa. Binker kann diese Temperatur durch eine veränderte Ausbringung des Mittels weiter reduziert werden. Flüssiges Sulfurylfluorid kann schwere Korrosionsschäden verursachen. Während für Sulfurylfluorid wegen der besseren Diffusion niedrige Holzfeuchtewerte vorteilhaft sind, stören mittlere Holzfeuchtewerte die Diffusion des Brommethans kaum. Malschichten werden von Sulfurylfluorid besser durchdrungen als von Brommethan.

Die inerten Begasungsmittel Stickstoff und Argon eignen sich nicht für eine Bekämpfung von Schadinsekten in Gebäuden. Dagegen stellen diese Gase eine echte Alternative bei der Behandlung insektenbefallener, beweglicher Kulturgüter aus Holz dar. Kohlendioxid kann sowohl für die Sanierung von Bauwerken als auch transportablen Einzelobjekten herangezogen werden.

Alle hier erwähnten, inerten Begasungsmittel sind je nach Herstellungs- und Reinigungsverfahren mehr oder weniger stark mit anderen gasförmigen Verbindungen verunreinigt (Tab. 8). Beim Arbeiten mit Kohlendioxid muß insbesondere auf den Kohlenmonoxidgehalt, bei Stickstoff und Argon auf den Sauerstoffanteil geachtet werden. Da bei Stickstoff- und Argonbegasungen der Restsauerstoffgehalt sehr niedrig liegen muß, dürfen nicht erneut Sauerstoffanteile wieder eingetragen werden, was aber bei technischem Stickstoff und Argon (also mit niedrigem Reinheitsgrad) möglich ist. Während bei Stickstoff und Argon keine schädigenden Nebenwirkungen zu erwarten sind – sie dienen als Schutzgase beim Schweißen – kann es beim Kohlendioxid besonders bei hohen Luft- und Holzfeuchten zur Bildung von Kohlensäure kommen. Mit einem pH-Wert von 3,7 handelt es sich um eine schwache Säure, dennoch sind materialschädigende Reaktionen möglich.

Kohlendioxid, Stickstoff und Argon sind farblose, nicht brennbare Gase (Tab. 9). Kohlendioxid und Argon sind schwerer als Luft, sinken zu Boden und reichern sich dort an. Stickstoff ist nur wenig leichter als Luft und vermischt sich ausgezeichnet mit ihr. Während sich Stickstoff und Argon nur wenig in Wasser lösen, nimmt 1 l H_2O von 15 °C 1 l Kohlendioxid auf, was die Bildung von Kohlensäure zur Folge hat. Nach Tab. 10 hat Kohlendioxid bereits ab einer Konzentration von 10 % eine erstickende Wirkung. Diese Gefahr ist bei Stickstoff und Argon erst bei sehr hohen Konzentrationen gegeben. Die Luft (Näherungsformel: $4\ N_2 + O_2$) enthält bereits 78,09 Vol.-% Stickstoff, 0,93 Vol.-% Edelgase (Argon, Helium etc.), aber nur 0,03 Vol.-% Kohlendioxid. Der Rest von 20,95 Vol.-% ist Sauerstoff. Kohlendioxid trägt zum Treibhauseffekt bei. Im Falle der Verwendung von Kohlendioxid für Begasungen muß aber darauf hingewiesen werden, daß es sich um eine Nachnutzung ohnehin in der Industrie anfallender Gasmengen handelt.

Hinsichtlich ihrer biologischen Wirksamkeit bei Insekten (Tab. 11) lassen sich Larven, Puppen und Käfer mit Kohlendioxid, Stickstoff und Argon ohne größere Schwierigkeiten bekämpfen. Was muß aber getan werden, wenn mit einer Eiablage oder bereits abgelegten Eiern zu rechnen ist? Im Falle der holzzerstörenden Insekten bieten sich folgende Varianten an:

a) Begasung außerhalb der Flug- und Paarungszeit der Insekten, d. h. im zeitigen Frühjahr oder – noch besser – im Frühherbst.
b) Verlängerung der für die übrigen Insektenstadien notwendigen Begasungsdauer, so daß die Eiablage der Weibchen gestört wird bzw. abgelegte Eier vertrocknen und die in ihnen enthaltenen Eilarven nicht schlüpfen.
c) Zweimalige Begasung innerhalb eines Jahres, wobei die zweite Begasung dann vorgenommen wird, wenn mit Sicherheit die Eilarven geschlüpft sind.

Stickstoff und Argon wirken auf die Insekten erstickend. Durch Kohlendioxid wird die Atemmuskulatur angeregt, und es kommt zu einer Hyperventilation. Außerdem tritt eine Übersäuerung der Hämolymphe, des Insektenblutes, ein. Mittels Kohlendioxid, Stickstoff und Argon können Pilze nicht abgetötet werden. Beispielsweise werden Pilzkulturensammlungen unter Stickstoff aufbewahrt. Das Myzelwachstum wird lediglich gebremst und das Auskeimen der Sporen unterdrückt. Der Effekt ist umso größer, je stärker die Feuchtigkeit reduziert wird. Generell ist der Einfluß von Kohlendioxid, Stickstoff und Argon auf Pilze noch wenig untersucht, insbesondere dahingehend, wo diese Gase in Abhängigkeit von der Feuchte in die Lebensfunktionen der Pilze eingreifen.

Bei der Anwendung von Kohlendioxid, Stickstoff und Argon auf Kulturgut ergibt sich die Frage, wie diese Begasungsmittel auf Farbfassungen, Metallbeläge, Polituren und Lacke wirken. Während bisher von Stickstoff und Argon keine nachteiligen Einflüsse bekannt wurden, kann Kohlendioxid bzw. Kohlensäure bei hohen Luftfeuchten an Bleipigmenten, Zinkweiß und Ultramarin Farbwertänderungen hervorrufen (Tab. 12). Nach neueren Untersuchungen ist auch bei frisch verarbeitetem Leinölfirnis, Gummi arabicum und Schellack in Abhängigkeit von der Luftfeuchte mit Veränderungen in der Transparenz zu rechnen.

Für die Behandlung von Holzobjekten, textilem Kulturgut und Ethnographika mit inerten Begasungsmitteln eigenen sich gasdichte Folienzelte oder Container (Tab. 13). Bei einer Bekämpfung holzzerstörender Insekten mit Kohlendioxid sollte die Konzentration im Begasungsraum bei 60-65 Vol.-% liegen. Obwohl dann noch 7-8 Vol.-% Restsauerstoff vorhanden sind, reicht diese Konzentration für eine Vernichtung der Schadinsekten aus, wenn eine Begasungszeit von 3-4 Wochen eingehalten wird. Im Gegensatz zur Kohlendioxidbegasung, wo der Restsauerstoffgehalt noch recht hoch liegt, muß bei Stickstoff- und Argonbegasungen ein Restsauerstoffgehalt von unter 1 % bei der Bekämpfung holzzerstörender Insekten erreicht werden. Je höher der Stickstoff- bzw. Argongehalt, umso kürzer die Begasungsdauer. Wegen der zu erreichenden hohen Stickstoff- und Argonkonzentrationen werden besondere Anforderungen an die Gasdichtigkeit des Folienmaterials gestellt. Ist mit Eigelegen holzzerstörender Insekten zu rechnen, sollte mindestens 4-5 Wochen mit Stickstoff oder Argon begast werden. Niedrige Luft- und Materialfeuchtewerte begünstigen die Behandlung mit inerten Begasungsmitteln. Besonders bei Kohlendioxid wird die Diffusion durch eine hohe Holzfeuchte verlangsamt und die Desorption aus dem Holz verzögert.

Für Inertgasbehandlungen mit Stickstoff und Argon sind Polyethylenfolien wegen ihrer hohen Gasdurchlässigkeit nicht oder nur wenig geeignet (Tab. 14). Halogeniertes Polyethylen, z. B. Polychlorfluorethylen (Handelsname: Aclar, USA), ist dagegen als Folie weniger gasdurchlässig. PVC- oder Polyester-Folie können verwendet werden, obwohl ihre Gasdurchlässigkeit noch beträchtlich ist. Am besten sind Folien aus Polyvinylidenchlorid oder 6-Polyamid (Nylon) geeignet. Die Gasdurchlässigkeit läßt sich weiter verringern, wenn mit Folienkombinationen gearbeitet wird. Bisher wurden für Stickstoff- und Argonbegasungen Verbundfolien aus Nylon, beschichtet mit Polyvinylidenchlorid und versiegelt mit Ethylvinylacetat sowie aus co-extrudiertem Ethylvinylacetat/Nylon/Ethylvinylacetat (Fa. Cryovac, USA) in Dicken von 1-3 mm eingesetzt.

Um kulturgutschädigende Insekten und Pilze zu vernichten oder an ihrer Verbreitung zu hindern, muß der für sie lebensnotwendige Sauerstoff entfernt werden. Die bisher beschriebene Verfahrensweise beruht auf einer Verdrängung des Sauerstoffs durch kontrollierte Atmosphären unter Verwendung von Kohlendioxid, Stickstoff oder Argon. Darüber hinaus kann der Sauerstoff aber auch durch sogenannte Sauerstoffänger absorbiert und chemisch gebunden werden. Ein derartiger Sauerstoffänger wird gegenwärtig unter dem Handelnamen *Ageless* angeboten. Hersteller ist die Mitsubishi Gas Chemical Company, Tokyo. Der Vertrieb in Deutschland erfolgt durch die Grace GmbH, Geschäftsbereich Cryovac, Norderstedt.

Ageless stellt ein Gemisch aus fein verteiltem und dadurch aktiviertem Eisenoxid und Kaliumchlorid dar. Durch das Einfangen des Sauerstoffs „rostet“ das Eisenoxid irreversibel. Kleinere insektenbefallene Objekte lassen sich auf diese Weise nur unter Verwendung von *Ageless* sanieren. Bei größeren Gegenständen sind zwei Varianten möglich:
a) Spülung des Folienzeltes mit Stickstoff oder Argon, bis der Restsauerstoffgehalt unter 1 % liegt. Anschließend wird immer nur soviel Stickstoff oder Argon nachdosiert, daß der Restsauerstoffgehalt konstant bleibt.
b) Verdrängung der Luft mit Stickstoff oder Argon im Folienbeutel, bis der Restsauerstoffgehalt ebenfalls Werte von 1 % und darunter erreicht hat.
   Dann wird *Ageless* zugegeben und der Folienbeutel verschlossen. Das Präparat absorbiert sowohl den restlichen Sauerstoff im Beutel als auch durch die Folie noch eindringenden Sauerstoff.

Abschließende Bemerkungen

Die Bekämpfung von werkstoffschädigenden Insekten mit Hilfe von Inertgasen bei mobilem Kulturgut stellt eine aussichtsreiche Alternative gegenüber dem Einsatz reaktiver und hochtoxischer Begasungsmittel, aber auch im Vergleich zu insektenbekämpfend wirkenden, flüssigen Schutzmitteln dar. Notwendig sind aber noch Untersuchungen, die eine Optimierung der Begasungsdauer in Abhängigkeit vom Restsauerstoffgehalt für die einzelnen Schadinsektenarten und ihre Entwicklungsstadien zum Inhalt haben. Weiterhin muß die Wirkung der Inertgase auf holzzerstörende Pilze und Schimmelpilze systematisch geprüft werden, ob nicht doch eine Vernichtung dieser Schadorganismen zu akzeptablen Bedingungen erreicht werden kann. Ansonsten bleibt nur ein Ausweichen auf reaktive und humantoxische Begasungsmittel wie Brommethan oder Sulfurylfluorid, wobei die Wirksamkeit von Sulfurylfluorid gegen holzschädigende Pilze noch abzuklären ist.

Zusammenfassung

Ausgehend von den Definitionen des Begriffes „Begasungsmittel“ und einem geschichtlichen Abriß der Begasung werden die reaktiven Begasungsmittel Brommethan und Sulfurylfluorid sowie die chemisch indifferenten Gase Kohlendioxid, Stickstoff und Argon besprochen. Im Zentrum stehen dabei Übersichten zu den chemischen, physikalischen, biologischen, toxikologischen und umweltgefährdenden sowie kulturgutrelevanten Eigenschaften der einzelnen Verbindungen. Außerdem werden die für Gebäude und ortsveränderliche Einzelobjekte erforderlichen Begasungsparameter genannt.

Brommethan, das zur Zeit in Deutschland noch in größerem Umfang zur Bekämpfung holzzerstörender Insekten und teilweise auch gegen holzschädigende Pilze (z. B. den Echten Hausschwamm) in Baudenkmalen eingesetzt wird, hat eine kanzerogene Wirkung und schädigt die Ozonschicht. Daher ist in der Perspektive schrittweise mit seiner Ablösung zu rechnen. Sulfurylfluorid oder Kohlendioxid bieten sich als Alternative für die Eliminierung von Schadinsekten in historischen Gebäuden an. Die Wirkung dieser Gase gegen holzschädigende Pilze muß noch detailliert untersucht werden. Daher bleibt gegenwärtig nur Brommethan für die Bekämpfung von Pilzschäden übrig, wenn nicht auf das Heißluftverfahren orientiert wird.

Die inerten Begasungsmittel Stickstoff und Argon sind wegen der notwendigen hohen Konzentration (99,0-99,9 Vol.-%) für die Bekämpfung von holzzerstörenden Insekten in Gebäuden nicht brauchbar. Diese Gase sollten vor allem für besonders wertvolle, gefaßte Einzelkunstwerke mit einem aktiven Insektenbefall verwendet werden. Für die Sanierung eignen sich gasdichte Folien, zu denen im Beitrag Angaben enthalten sind. Mit Stickstoff und Argon können holzschädigende Pilze (Myzel und Sporen) nach dem gegenwärtigen Erkenntnisstand nicht effektiv vernichtet werden. Beim Arbeiten mit Begasungsmitteln wird der für die Schadinsekten lebensnotwendige Sauerstoff verdrängt. Eine andere Möglichkeit, den Sauerstoff zu entfernen, bietet sich durch den Einsatz sauerstoffabsorbierender Mittel. Ein derartiges Präparat mit der Bezeichnung „Ageless“ wird beschrieben.

Literatur

Übersichtsarbeiten

1 W. P. Bauer, Methoden und Probleme der Bekämpfung von Holzschädlingen mittels toxischer Gase. Restauratorenblätter 10 (1989), S. 58-63.

2 A. W. Brokerhof, Control of fungi and insects in objects and collections of cultural value. Central Research Laboratory for Objects of Art and Science. Amsterdam 1989.

3 J. E. Dawson, T. J. K. Strang, Solving Museum Insect Problems: Chemical Control. CCI, Ottawa, Techn. Bull. no. 15, 1992.

4 G. Ognibeni, Die Bekämpfung von Holzschädlingen – gefaßte Holzobjekte unter Einsatz von Gas. Restauro 95 (1989), S. 283-287.

5 K. Story, Pest Management in Museums. Conservation Analytical Laboratory. Smithsonian Institution, Washington 1985.

6 A. Unger, Holzkonservierung. Schutz und Festigung von Kulturgut aus Holz. 1. Aufl. Leipzig 1988, 2. Aufl. München 1990.

7 A. und W. Unger, Begasungsmittel zur Insektenbekämpfung in hölzernem Kulturgut. Holztechnologie 27 (1986) 5, S. 232-236.

8 A. und W. Unger, Die Bekämpfung tierischer und pilzlicher Holzschädlinge. Tagungsbericht Nr. 1/1992. Bayerisches Landesamt für Denkmalpflege, München (auch: Arbeitshefte des Bayerischen Landesamtes für Denkmalpflege, Bd. 73, München 1995).

Argon

9 R. J. Koestler, Insect eradication using controlled atmospheres and FTIR measurement for insect activity. ICOM Committee for Conservation. 10th Triennial Meeting, Washington 1993, Vol. II., S. 882-886.
(siehe auch [33]).

Brommethan

10 H. Kimura, H. Miyachi, I. Inoue, S. Yamazaki, K. Yamano, H. Arai, On the mixed fumigants comprising of propylene oxide and methyl bromide. Preprints, 2nd International Conference on Biodeterioration of Cultural Property. Yokohama 1992, S. 102-103.

11 B. Röthlein, Entlastung für die schützende Hülle. Die Vereinten Nationen fordern weltweites Verbot des Ozon-Killers Brommethan. Süddeutsche Zeitung Nr. 186 v. 13.08.1992.

12 M. Rütze, Untersuchungen zur Biologie der amerikanischen Eichenwelke [*Ceratocystis fagacearum* (BRETZ) HUNT] und Entwicklung eines Verfahrens zur Desinfektion von Eichenholz. Dissertation. Universität Hamburg, Fachbereich Biologie. Hamburg 1983.

13 R. H. Scheffrahn, N.-Y. Su, R.-C. Hsu, Diffusion of methyl bromide and sulfuryl fluoride through selected structural wood matrices during fumigation. Mat. u. Org. 27 (1992) 2, S. 147-155.

14 W. Unger, Ch. Reichmuth, A. Unger, H.-B. Detmers, Zur Bekämpfung des Echten Hausschwamms [*Serpula lacrymans* (WULF.: FR.) SCHROET.] in Kulturgütern mit Brommethan. Zeitschr. f. Kunsttechnologie und Konservierung 6 (1992) 2, S. 244-259.

15 D. Weller, Methylbromid. Frankfurt/M. (DEGESCH) 1982.

16 W. Wirth, Ch. Gloxhuber, Toxikologie. 4. Aufl. Stuttgart/New York (Georg Thieme) 1985, S. 174.

17 X. Yulin, Fungicidal effectiveness of methyl bromide fumigant and its residue after fumigation. Preprints, 2nd International Conference on Biodeterioration of Cultural Property. Yokohama 1992, S. 97-99.

Kohlendioxid

18 G. Binker, Münchener Domfiguren baden in Kohlendioxid. Prospekt der Binker Holzschädlingsbekämpfung. Behringersdorf bei Nürnberg o. J.

19 G. Binker, Mit Kohlendioxid gegen Insektenbefall. Restauro 99 (1993) 4, S. 222.

20 T. Morita, et al., Museum pest control using cyphenothrin mist. Preprints, 2nd International Conference on Biodeterioration of Cultural Property. Yokohama 1992, S. 114.

21 R. Paton, J. W. Creffield, The tolerance of some timber insect pests to atmospheres of carbon dioxide in air. Int. Pest Control 29 (1987) 1, S. 10-12.

22 H. Piening, Untersuchungen zum Diffusionsverhalten von Kohlendioxid und Stickstoff bei der Begasung holzzerstörender Insekten. Semesterarbeit, Fachhochschule Köln, 1992/93.

23 H. Piening, Die Bekämpfung holzzerstörender Insekten mit Kohlendioxid sowie die Verträglichkeit des Gases an gefaßten Objekten. Diplomarbeit, Fachhochschule Köln, 1993.
(siehe auch [28]).

Sauerstoffabsorber

24 *Ageless* – A new age in food preservation. Mitsubishi Gas Chemical Company, Tokyo o. J.

25 M. Gilberg, Inert atmosphere desinfestation using AGELESS oxygen scavenger. ICOM Committee for Conservation. 9th Triennial Meeting. Dresden 1990, Vol. II., S. 812-816.

26 M. Gilberg, A. Roach, Inert atmosphere desinfestation of museum objects using AGELESS oxygen absorber. Preprints, 2nd International Conference on Biodeterioration of Cultural Property. Yokohama 1992, S. 91-93.
27 S. Maekawa, F. Preusser, F. Lambert, An hermetically sealed display and storage case for sensitive organic objects in inert atmospheres. Preprints, 2nd International Conference on Biodeterioration of Cultural Property. Yokohama 1992, S. 86-88.
28 Techniques for the preservation of food by employment of an oxygen absorber. Mitsubishi Gas Chemical Company, Tokyo, 1983.

Stickstoff

29 V. Daniel, S. Maekawa, F. D. Preusser, C. Hanlon, Nitrogen fumigation: a viable alternative. ICOM Committee for Conservation, 10th Triennial Meeting, Washington 1993, Vol. II., S. 863-867.
30 A. Frank, Möglichkeiten einer biozidfreien Bekämpfung von *Lyctus brunneus* (Steph.) und anderer materialzerstörender Käfer in Kunstwerken. Diplomarbeit, Freie Universität Berlin, 1991.
31 M. Gilberg, Inert atmosphere fumigation of museum objects. Studies in Conservation 34 (1989), S. 80-84.
32 M. Gilberg, The effects of low oxygen atmospheres on museum pests. Studies in Conservation 36 (1991), S. 93-98.
33 M. Gilberg, A. Roach, The effects of low oxygen atmospheres on the powderpost beetle, *Lyctus brunneus* (STEPHENS). Studies in Conservation 38 (1993), S. 128-132.
34 G. Hanlon, et al., Dynamic system for nitrogen anoxia of large museum objects: A pest eradication case study. Preprints, 2nd International Conference on Biodeterioration of Cultural Property. Yokohama 1992, S. 91-92.
35 R. J. Koestler, Practical application of nitrogen and argon fumigatin procedures for insect control in museum objects. Preprints, 2nd International Conference on Biodeterioration of Cultural Property. Yokohama 1992, S. 96-98.
36 Ch. Reichmuth, W. Unger, A. Unger, Stickstoff zur Bekämpfung holzzerstörender Insekten in Kunstwerken. Restauro 97 (1991) 4, S. 246-251.
37 A. und W. Unger, Ch. Reichmuth, The fumigation insect-infested wood sculptures and paintings with nitrogen. Preprints, 2nd International Conference on Biodeterioration of Cultural Property. Yokohama 1992, S. 108-109.
38 N. Valentin, Insect eradication in museums and archives by oxygen replacement, a pilot project. ICOM Committee for Conservation. 9th Triennial Meeting, Dresden 1990, Vol. II, S. 821-823.
39 N. Valentin, M. Lidstrom, F. Preusser, Microbial control by low oxygen and low relative humidity environment. Studies in Conservation 35 (1990), S. 222-230.
40 N. Valentin, F. Preusser, Insect control by inert gases in museums, archives and libraries. Restaurato 11 (1990), S. 22-33.
(siehe auch [20], [46]).

Sulfurylfluorid

41 M. T. Baker, H. D. Burgess, N. E. Binnie, M. R. Derrick, J. R. Druzik, Laboratory investigation of the fumigant Vikane. ICOM Committee for Conservation, 9th Triennial Meeting, Dresden 1990, Vol. II, S. 804-811.
42 G. Binker, Report on the first fumigatin of a church in Europe using sulfuryl fluoride. K. B. Wildey, W. H. Robinson (Hrsg.): Proceedings of the 1st Int. Conf. on Insect Pests in the Urban Environment. St. John's College, Cambridge, 30 June – 3 July 1993, S. 51-55.
43 H. D. Burgess, N. E. Binnie, The effect of Vikane on the stability of cellulosic and ligneous materials – measurement of deterioration by chemical and physical methods. Mat. Res. Soc. Symp. Proc., Vol. 185 (1991), S. 791-798.
44 M. R. Derrick, H. D. Burgess, M. T. Baker, N. E. Binnie, Sulfuryl fluoride (Vikane): a review of its use as a fumigant. JAIC. 29 (1990), S. 77-90.
45 E. E. Kenaga, Some biological, chemical and physical properties of sulfuryl fluoride as an insecticidal fumigant. J. Econ. Entomol. 50 (1957) 1, S. 1-6.
46 R. J. Kostler, E. Parreira, E. D. Santoro, P. Noble, Visual effects of selected biocides on easel painting materials. Studies in Conservation 38 (1993), S. 265-273.
47 B. M. Schneider, Characteristics and global potential of the insecticidal fumigant, sulfuryl fluoride. K. B. Wildey, W. H. Robinson (Hrsg.): Proceedings of the 1st Inst. Conf. of Insect Pests in the Urban Environment. St. John's College, Cambridge, 30 June – 3 July 1993, S. 51-55.
48 N.-Y. Su, Efficacy of sulfuryl fluoride against selected insect pests of museums. Preprints, 2nd International Conference on Biodeterioration of Cultural Property. Yokohama 1992, S. 104-105.
(siehe auch [11]).

Tabellen

Tabelle 1. Zeittafel zur Anwendung von Begasungsmitteln auf Holz

um 900 v. Chr.	HOMER gibt in seiner „Odyssee" Schwefeldioxid als desinfizierendes Räuchermittel an
800 v. Chr.	HESIOD: Holz wird durch den Rauch des Herdes bewahrt
80 n. Chr.	Man räuchert Holz mit dem Abrauch des Sklavenbades
ca. 1225-1287	KONRAD VON MEGENBACH: Holz der Buche, was im Rauch hängt, wird nicht leicht zerstört
1805	MACKONOCHIE: Das in einer Dampfkammer befindliche Holz wird mit den harzigen Dämpfen des Teakholzes imprägniert
1832	Das Holz wird dem Rauche von langsam verbrennendem grünem Holze lange Zeit ausgesetzt
1835	MOLL: Räuchern des Holzes mit Kreosot-Dämpfen
1848	Holz wird erhitztem Salmiak und Dämpfen von Holzessig ausgesetzt (LECOUR)
nach 1850	Patente, die eine Imprägnierung von Holz mit Ozon oder Kohlendioxid empfehlen
1880	Bekämpfung von Pflanzen- und Vorratsschädlingen mit Blausäure in Amerika
um 1900	Einsatz von Kohlendisulfid (Schwefelkohlenstoff) und Tetrachlorkohlenstoff in Gaskisten zur Behandlung von insektenbefallenem Holz
1915	KEMNER: Erfolgreiche Vergasung von Anobien-Larven mit Cyanwasserstoff
1921	Bekämpfung von Anobien im Königsschloß in Kalmar (Schweden) mit Cyanwasserstoff
	NAGEL: Gasförmige Blausäure tötet Anobien-Larven nicht ab
1924	RATHGEN warnt wegen des unsicheren Bekämpfungserfolges und der Giftigkeit vor der Anwendung von Blausäure
1928	Hausbock-Bekämpfung mit Blausäure in der Emmaus-Kirche in Kopenhagen
	Die abtötende Wirkung von Ethylenoxid auf Schadinsekten im Holz ist bekannt
1929	Durchgasung des gotischen Schnitzaltars in der Pfarrkirche zu Kefermarkt (Österreich) mit dem Cyanwasserstoff-Präparat Zyklon B
1932	LE GOUPIL entdeckt die insektizide Wirkung von Brommethan (Methylbromid)
1936	Delicia-Verfahren zur Begasung von Getreidevorräten. Entwicklung von Phosphorwasserstoff durch Hydrolyse von Aluminiumphosphid
ab 1950	Verstärkte Anwendung von Brommethan gegen holzzerstörende Insekten
1951	Begasung von schädlingsbefallenem Holz mit Ethylenoxid
1957	KENAGA beschreibt die insektizide Wirkung von Sulfurylfluorid, und STEWART setzt das Gas gegen Termiten ein
1984	Begasung dreier norwegischer Stabkirchen mit Phosphorwasserstoff
1992	Erste Begasung einer anobienbefallenen Kirche in Deutschland mit Sulfurylfluorid

Tabelle 2. Reaktive Begasungsmittel – chemische Eigenschaften

Brommethan (Methylbromid)	**Herstellung:** $HBr + CH_3OH \xrightarrow{ZnCl_2} CH_3Br + H_2O$ **Verunreinigungen:** HBr, CH_3OH, H_2O **Zerfallsreaktionen:** 1. $CH_3Br + H_2O \rightarrow HBr + CH_3OH$ 2. $CH_3Br + H_2O + Cu \rightarrow CuBr + CH_3OH + H^+$
Sulfurylfluorid (Sulfuryldifluorid)	**Herstellung:** $SO_2 + Cl_2 + 2\,HF \xrightarrow[35\,°C]{Holzkohle} SO_2F_2 + 2\,HCl$ **Verunreinigungen:** HF, HCl, Cl_2, SO_2, Ethylendichlorid **Zerfallsreaktionen:** Hydrolyse (bes. im alkal. Medium) $SO_2F_2 + 2\,OH^- \rightarrow SO_3F^- + F^- + H_2O$

Tabelle 3. Reaktive Begasungsmittel – physikalische Eigenschaften

Parameter	**Brommethan** (Methylbromid)	**Sulfurylfluorid** (Sulfuryldifluorid)
Handelsname	Zedesa-Methylbromid Altarion-Mebrofum	Vikane (USA) Altarion-Vikane
Formel	CH_3Br	SO_2F_2
Charakt. Eigenschaften	farbloses, nicht brennbares Gas mit leicht ätherischem Geruch	farbloses, nicht entflammbares, geruchloses Gas
Siedepunkt, °C	3,6	-55,2
Dichteverhältnis (Luft = 1)	3,27	3,52
Dampfdruck, bar (bei 25°C)	2,43	17,89
Wasserlöslichkeit, g/l (bei 25°C)	14,4	0,75

Tabelle 4. Reaktive Begasungsmittel – toxikologische und umweltrelevante Eigenschaften

Parameter	**Brommethan** (Methylbromid)	**Sulfurylfluorid** (Sulfuryldifluorid)
Toxizität	hochgiftig, verursacht nervöse Störungen; im Tierversuch cancerogen	hochgiftig, Schleimhautreizung; wirkt erstickend
Gefahrsymbol	T	(T)
MAK-Wert	5 ppm 20 mg/m³	5 ppm*) 20 mg/m³*)
Umweltverträglichkeit	reagiert mit Ozon (Abbau der Ozonschicht)	durch vollständige Oxidation keine Wechselwirkung mit Ozon; durch Hydrolyse Anteil am sauren Regen

*) TLV-Wert (Threshold Limit Value)

Tabelle 5. Reaktive Begasungsmittel – biologische Eigenschaften

Parameter	**Brommethan** (Methylbromid)	**Sulfurylfluorid** (Sulfuryldifluorid)
Wirkung bei Insekten	• gutes Ovizid • ausreichend wirksam gegen Larven, Puppen und Käfer	• schwaches Ovizid im Vergleich zu Brommethan • höhere Toxizität bei Larven, Puppen und Käfern gegenüber Brommethan
Wirkungsweise bei Insekten	Methylierung von sulfhydrylhaltigen Enzymen	Unterbrechung des Glycolysezyklus
Wirkung bei Pilzen	abtötend bei Braunfäulepilzen (Myzel); Sterilisation von Sporen erst bei sehr hohen Dosen; auch Schimmelpilze und ihre Sporen sind bekämpfbar	noch nicht ausreichend geprüft; Aktivitätshemmung bei *A. niger, A. flavus, Penicillium sp.*; weniger wirksam als Ethylenoxid. Sporen überleben
Wirkungsweise bei Pilzen	wahrscheinl. direkter chem. Angriff auf die Zellsubstanz (Cytoplasma) Reaktionsmöglichkeiten: N-Methylierung von Aminosäuren, Proteinen; Angriff auf Aminomercaptocarbonsäuren (z. B. Cystein)	?

Tabelle 6. Reaktive Begasungsmittel – anwendungstechnische Eigenschaften bei Kulturgut

Werkstoff	**Brommethan** (Methylbromid)	**Sulfurylfluorid *)** (Sulfuryldifluorid)
Metalle	Korrosion an polierten Oberflächen	Anlaufen und Verfärbung; Bildung von Korrosionsprodukten (Fluoride, Sulfate, Hydrate)
Pigmente	Farbwertänderung bei Bleipigmenten (Bleiweiß, Bleizinngelb)	in Leinöl gebunden verändern best. Pigmente ihren Farbwert u. Glanz (bes. anfällig Cobalt- u. Preußischblau)
organ. Farbstoffe	–	Farbwertänderung möglich
tierische Leime	leichte Quellung und Versprödung	Aufhellung von Proteinen, bei künstl. Alterung Nachdunklung
Naturharze/Polituren	Erweichung	–
pflanzl. Öle (Leinöl)	–	Veränderungen beobachtet
schwefelhaltige Materialien (Wolle, Pelz, Leder, Pergament)	Reaktionen unter Mercaptanbildung	–

*) Technisches Gas

Tabelle 7. Reaktive Begasungsmittel – Anwendungsbedingungen

Parameter	**Brommethan** (Methylbromid)	**Sulfurylfluorid** (Sulfuryldifluorid)
Expositionsort	Gebäude	Gebäude
Aufwandmenge g/m^3		
• gegen Insekten	20-60	15 ... 36 ... 76 (Eier)
• gegen Pilze	30-50	?
Expositionsdauer, h		
• Insekten	24-72	20 ... 72 ... 162
• Pilze	96	?
Mindesttemperatur (bei Gebäuden), °C	4	12
Material- und Luftfeuchte	mittlere Werte noch akzeptabel	niedrige Werte günstig
Ausbringung	aus Stahlflaschen	aus Stahlflaschen
Penetration des Holzes	rasch	rasch
Desorption aus dem Holz	verzögert – schnell	schnell

Tabelle 8. Inerte Begasungsmittel – chemische Eigenschaften

Kohlendioxid	**Gewinnung:**	1. Quellkohlensäure – aus natürl. Gasquellen 2. Prozeßkohlensäure – Gärung – Ammoniaksynthese – Vergasen von Kohle u. Erdöl
	Verunreinigungen:	Sauerstoff, Stickstoff, Kohlenmonoxid, Wasser, Kohlenwasserstoffe
	Reaktionen:	$CO_2 + H_2O \rightleftarrows H_2CO_3$ (pH = 3,7)
Stickstoff	**Gewinnung:**	Fraktionierte Destillation verflüssigter Luft
	Verunreinigungen:	Sauerstoff, Argon, Wasser, Kohlenwasserstoffe
	Reaktionen:	–
Argon	**Gewinnung:**	1. aus den Restgasen der Ammoniaksynthese 2. Rektifikation der Luft
	Verunreinigungen:	Stickstoff, Sauerstoff, Wasser, Kohlenwasserstoffe
	Reaktionen:	–

Tabelle 9. Inerte Begasungsmittel – physikalische Eigenschaften

Parameter	Kohlendioxid	Stickstoff	Argon
Handelsname	Altarion-Carbo-Gas	Altarion-Nitrogeno-Gas	–
Formel	CO_2	N_2	Ar
charakt. Eigenschaften	farbloses Gas von leicht säuerlichem Geruch u. Geschmack, nicht brennbar	farb-, geruch- u. geschmackloses Gas, nicht brennbar	farb-, geruch- u. geschmackloses Gas, nicht brennbar
Siedepunkt, °C	-78,5	-195,8	-185,7
Litergewicht, g/l (Luft = 1,2928)	1,9768	1,2505	1,7837
Wasserlöslichkeit	1 l H_2O löst 1 l CO_2 (15°C)	1 l H_2O löst 23,3 ml N_2 (0°C)	1 l H_2O löst 52 ml Ar (0°C)

Tabelle 10. Inerte Begasungsmittel – toxikologische und umweltrelevante Eigenschaften

Parameter	Kohlendioxid	Stickstoff	Argon
Toxizität	wirkt bereits in leicht erhöhter Konz. (> 10 %) erstickend	wirkt erst in Konz. über 80 % erstickend	wirkt in sehr hohen Konz. erstickend
MAK-Wert	5000 ppm	–	–
Umweltverträglichkeit	verursacht Treibhauseffekt	verträglich	verträglich

Tabelle 11. Inerte Begasungsmittel – biologische Eigenschaften

Parameter	Kohlendioxid	Stickstoff	Argon
Wirkung bei Insekten	• schwaches Ovizid • wirksam gegen Larven, Puppen und Käfer	• schwaches Ovizid • wirksam gegen Larven, Puppen und Käfer	• schwaches Ovizid • wirksam gegen Larven, Puppen und Käfer (schneller als bei Stickstoff)
Wirkungsweise bei Insekten	narkotisierend; Atemanaleptikum; Anstieg CO_2-Partialdruck im Blut, dadurch Stimulation der Atemmuskulatur und verstärktes Einatmen (Hyperventilation); Übersäuerung der Hämolymphe	erstickend	erstickend
Wirkung bei Pilzen	Myzelwachstum wird gehemmt, das Auskeimen der Sporen unterdrückt → aber keine Abtötung		
Wirkungsweise bei Pilzen		?	

Tabelle 12. Inerte Begasungsmittel – anwendungstechnische Eigenschaften bei Kulturgut

Kohlendioxid	• Farbwertänderungen bei Massikot (PbO), Mennige (Pb_3O_4), Zinkweiß (ZnO), Ultramarin ($3Na_2O \cdot Al_2O_3 \cdot 2SiO_2 \cdot 2Na_2S$) • Anlaufen von Silber • Veränderungen bei Leinölfirnis, Gummi arabicum
Stickstoff, Argon	außerordentlich reaktionsträge; bisher keine nachteiligen Veränderungen bekannt

Tabelle 13. Inerte Begasungsmittel – Anwendungsbedingungen bei der Bekämpfung holzzerstörender Insekten

Parameter	**Kohlendioxid**	**Stickstoff**	**Argon**
Expositionsort	Folienzelt Container Gebäude	Folienzelt Container –	Folienzelt Container –
Konzentration im Begasungsraum, Vol.-%	> 60, aber < 100	99,0 → 99,9	> 99,9
Expositionsdauer, d	14 ... 21 ... 28	21 ... 28 ... 35	21 ... 28
Material- und Luftfeuchte	niedrige Werte vorteilhaft		
Ausbringung	Druckgasflaschen		
Penetration des Holzes	je höher die Holzfeuchte, umso langsamer	Holzfeuchte beeinflußt Diffusion weniger als bei Kohlendioxid	
Desorption aus dem Holz	verzögert (insbes. bei höheren Holzfeuchten)	rasch	

Tabelle 14. Gasdurchlässigkeit P von Kunststoffolien bei 20 °C

Kunststoff	**Abkürzung**	P in $\frac{cm^3 \cdot 0{,}1\ mm}{m^2 \cdot d \cdot bar}$ **Kohlendioxid**	**Stickstoff**	**Sauerstoff**
Polyethylen niedriger Dichte	LDPE	8000	510	1350
Polyethylen hoher Dichte	HDPE	2000	160	450
Polypropylen	PP	1700	100	550
Polyvinylchlorid	PVC	250	6	50
Polyvinylidenchlorid	PVDC	7	0,3	1,0
Polyester	PETP	70	2	10
Polystyren	PS	5000	200	1500
11-Polyamid	11-PA	–	–	80
6-Polyamid	6-PA	24,8	0,68	5,6
Polycarbonat	PC	–	–	650
Celluloseacetat	CA	–	60	400

Anhang

Diskussion

Dr. Binker: Der von Ihnen genannte Grenzwert von 12 °C bei der Anwendung von Sulfurylfluorid trifft nicht zu. Ich habe schon bei 6 bis 9 °C erfolgreich begast. Man muß sich nur vor Augen halten, daß die Insekten nur um so langsamer atmen, je tiefer die Temperatur ist. Da der Siedepunkt von Sulfurylfluorid bei -55°C liegt, ist es daher extrem mobil in bezug auf die Begasungstemperaturen.

Dr. Hering: Ich habe Sulfurylfluorid über einen ganzen Winter im Außenbereich in der Glaskammer gehalten, ohne daß eine Kondensation eingetreten wäre.

Zur Anwendung von Kohlendioxid möchte ich zweierlei sagen. Es ist das Problem des Treibhauseffektes in den Raum gestellt worden. Dazu ist zu sagen, daß das für Begasungen verwendete Kohlendioxid aus natürlichen Vorkommen gewonnen, also nur gesammelt und weiterverbraucht wird. Es würde in die Atmosphäre strömen, auch wenn wir es nicht dazwischen für Begasungen einsetzen würden. Ich bin auch darüber verwundert, Herr Dr. Unger, daß Sie beim Kohlendioxid Veränderungen von Pigmenten festgestellt haben. Ich habe über zwei Jahre Versuche laufen und keinerlei Veränderungen feststellen können.

Dr. A. Unger: An der Fachhochschule in Köln gibt es eine Diplomarbeit zur Einwirkung von Kohlendioxid auf Pigmente, in welcher sehr wohl Pigmentveränderungen festgestellt worden sind. Es muß aber sicherlich ein ganz entscheidender Faktor festgestellt werden: die Feuchte. Es muß also bei allen Versuchen genau die Feuchtigkeit gemessen werden. Dies sollte man in jedem Fall noch einmal abklären, bevor man sich über unterschiedliche Aussagen unterhält.

Biebl: Wir sind 20 Jahre mit Blausäure mehr oder weniger gut gefahren. Ich betone das extra, denn es hat auch immer wieder Schwierigkeiten und Probleme gegeben. Die Objekte sind aber heute noch schädlingsfrei und das heißt immerhin etwas. Seit etwa 12 oder 13 Jahren haben wir Methylbromid verwendet, weil es immer Entlüftungsprobleme mit Blausäure gegeben hat: Entlüftungszeiten bis zu 3 Wochen und langanhaltender belästigender Geruch. Eine Zeitlang haben wir auch Teilbegasungen durchgeführt, die wir aber dann wieder wegen der Gewährleistung abgelehnt haben, weil wir nicht eine Gewährleistung für das ganze Objekt übernehmen können, wenn nur etwa 10 % davon begast worden sind.

Emmerling: Die Diskussion hat für mich bisher – und das halte ich für sehr gravierend – gezeigt, daß wir eigentlich alle über Jahrzehnte hinweg begast haben, ohne tatsächlich definitiv zu wissen, was wir tun, und daß bei allen Ämtern und Institutionen die selben Unsicherheiten wie bei der Fachbehörde bestehen. Es gibt zudem keine Berichte darüber, wo z. B. eine Gasflasche geöffnet wird – in der Mitte des Raumes oder direkt vor einer Skulptur – und ob ein Ventilator zur gleichmäßigen Gasverteilung in Betrieb genommen wird oder nicht. Aus restauratorischer Sicht möchten wir daher alles von den Begasungsfirmen in Erfahrung bringen, was sie in den Details zur Ausführung sagen können.

Siegmund: Ich möchte anregen, Teile von Objekten, die keine große Bedeutung haben, in Kleinversuchen einmal Begasungen beizugeben. Ich glaube nicht, daß die Begasungsfirmen abgeneigt wären, sich an solchen Versuchen, durch die man mehr Wissen und Erfahrung gewinnen könnte, zu beteiligen.

Meixner: Ich möchte für die Restauratoren in Anspruch nehmen, daß sie diesen Schritt, nämlich auf die Institutionen zuzugehen, bereits getan haben. Wir haben mit der Firma Binker in einer Kirche zusammen gearbeitet und z. B. einen Engelskopf mit einer Fassung des 18. Jahrhunderts einer anderen Begasung beigestellt und nach der Maßnahme mit den in der Kirche verbliebenen Originalen wieder verglichen. Es haben sich keine Veränderungen ergeben, obwohl Bleiweiß und verschiedene Bindemittel zur Disposition gestanden haben. Eine Frage, die mich beschäftigt ist: Was ist, wenn eine Kirche, die begast worden ist, nach drei Jahren wieder aktiven Schädlingsbefall aufweist?

Dr. Binker: Ich darf dazu sagen, daß Begasung nicht vorbeugend wirkt. Daraus entsteht für uns das Problem der Gewährleistung, die immer wieder von uns verlangt wird. Was soll ich machen, wenn ein Pfarrer bei mir anruft und sagt: „Die und die Firma gibt beispielsweise fünf Jahre Gewährleistung. Wenn Sie billiger sind und auch fünf Jahre geben, dann kriegen Sie den Auftrag.“ Tatsächlich hat eine Begasung aber keine nachweislich vorbeugende Wirkung und Gewährleistung zu übernehmen, ist daher fast schon wettbewerbswidrig.

Siegmund: Das war ein wahres Wort an richtiger Stelle. Ich möchte aber noch etwas anderes sagen: Wie kann man den Erfolg einer Begasung kontrollieren? Ich möchte dazu vorschlagen, bei künftigen Begasungen immer von Insekten aktiv befallene Probestücke mit hineinzugeben und damit zumindest näherungsweise den Erfolg kontrollieren zu können. Diese Art der Erfolgskontrolle ist nicht 100%ig, aber man hätte zumindest eine größere Gewähr für den Erfolg einer solchen Aktion.

Emmerling: Ich darf an dieser Stelle vielleicht sagen, daß speziell die Erzdiözese München-Freising versucht, mit erheblichem Mittelaufwand die Grauzone der Unsicherheiten zu durchbrechen und bereit ist, auch mit offiziell noch nicht voll anerkannten Verfahren, Versuche zu finanzieren und Erfolgskontrollen durchzuführen. Das Problem vor dem wir alle stehen ist ja, daß wir nicht weiterkommen, wenn solche Versuche nicht durchgeführt werden. Zugelassen sind heute lediglich die drei bis vier genannten klassischen Gase, vor denen man allesamt eigentlich nur davonlaufen kann. Sie haben allerdings die entscheidenden Vorteile, daß sie kurz und stark wirken sowie billig sind. Wenn man auf diese Gase verzichtet und neue Wege sucht, muß man sich darüber im klaren sein, daß Begasungen wesentlich teurer werden können. Das ist dann der Preis für das Umweltbewußtsein, welches dabei entwickelt wird.

Nachdem vier Vertreter von Baubehörden anwesend sind, möchte ich zur Gewährleistung noch sagen, daß es eigentlich schlichtweg ungesetzlich ist, eine Gewährleistung für etwas zu verlangen, was überhaupt nicht gewährleistet werden kann. Nachdem es nach Auskunft von Fachleuten nicht relevant ist, müßte die Gewährleistungsfrage eigentlich gegenstandslos sein und Gewährleistung eigentlich auf die Qualität der Durchführung der Maßnahme beschränkt werden.

Achim Unger

Fumigation of Cultural Property: Fundamentals - Materials - Developments

Fundamentals

The German term for fumigation "Begasen" has had many connotations over the centuries and to some extent even underwent a change in meaning. In past centuries, "Begasen" meant "Räuchern" (smoke), respectively "Ausräuchern" (smoke out). In the 19th century, respectively, in the first half of the 20th century, the "Entwesen" (desinfestation) and "Durchgasen" (gasing) were common terms used in pest control. If one investigates what fumigants really are, one finds various definitions:

1. Gaseous or easily vaporizable mixtures (including liquids and solids) acting as biocides (insecticides, fungicides, bactericides) and serving as desinfectants for objects, stored food, rooms and buildings.
2. Chemicals that are present in sufficiently high concentration in their gaseous phase under normal conditions (normal pressure and temperature) and are lethal to specific types of pests.

Both meanings reflect only one aspect; what is lacking is an overall, comprehensive definition. Even the TRGS 512 "Begasungen" does not supply an appropriate definition.

Using gasing or gaseous substances to eradicate pests is not a modern invention as Table 1 shows. Smoking wood over a fire is undoubtedly advantageous. It not only decimates the infestation present perhaps even kills it, but also offers a kind of protection by chemically altering the resinous acids, terpenes and phenol compounds in the wood. Fumigation in today's sense was first conducted in 1880 in the USA when plant and stored food pests were exterminated with hydrocyanic acid.

About 1900, infested wooden museum objects of art were exposed to carbon disulfide vapors and carbon tetrachloride in gas boxes. This method continued to be employed for a very long time despite the fact that both fluids are good solvents for painting substances and may soften the binding media.

The most spectacular action in the conservation of cultural heritage was probably the treatment of the carved Gothic altar in the parish church in Kefermarkt, Austria with the hydrocyanic acid product Zyklon B.

The insecticidal effects of the still much used methyl bromide (bromomethane) was recognized in 1932. According to recent research, this agent may cause cancer (in animal tests) and - damages the ozone layer. Thus, it can be expected that it will be replaced. As a possible substitute sulfuryl fluoride is considered, which was first used in the USA in 1957. In Germany, it was first employed to fumigate an anobia-infested church in 1992.

Utilizing chemically indifferent gases such as nitrogen and carbon dioxide for pest control for materials and stored foodstuffs was already contemplated in the middle of the last century. There are patents from 1850 that recommend treating wood with carbon dioxide, and in 1860 nitrogen was used to eradicate pests in stored foodstuffs.

Materials and the Present State of Development

Within the group of fumigants must be differentiated between chemically active (reactive) and chemically inactive (inert) compounds. Among the reactive fumigants are: hydrogen cyanide (hydrocyanic acid), hydrogen phosphide (phosphine), methyl bromide (bromomethane), ethylene oxide (oxiran), propylene oxide (1,2-epoxypropane), sulfuryl fluoride, formaldehyde and to a limited extent thymol. Carbon dioxide, dinitrogen oxide (laughing gas), nitrogen as well as the rare gases argon and helium make up the group of inert fumigants. Presently, the focus is on the reactive fumigants methyl bromide and sulfuryl fluoride as well as on the inert gases carbon dioxide, nitrogen and argon.

Table 2 contains the data on the chemical properties of methyl bromide and sulfuryl fluoride. Of particular significance in the treatment of cultural property are, depending on the degree of purity, the by-products present in various proportions in the gases and the possible decomposition reactions. Both in the case of methyl bromide and of sulfuryl fluoride, highly acidic impurities may also occur as decomposition products which unfavorably effect pigments and binding media. The physical properties (Table 3) of special interest of the two colorless, non-flammable gases methyl bromide and sulfuryl fluoride are density, vapor pressure and water solubility. Methyl bromide and sulfuryl fluoride are distinctly heavier than air (approximately 3.5 times). The gases settle to the bottom and have to be circulated during fumigation in order to ensure the required concentration reaches everywhere. Sulfuryl fluoride is substantially more volatile than methyl bromide. Sulfuryl fluoride hardly dissolves in water, whereas methyl bromide reacts more readily with water. Both reactive fumigants are extremely toxic (Table 4). In the toxic material scale, methyl bromide has been given the symbol T for dangerous and the TLV (threshold limit value) of 5 ppm, but sulfuryl fluoride has not yet been listed. Methyl bromide has been classified potentially carcinogenic and is considered an "ozone killer". If methyl bromide is used as a fumigant (e.g., in buildings), the gas should be vacuumed off following fumigation in order to keep pollution to a minimum. According to presently available knowledge, sulfuryl fluoride is completely oxidized before it reaches the ozone layer. If this gas is released into the atmosphere, hydrofluoric acid, sulferous acid and sulfuric acid may form which contribute to acid rain.

Methyl bromide acts both as an insecticide and as a fungicide. Due to its ability to dissolve in fats and oils, respectively react with proteins, it can penetrate the protective shell of insects more easily than sulfuryl fluoride (Table 5). The latter, however, is more toxic to the other stages of insect development (larvae, pupae, imago) than methyl bromide. Both brown rot and molds can be eradicated by methyl bromide. Hitherto, however, research has shown that 10 times the dosage is required for destroying the spores. Only little information is available on the effect of sulfuryl fluoride on fungi. It is known that it retards the activity of various molds. Spores have survived sulfuryl fluoride treatment. All in all compared to ethylene oxide, the fungicidal effectivity of this gas is substantially weaker. Fundamental research is still necessary to study the influence of methyl bromide and sulfuryl fluoride on the cell structure and the metabolism of fungi.

Methyl bromide and sulfuryl fluoride (industrial) may attack various materials that are important in cultural property (Table 6). There are not only the gases themselves the react chemically with the materials, but also the impurities they contain (cf. Table 2) as well as the moisture content of the air and the materials. Hitherto it has been discovered that following methyl bromide treatment pigments containing lead change and polished metal surfaces (silvered, gilt) tarnish. Especially critical is the ability of methyl bromide to react with sulfur-containing organic substances forming foul-smelling, toxic thioalcohols (mercaptans). For example cysteine, a sulfur-containing amino acid, can react with methyl bromide according to this equation:

$HS\text{-}CH_2\text{-}CH(NH_2)\text{-}COOH$	+	CH_3Br	→	$CH_3SH\uparrow$	+	$Br\text{-}CH_2\text{-}CH(NH_2)\text{-}COOH$
α-amino-ß-mercapto-propionic acid (cysteine)		methyl bromide		methyl mercaptan (methanthiol)		α-amino-ß-brom-propionic acid

Methyl mercaptan boils at 6 °C and is in a gaseous state at room temperature. Its noxious odor lingers for quite sometime.

Industrial sulfuryl fluoride can, in particular, form fluorides, sulfates and hydrates with metals if the humidity is high. Furthermore, the appearance of vegetable oils pigments in linseed and animal glues may change. *Pure* and dry sulfuryl fluoride is largely chemically inactive. Hitherto changes have only been observed in textile dyestuffs.

For methyl bromide as well as for sulfuryl fluoride, approximately 20-70g/m^3 are calculated for the fumigation of historical buildings in order to eradicate wood-destroying insects (Table 7).

The higher dosage is justified if just laid eggs or new pupae are anticipated. For both gases, the average exposure time is about 72 hours. Concentration and exposure time are only representative to a limited degree, decisive is the c•t-product of concentration (c) and exposure time (t). The concentration can, for example, be distinctly reduced if the exposure time is correspondingly lengthened. The c•t-product should remain as constant as possible in all the rooms of the building to be treated.

Eradicating the mycelium of dry rot requires approximately 40g/m^3 of methyl bromide with a exposure time of 96 hours. The effect of sulfuryl fluoride on the mycelium of *S. lacrymans* and other wood-destroying fungi has still to be determined. It is expedient that fumigation with methyl bromide is conducted at > 4 °C, because otherwise there is a danger that large amounts of liquid agent will escape from the steel bottles. For sulfuryl fluoride, the literature mentions a minimum temperature of 12 °C. According to the information from firm Binker, this temperature can be additionally reduced by changing its mode of application. Liquid sulfuryl fluoride can cause severe corrosive damage. Low wood moisture content values are advantageous for sulfuryl fluoride due to the improved diffusion, whereas average wood moisture content values hardly disturb the diffusion of methyl bromide. Sulfuryl fluoride can penetrate painted layers better than methyl bromide.

The inert fumigants, nitrogen and argon, are not suited for eradicating insect pests in buildings. On the other hand, these gases represent a real alternative in treating moveable, insect-infested wooden cultural property. Carbon dioxide can be utilized to treat buildings as well as single portable objects.

All the inert fumigants mentioned here are more or less adulterated with other gaseous compounds depending on their production and scavenging processes (Table 8). When working with carbon dioxide, it is important to be careful, in particular, with the carbon monoxide content; when working with nitrogen and argon, it is the oxygen proportion. As in nitrogen and argon fumigation, the residual oxygen content has to be very low no new oxygen parts must taken up again which, however, is possible in the case of industrial nitrogen and argon (also with a low purity grade). No damaging side effects are to be expected when working with nitrogen and argon, they are used as inert gases in welding. Whereas in the case of carbon dioxide, carbonic acid can form, in particular, when the moisture content of the wood and the humidity in the air are high. With a pH-value of 3.7 it is a weak acid, nonetheless material-damaging reactions are possible.

Carbon dioxide, nitrogen and argon are colorless, non-flammable gases (Table 9). Carbon dioxide and argon are heavier than air, sink to the bottom and concentrate there. Nitrogen is only slightly less light than air and mixes well with it. Whereas nitrogen and argon only dissolve a little in water, 1 l of H_2O at 15 °C absorbs 1 l of carbon dioxide, resulting in the formation of carbonic acid. According to Table 10, carbon dioxide already has a suffocating effect at a concentration of just >10 %. This danger arises with nitrogen and argon only at very high concentrations. The air (approximation equation: $4N_2 + O_2$) already contains 78.09 vol.-% nitrogen, 0.93 vol.-% rare gases (argon, helium, etc.), but only 0.03 vol.-% carbon dioxide. The remaining 20.95 vol.% is oxygen. Carbon dioxide contributes to the green-house effect. If carbon dioxide is employed as a fumigant, it must be pointed out that this is tantamount to utilization of an industrial by-product.

With regard to their biological effectivity on insects (Table 11), carbon dioxide, nitrogen and argon can be employed to attack the larvae, pupae and imagines without any difficulties.

What needs to be done if one assumes that eggs have been laid or are being laid? In the case of wood-destroying insects, these are the various possibilities:

a. Fumigation outside the flying and mating period, i.e. early in spring or, even better, in early autumn.
b. Extending the exposure time required for the other stages of insect development so that egg-laying of the female is disturbed, respectively the laid eggs dry and the larvae in the eggs do not emerge.
c. Fumigation twice within a year, with the second fumigation being conducted when the larvae have with certainty emerged.

Nitrogen and argon have a suffocating effect on the insects. Carbon dioxide stimulates the breathing muscles, and the result is hyperventilation. Moreover, over-acidification of the haemolymphes, the blood of insects, occurs. Fungi cannot be destroyed with carbon dioxide, nitrogen or argon. For instance, fungi cultures are stored in nitrogen. Mycelium growth can only be retarded and the germination of spores suppressed. The effect is greater, the more the moisture is reduced. All in all, the influence of carbon dioxide, nitrogen and argon on fungi has not been extensively investigated, in particular, with regard to where these gases interfere with the live functions of the fungi in dependence on moisture.

The use of carbon dioxide, nitrogen and argon on cultural property raises the question how these fumigants react on painting, metal coats, polishes and lacquers. Hitherto, no negative influences of nitrogen and argon are known. Whereas carbon dioxide, respectively carbonic acid, in high humidity may change the color values in lead pigments, zinc white and ultramarine (Table 12). According to more recent studies, one must also expect changes in transparency in the case of freshly applied boiled linseed oil, gum arabicum and shellac dependent on humidity.

Airtight foil tents or containers (Tab. 13) are suited for treating wooden objects, textile cultural property and ethnographic objects with inert gas fumigants. When eradicating wood-destroying insects with carbon dioxide, the concentration in the fumigation chamber should be about 60-65 vol.-%. Although there is still residual oxygen of 7-8 vol.-%, this concentration suffices to kill the insect pests if an exposure period of 3 to 4 weeks is maintained. Contrary to carbon dioxide fumigation, in which the residual oxygen content is still quite high, in nitrogen and argon fumigation, a residual oxygen content of less than 1 % must be obtained when eradicating wood-destroying insects. The higher the nitrogen, respectively the argon content, the shorter the exposure time. Due to the high nitrogen and argon concentration that has to be attained, special demands are made on the airtightness of the foil material. If one assumes the presence of egg-laying wood-destroying insects, one has to fumigate for at least 4-5 weeks with nitrogen or argon. Low humdity and moisture-content of the material is favorable for treatment with inert fumigants. Especially in the case of carbon dioxide, high moisture-content of the wood slows down diffusion and delays desorption from the wood.

Polyethlyene foils are not or only little suited for inert gas fumigation with nitrogen and argon, because these foils are highly gas-permeable (Table 14). Halogenized polyethylene, e.g. polychlorfluor ethylene (trade name Aclar, USA) is, however, less gas-permeable as a foil. PVC or polyester foil can be used although their gas permeability is still considerable. Best suited are foils made of polyvinylidene chloride or 6-polyamide (nylon). Gas permeability can be further reduced if combinations of foils are employed. Hitherto, 1-3 mm thick combined foils of nylon coated with polyvinylidene chloride and sealed with ethyl vinyl acetate as well as foils composed of co-extruded ethyl vinyl acetate/nylon/ethyl vinyl acetate (Cryovac, USA) have been employed for fumigation with nitrogen and argon.

In order to eradicate pests and fungi destroying cultural property or to prevent them from spreading, the oxygen necessary for their survival must be removed. The just described procedure is based on displacing the oxygen by means of controlled atmospheres using carbon dioxide, nitrogen or argon. In addition to this, the oxygen can be absorbed by so-called oxygen scavengers and chemically fixed. Such an oxygen absorber is presently being offered under the tradename AGELESS. The manufacturer is the Mitsubishi Gas Chemical Company, Tokyo. In Germany, Grace GmbH, Cryovac Division, Norderstedt has the sales rights.

AGELESS is a mixture of finely distributed and thereby activated iron oxide and potassium chloride. By collecting the oxygen, the iron oxide "rusts" irreversibly. Small insect-infested objects can be preserved in this manner only using AGELESS. For larger objects there are two variants:

a. Scavenging the foil tent with nitrogen or argon until the residual oxygen content is below 1 %. Subsequently only so much nitrogen or argon is added that the residual oxygen content remains constant.
b. Displacing the air with nitrogen or argon in foil bags until the residual oxygen content also reaches a value of 1 % or below. Subsequently AGELESS is added, and the foil bag is sealed. The product absorbs both the oxygen remaining in the bag and oxygen still entering through the foil.

Closing Remarks

Using inert gases to control insect pests in moveable cultural property is a promising alternative to employing reactive and highly toxic fumigants, but also to liquid preservatives with an insect-controlling effect. However, more research is necessary focusing on optimizing the exposure time dependent on the residual oxygen content for the individual insect pest species and its stages of development. Furthermore, the effect of inert gases on wood-destroying fungi and molds must be systematically studied in order to see if eradication of these pest organisms can be achieved under acceptable conditions. Otherwise, one will have to resort to reactive and toxic fumigants such as methyl bromide or sulfuryl fluoride, whereby the effectivity of sulfuryl fluoride on wood-destroying fungi still needs investigation.

Summary

Commencing with the definitions of the term "fumigant" and an outline of the history of fumigation, this paper reviews the reactive fumigants, methyl bromide and sulfuryl fluoride, as well as the chemically indifferent gases, carbon dioxide, nitrogen and argon. Focus is on surveys of the chemical, physical, biological, toxicological and environment endangering as well as cultural-object-relevant properties of the discussed compounds. Moreover, the necessary fumigation parameters for buildings and single moveable objects are examined.

Methyl bromide, presently still much used in Germany for eradicating wood-destroying insects and to some extent also wood-destroying fungi (e.g. dry rot) in architectural monuments, is carcinogenic and an ozone-killer. Thus, it is to be assumed with that it will be replaced. Sulfuryl fluoride or carbon dioxide may be an alternative for ridding historic buildings of insect pests. Their effect on wood-destroying fungi still has to be investigated. Thus, presently only methyl bromide remains for fungi control if the hot-air method is no recourse.

The inert fumigants, nitrogen and argon, are not practical in eradicating wood-destroying insects in buildings due to the high concentration (99.0-99.9 vol-%) required. These gases should be primarily employed for especially valuable single insect-infested painted works of art. Airtight foils according to the data in this report are suited for this treatment. According to currently available knowledge, nitrogen and argon are not effective in controlling wood-destroying fungi (mycelium and spores). During fumigation, the oxygen that the insect pests need to survive is displaced. Another possible method of removing the oxygen is utilizing oxygen absorbers. One such oxygen absorber referred to as "AGELESS" is described.

Literary Sources

Surveys

1 W. P. BAUER, Methoden und Probleme der Bekämpfung von Holzschädlingen mittels toxischer Gase. Restauratorenblätter 10 (1989), S. 58-63.
2 A. W. BROKERHOF, Control of fungi and insects in objects and collections of cultural value. Central Research Laboratory for Objects of Art and Science. Amsterdam 1989.
3 J. E. DAWSON, T. J. K. STRANG, Solving Museum Insect Problems: Chemical Control. CCI, Ottawa, Techn. Bull. no. 15, 1992.
4 G. OGNIBENI, Die Bekämpfung von Holzschädlingen – gefaßte Holzobjekte unter Einsatz von Gas. Restauro 95 (1989), S. 283-287.
5 K. STORY, Pest Management in Museums. Conservation Analytical Laboratory. Smithsonian Institution, Washington 1985.
6 A. UNGER, Holzkonservierung. Schutz und Festigung von Kulturgut aus Holz. 1. Aufl. Leipzig 1988, 2. Aufl. München 1990.
7 A. und W. UNGER, Begasungsmittel zur Insektenbekämpfung in hölzernem Kulturgut. Holztechnologie 27 (1986) 5, S. 232-236.
8 A. und W. UNGER, Die Bekämpfung tierischer und pilzlicher Holzschädlinge. Tagungsbericht Nr. 1/1992. Bayerisches Landesamt für Denkmalpflege, München (auch: Arbeitshefte des Bayerischen Landesamtes für Denkmalpflege, Bd. 73, München 1995).

Argon

9 R. J. KOESTLER, Insect eradication using controlled atmospheres and FTIR measurement for insect activity. ICOM Committee for Conservation. 10th Triennial Meeting, Washington 1993, Vol. II., S. 882-886. – (siehe auch [33]).

Methyl Bromide

10 H. KIMURA, H. MIYACHI, I. INOUE, S. YAMAZAKI, K. YAMANO, H. ARAI, On the mixed fumigants comprising of propylene oxide and methyl bromide. Preprints, 2nd International Conference on Biodeterioration of Cultural Property. Yokohama 1992, S. 102-103.
11 B. RÖTHLEIN, Entlastung für die schützende Hülle. Die Vereinten Nationen fordern weltweites Verbot des Ozon-Killers Brommethan. Süddeutsche Zeitung Nr. 186 v. 13.08.1992.
12 M. RÜTZE, Untersuchungen zur Biologie der amerikanischen Eichenwelke [*Ceratocystis fagacearum* (BRETZ) HUNT] und Entwicklung eines Verfahrens zur Desinfektion von Eichenholz. Dissertation. Universität Hamburg, Fachbereich Biologie. Hamburg 1983.
13 R. H. SCHEFFRAHN, N.-Y. SU, R.-C. HSU, Diffusion of methyl bromide and sulfuryl fluoride through selected structural wood matrices during fumigation. Mat. u. Org. 27 (1992) 2, S. 147-155.
14 W. UNGER, CH. REICHMUTH, A. UNGER, H.-B. DETMERS, Zur Bekämpfung des Echten Hausschwamms [*Serpula lacrymans* (-WULF.: FR.) SCHROET.] in Kulturgütern mit Brommethan. Zeitschr. f. Kunsttechnologie und Konservierung 6 (1992) 2, S. 244-259.
15 D. WELLER, Methylbromid. Frankfurt/M. (DEGESCH) 1982.
16 W. WIRTH, CH. GLOXHUBER, Toxikologie. 4. Aufl. Stuttgart/New York (Georg Thieme) 1985, S. 174.
17 X. YULIN, Fungicidal effectiveness of methyl bromide fumigant and its residue after fumigation. Preprints, 2nd International Conference on Biodeterioration of Cultural Property. Yokohama 1992, S. 97-99.

Carbon Dioxide

18 G. BINKER, Münchener Domfiguren baden in Kohlendioxid. Prospekt der Binker Holzschädlingsbekämpfung. Behringersdorf bei Nürnberg o. J.
19 G. BINKER, Mit Kohlendioxid gegen Insektenbefall. Restauro 99 (1993) 4, S. 222.
20 T. MORITA, ET AL., Museum pest control using cyphenothrin mist. Preprints, 2nd International Conference on Biodeterioration of Cultural Property. Yokohama 1992, S. 114.
21 R. PATON, J. W. CREFFIELD, The tolerance of some timber insect pests to atmospheres of carbon dioxide in air. Int. Pest Control 29 (1987) 1, S. 10-12.
22 H. PIENING, Untersuchungen zum Diffusionsverhalten von Kohlendioxid und Stickstoff bei der Begasung holzzerstörender Insekten. Semesterarbeit, Fachhochschule Köln, 1992/93.
23 H. PIENING, Die Bekämpfung holzzerstörender Insekten mit Kohlendioxid sowie die Verträglichkeit des Gases an gefaßten Objekten. Diplomarbeit, Fachhochschule Köln, 1993. – (siehe auch [28]).

Oxygen Absorbers

24 *Ageless* – A new age in food preservation. Mitsubishi Gas Chemical Company, Tokyo o. J.
25 M. GILBERG, Inert atmosphere desinfestation using AGELESS oxygen scavenger. ICOM Committee for Conservation. 9th Triennial Meeting. Dresden 1990, Vol. II., S. 812-816.
26 M. GILBERG, A. ROACH, Inert atmosphere desinfestation of museum objects using AGELESS oxygen absorber. Preprints, 2nd International Conference on Biodeterioration of Cultural Property. Yokohama 1992, S. 91-93.
27 S. MAEKAWA, F. PREUSSER, F. LAMBERT, An hermetically sealed display and storage case for sensitive organic objects in inert atmospheres. Preprints, 2nd International Conference on Biodeterioration of Cultural Property. Yokohama 1992, S. 86-88.
28 Techniques for the preservation of food by employment of an oxygen absorber. Mitsubishi Gas Chemical Company, Tokyo, 1983.

Nitrogen

29 V. DANIEL, S. MAEKAWA, F. D. PREUSSER, C. HANLON, Nitrogen fumigation: a viable alternative. ICOM Committee for Conservation, 10th Triennial Meeting, Washington 1993, Vol. II., S. 863-867.
30 A. FRANK, Möglichkeiten einer biozidfreien Bekämpfung von *Lyctus brunneus* (Steph.) und anderer materialzerstörender Käfer in Kunstwerken. Diplomarbeit, Freie Universität Berlin, 1991.
31 M. GILBERG, Inert atmosphere fumigation of museum objects. Studies in Conservation 34 (1989), S. 80-84.
32 M. GILBERG, The effects of low oxygen atmospheres on museum pests. Studies in Conservation 36 (1991), S. 93-98.
33 M. GILBERG, A. ROACH, The effects of low oxygen atmospheres on the powderpost beetle, *Lyctus brunneus* (STEPHENS). Studies in Conservation 38 (1993), S. 128-132.
34 G. HANLON, ET AL., Dynamic system for nitrogen anoxia of large museum objects: A pest eradication case study. Preprints, 2nd International Conference on Biodeterioration of Cultural Property. Yokohama 1992, S. 91-92.
35 R. J. KOESTLER, Practical application of nitrogen and argon fumigatin procedures for insect control in museum objects. Preprints, 2nd International Conference on Biodeterioration of Cultural Property. Yokohama 1992, S. 96-98.
36 CH. REICHMUTH, W. UNGER, A. UNGER, Stickstoff zur Bekämpfung holzzerstörender Insekten in Kunstwerken. Restauro 97 (1991) 4, S. 246-251.
37 A. und W. UNGER, CH. REICHMUTH, The fumigation insect-infested wood sculptures and paintings with nitrogen. Preprints, 2nd International Conference on Biodeterioration of Cultural Property. Yokohama 1992, S. 108-109.
38 N. VALENTIN, Insect eradication in museums and archives by oxygen replacement, a pilot project. ICOM Committee for Conservation. 9th Triennial Meeting, Dresden 1990, Vol. II, S. 821-823.
39 N. VALENTIN, M. LIDSTROM, F. PREUSSER, Microbial control by low oxygen and low relative humidity environment. Studies in Conservation 35 (1990), S. 222-230.
40 N. VALENTIN, F. PREUSSER, Insect control by inert gases in museums, archives and libraries. Restaurato 11 (1990), S. 22-33. – (siehe auch [20], [46]).

41 M. T. BAKER, H. D. BURGESS, N. E. BINNIE, M. R. DERRICK, J. R. DRUZIK, Laboratory investigation of the fumigant Vikane. ICOM Committee for Conservation, 9th Triennial Meeting, Dresden 1990, Vol. II, S. 804-811.
42 G. BINKER, Report on the first fumigatin of a church in Europe using sulfuryl fluoride. K. B. Wildey, W. H. Robinson (Hrsg.): Proceedings of the 1st Int. Conf. on Insect Pests in the Urban Environment. St. John's College, Cambridge, 30 June – 3 July 1993, S. 51-55.
43 H. D. BURGESS, N. E. BINNIE, The effect of Vikane on the stability of cellulosic and ligneous materials – measurement of deterioration by chemical and physical methods. Mat. Res. Soc. Symp. Proc., Vol. 185 (1991), S. 791-798.
44 M. R. DERRICK, H. D. BURGESS, M. T. BAKER, N. E. BINNIE, Sulfuryl fluoride (Vikane): a review of its use as a fumigant. JAIC. 29 (1990), S. 77-90.
45 E. E. KENAGA, Some biological, chemical and physical properties of sulfuryl fluoride as an insecticidal fumigant. J. Econ. Entomol. 50 (1957) 1, S. 1-6.
46 R. J. KOSTLER, E. PARREIRA, E. D. SANTORO, P. NOBLE, Visual effects of selected biocides on easel painting materials. Studies in Conservation 38 (1993), S. 265-273.
47 B. M. SCHNEIDER, Characteristics and global potential of the insecticidal fumigant, sulfuryl fluoride. K. B. Wildey, W. H. Robinson (-Hrsg.): Proceedings of the 1st Inst. Conf. of Insect Pests in the Urban Environment. St. John's College, Cambridge, 30 June – 3 July 1993, S. 51-55.
48 N.-Y. SU, Efficacy of sulfuryl fluoride against selected insect pests of museums. Preprints, 2nd International Conference on Biodeterioration of Cultural Property. Yokohama 1992, S. 104-105 (siehe auch [11]).

Tables

Table 1. Timetable of the Use of Fumigants on Wood

about 900 BC	HOMER mentions sulfur dioxide as a desinfecting fumigant in "Ulysses"
800 BC	HESIOD: wood is preserved with hearth smoke
80 AD	Wood is fumigated with the smoke from a slave bath
approx. 1225-1287	KONRAD VON MEGENBACH: Beechwood hung in smoke is not easily destroyed
1805	MACKONOCHIE: Wood in a vapor chamber is impregnated with the resinous vapors from teak wood
1832	Wood is exposed for a long period to the smoke from slow-burning green wood
1835	MOLL: Fumigating wood with creosote vapors
1848	Wood is exposed to heated ammonia and to wood-vinegar vapors (LECOUR)
after 1850	Patents recommending impregnation of wood with ozone or carbon dioxide
1880	Use of hydrocyanic acid in pest control in plants and stored foodstuffs in the USA
about 1900	Use of carbon disulfide and carbon tetrachloride in gas boxes for the treatment of insect-infested wood
1915	KEMNER: successful fumigation of Anobia larvae with hydrogen cyanide
1921	Eradication of Anobia in the royal castle in Kalmar, Sweden, with hydrogen cyanide
	NAGEL: gaseous hydrocyanic acid does not kill the Anobia larvae
1924	RATHGEN warns that the success of treatment with hydrocyanic acid is uncertain and that it is highly toxic
1928	Eradication of Hylotrupes bajulus using hydrocyanic acid in the Emmaus Church in Copenhagen
	The lethal effect of ethylene oxide on insect pests in wood is known
1929	Fumigation of the carved Gothic altar in the parish church of Kefermarkt, Austria with Zyklon B, a hydrogen cyanide product
1932	LE GOUPIL discovers the lethal effect of methyl bromide as an insecticide
1936	Delicia-process for the fumigation of stored grain. Development of hydrogen phosphide by hydrolysis of aluminium phosphide
from 1950	More intensive use of methyl bromide against wood-destroying insects
1951	Fumigation of infested wood with ethylene oxide
1957	KENAGA describes the lethal effect of sulfuryl fluoride as an insecticide and STEWART uses it against termites
1984	Fumigation of three Norwegian stave churches with hydrogen phosphide
1992	First fumigation of an Anobia-infested church in Germany with sulfuryl fluoride

Table 2. Reactive Fumigants - Chemical Properties

Methyl Bromide (Bromomethane)	**Production:** $HBr + CH_3OH \xrightarrow{ZnCl_2} CH_3Br + H_2O$ **Impurities:** HBr, CH_3OH, H_2O **Decomposition reactions:** 1. $CH_3Br + H_2O \rightarrow HBr + CH_3OH$ 2. $CH_3Br + H_2O + Cu \rightarrow CuBr + CH_3OH + H^+$
Sulfuryl Fluoride (Sulfuryl difluoride)	**Production:** $SO_2 + Cl_2 + 2\ HF \xrightarrow[35°C]{charcoal} SO_2F_2 + 2\ HCl$ **Impurities:** HF, HCl, Cl_2, SO_2, ethylene dichloride **Decomposition reactions:** Hydrolysis (esp. in alkal. medium) $SO_2F_2 + 2\ OH^- \rightarrow SO_3F^- + F^- + H_2O$

Table 3. Reactive Fumigants - Physical Properties

Parameter	**Methyl Bromide** (Bromomethane)	**Sulfuryl fluoride** (Sulfuryl difluoride)
Trade name	Zedesa-Methylbromid Altarion-Mebrofum	Vikane (USA) Altarion-Vikane
Formula	CH_3Br	SO_2F_2
Charact. properties	colorless, non-flammable gas, slightly etheric odor	colorless, non flammable, odorless gas
Boiling point,°C	3.6	-55.2
Density ratio (air = 1)	3.27	3.52
Vapor pressure bar (at 25°C)	2.43	17.89
Water solubility g/l (at 25°C)	14.4	0.75

Table 4. Reactive Fumigants - Toxicological and Environmental Properties

Parameters	**Methyl bromide** (Bromomethane)	**Sulfuryl fluoride** (Sulfuryl difluoride)
Toxicity	highly toxic, causes nervous disorders; carcinogenic in animal tests	highly toxic, irritates the mucous membrane; suffocating effect
Danger Symbol	T	(T)
TLV (threshold limit value)	5 ppm 20 mg/m³	5 ppm 20 mg/m³
Environment compatibility	reacts with ozone (decomposes the ozone layer)	due to complete oxidation no interaction with ozone; contributes to acid rain due to hydrolysis

Table 5. Reactive Fumigants - Biological Properties

Parameter	**Methyl Bromide** (Bromomethane)	**Sulfuryl fluoride** (Sulfuryl difluoride)
Effect on insects	– good ovicide – adequately lethal to larvae, pupae and imagoes	– weak ovicide compared to methyl bromide – more toxic for larvae pupae and imagines compared to methyl bromide
Action on insects	methylating of sulfhydryl-containing enzymes	interrupts the glycolysis cycle
Effect on fungi	kills brown-rot fungi (mycelium); sterilizes spores at very high dosis; can also eradicate molds and spores	needs more research; inhibiting effect on *A. niger, A. flavus, Penicillium sp.*; less effective than ethylene oxide. Spores survive
Action on fungi	prob. direct chemical attack on the cell substance (cytoplasma) possible reactions: N-methylating of amino acids, proteins; attacks amino mercaptocarbonic acids (e.g., cysteine)	?

Table 6. Reactive Fumigants - Technical Properties in Application on Cultural Properties

Material	**Methyl Bromide** (Bromomethane)	**Sulfuryl fluoride*)** (Sulfuryl difluoride)
Metals	corrosion on polished surfaces	tarnishing and discoloring; formation of corrosion products (fluoride, sulfates, hydrates)
Pigments	alteration of color value of lead pigments lead white, lead tin yellow)	alteration of cobaltblue and prussian blue bonded in linseed oil
Dyes	–	may change color value
Animal glues	slight swelling and brittling	lightens proteins, darkening in artificial ageing
Natural resins/ polishes	softening	–
Vegetable oils (linseed oil)	–	observed changes
Materials containing sulfur (wool, fur, leather, parchment)	reactions yielding mercaptan formation	–

*) Industrial gas

Table 7. Reactive Fumigants - Application Conditions

Parameters	Methyl bromide (Bromomethane)	Sulfuryl fluoride (Sulfuryl difluoride)
Site of exposure	buildings	buildings
Concentration, g/m³		
– against insects	20-60	15...36...76 (ova)
– against fungi	30-50	?
Exposure time, h		
– insects	24-72	20...72...162
– fungi	96	?
Minimum temperature (in buildings) °C	4	12
Material moisture-content and humidity	still acceptable average values	low values favorable
Application	steel bottles	steel bottles
Wood penetration	rapid	rapid
Wood desorption	delayed-quick	quick

Table 8. Inert Fumigants - Chemical Properties

Carbon dioxide	**Source:**	1. well carbon dioxide – from natur. gas wells 2. process carbon dioxide – fermentation – synthesis of ammonia – gasification of coal and crude oil
	Impurities:	oxygen, nitrogen, carbon monoxide, water, hydrocarbons
	Reactions:	$CO_2 + H_2O \rightarrow H_2CO_3$ (pH = 3.7)
Nitrogen	**Source:**	fractional destillation of liquified air
	Impurities:	oxygen, argon, water, hydrocarbons
	Reactions:	–
Argon	**Source:**	1. from residual gases from the synthesis of ammonia 2. rectification of air
	Impurities:	nitrogen, oxygen, water, hydrocarbons
	Reactions:	–

Table 9. Inert Fumigants - Physical Properties

Parameters	Carbon dioxide	Nitrogen	Argon
Trade name	Altarion-Carbo-Gas	Altarion-Nitrogeno-Gas	–
Formula	CO_2	N_2	Ar
Charact. properties	colorless gas, slightly acidic odor and taste, non-flammable	colorless, odorless, tasteless, non-flammable gas	colorless, odorless, tasteless, non-flammable gas
Boiling point, °C	-78.5	-195.8	-185.7
Weight per liter, g/l (air = 1.2928)	1.9768	1.2505	1.7837
Water solubility	1 l H_2O dissolves 1 l CO_2 (15°C)	1 l H_2O dissolves 23.3 ml N_2 (0°C)	1 l H_2O dissolves 52 ml Ar (0°C)

Table 10. Inert Fumigants – Toxicological and Environmental Properties

Parameters	Carbon dioxide	Nitrogen	Argon
Toxicity	suffocating effect already at slightly raised concentration (> 10%)	suffocating effect at concentrations above 80%	suffocating effect at very high concentration
TLV	5000 ppm	–	–
Environment compatibilty	causes green-house effect	compatible	compatible

Table 11. Inert Fumigants - Biological Properties

Parameters	Carbon dioxide	Nitrogen	Argon
Effect on insects	– weak ovicide – effective against larvae, pupae and imagines	– weak ovicide – effective against larvae, pupae and imagines	– weak ovicide – effective against larvae, pupae and imagines (faster than nitrogen)
Action on insects	narcoticizing; breath analeptic; raises CO_2 partial pressure in blood → stimulates breathing muscles, hyper-ventilation; over-acidation of haemolymphes	suffocating	suffocating
Effect on fungi	inhibits growth of mycelium, suppresses spore germination → but is not lethal		
Action on fungi		?	

Table 12. Inert Fumigants – Application Properties for Cultural Property

Carbon dioxide	– color value changes in massicot (PbO), minium (Pb_3O_4), zinc white (ZnO), ultramarine ($3Na_2O \cdot Al_2O_3 \cdot 2SiO_2 \cdot 2Na_2S$) – silver tarnishes – alters linseed oil varnish, gum arabic
Nitrogen, Argon:	extraordinarily inert: hitherto no known negative changes

Table 13. Inert Fumigants – Application Conditions for Controlling Wood-destroying Insects

Parameters	Carbon dioxide	Nitrogen	Argon
Site of exposure	foil tents containers buildings	foil tents containers –	foil tents containers –
Concentration in fumigation chamber, vol.-%	> 60, but < 100	99.0 → 99.9	> 99.9
Exposure time, d	14 ... 21 ... 28	21 ... 28 ... 35	21 ... 28
Material moisture content and humidity	low values advantageous		
Application	pressuregas bottles		
Wood penetration	the higher the moisture content in the wood, the slower	moisture content in wood influences diffusion less than in the case of carbon dioxide	
Wood desorption	delays (in part. in the case of high moisture content)	rapid	

Table 14. Gas Permeability P of Plastic Foils at 20 °C

Plastic	Abbrev.	P in $\frac{cm^3 \cdot 0.1\ mm}{m^2 \cdot d \cdot bar}$ Carbon dioxide	Nitrogen	Oxygen
Polyethylene low density	LDPE	8000	510	1350
Polyethylene high density	HDPE	2000	160	450
Polypropylene	PP	1700	100	550
Polyvinyl chloride	PVC	250	6	50
Polyvinylidene chloride	PVDC	7	0.3	1.0
Polyester	PETP	70	2	10
Polystyrene	PS	5000	200	1500
11-polyamide	11-PA	–	–	80
6-polyamide	6-PA	24.8	0.68	5.6
Polycarbonate	PC	–	–	650
Cellulose acetate	CA	–	60	400

Appendix

Discussion

Dr. Binker: The limit of 12 °C in the use of sulfuryl fluoride that you mentioned is not quite correct. I have been successfully fumigating at 6 to 9 °C. It is important to keep in mind that the lower the temperature, the more slowly the insects breathe. Since the boiling temperature of sulfuryl fluoride is -55 °C, there is plenty of mobility of the gas with regard to the fumigation temperatures.

Dr. Hering: I have kept sulfuryl fluoride in a glass container outside the entire winter without any condensation accumulating.

I would like to say two things concerning the use of carbon dioxide. The problem of the greenhouse effect being created has come up. Here I would like to mention that the carbon dioxide employed in fumigation is gained from natural sources, i.e. only gathered and reused. It would enter the atmosphere anyway even if it were not utilized in between for fumigation. Also I am a little surprised Dr. Unger that you noticed changes in pigments. I have been conducting tests for two years and have found no such changes.

Dr. A. Unger: There is a Cologne Fachhochschule thesis on the influence of carbon dioxide on pigments which definitley maintains to have detected changes in pigments. However, a decisive factor must have been involved: moisture content. Moisture has to be exactly measured in all the tests. This should be determined prior to entering a discussion on differences in the statements made here.

Biebl: We have had more or less good results with hydrocyamic acid for twenty years. However, I must stress that difficulties and problems have cropped up now and again. The hitherto treated objects are pest-free and that does mean something. Since about twelve or thirteen years, we have been employing methyl bromide, because there have always been airing problems with hydrocyamic acid: airing time up to three weeks and longlasting, unpleasant odor. For a while we conducted partial fumigation, which we have abandoned due to difficulties with the guaranty as we cannot grant one for an entire object if only 10 % of it has been fumigated.

Emmerling: In my opinion, the discussion has shown, and what for me is very important, that we have been fumigating for years without anyone really knowing what we were doing and that all the authorities and institutions were plagued by the same uncertainties as the Office of

Conservation. Moreover, there are no reports on, e.g., where a gas cylinder is to be opened, in the center of the room or directly in front of the sculpture, and whether or not a fan should be used for even distribution of the gas. From a conservation point of view, we would like to obtain all the information that the fumigation firms can give concerning the details of fumigations they have conducted.

Siegmund: I propose running test fumigations with insignificant parts of objects. I do not believe that the fumigation firms would refuse to participate in such tests from which we could gain more information and experience.

Meixner: I think I can speak for conservators and say that they have already done so. We have collaborated with the firm Binker on a church and, e.g., placed an angel's head with an 18th century polychrome in a different fumigation and compared it with the originals remaining in the church. There were no changes although white lead and other binding media were involved. One question that troubles me is: What happens if a church has been fumigated and shows active infestation again three years later?

Dr. Binker: With regard to this, I can say that fumigation is not a preventive measure. This is a source of the guaranty problem for us as they are frequently requested from us. What should I do when a priest calls me and says: "This or that company will give a five year guaranty. If they are cheaper and grant a five year guaranty, then they get the contract." Actually a fumigation has no proven preventive effect and granting a guaranty is, therefore, almost tantamount to unfair competition.

Siegmund: That was a true word in the right place. However, I would like to bring up something else: How can a fumigation be checked? I would like to suggest to add samples of objects actively infested by insects in future fumigations and thereby be able to at least approximately check the success. This kind of success control is not a 100 % perfect, but it at least offers greater ensurance of the success of a measure.

Emmerling: May I add here that the Archdiocese Munich-Freising, in particular, has been trying with considerable means to break through the gray zone of uncertainty and is prepared to finance tests even of procedures that have not received official acceptance and to check their success. The problem confronting us all is that we will make no progress until such tests are conducted. Approved to date are only the three to four mentioned classical gases which are actually intolerable. But they do have the decisive advantage that they are strong, quick and cheap. If we give them up and seek new methods, it must be clear to us that fumigation will become substantially more expensive. That will be the price for being environmentally aware. As four representatives of building authorities are present, I would like to add something concerning guaranties that it is simply unlawful to request a guaranty for something that is impossible to guarantee. Since according to the experts it is irrelevant, the question of a guaranty ought to be immaterial and the guaranty limited to the quality of the execution of the measure.

Hideo Arai

Maßnahmen gegen biologische Schäden in Japan: Experimente und Forschungsergebnisse

Einführung

Ein erheblicher Verlust an Kulturgütern ist auf Schäden durch natürlichen biologischen Zerfall zurückzuführen; die Erforschung und Bekämpfung der Schadensursachen sind daher dringend notwendig.

Die Erforschung kann man in drei Gebiete aufteilen, und ich habe in allen dreien gearbeitet:

(1) Die eigentliche Untersuchung von biologischem Zerfall in Kulturgütern:
Welche Materialien zerfallen in welcher Umgebung, und welche Organismen sollten in der Praxis untersucht und aufgezeichnet werden.

(2) Die Untersuchung der Ursachen und Mechanismen biologischen Zerfalls bei Kulturgütern:
Es ist grundsätzlich möglich biologischen Zerfall zu bekämpfen und Kulturgüter zu restaurieren, wenn das Zerfallphänomen erkannt worden ist.

(3) Die Forschung, Entwicklung und Praxis der Methoden der Bekämpfung des biologischen Zerfalls von Kulturgütern:
Die Aktivität der Organismen in Kulturgütern muß sofort beendet werden. Jedoch muß dafür gesorgt werden, daß es bei der Behandlung der Organismen mit Chemikalien oder dergleichen zu keinerlei Beschädigung der Materialien der Kulturgüter kommt.
Aus diesem Grunde ist es notwendig, die Begasungsmethoden, Klimakontrollmethoden und giftarme und sich verflüchtigende Chemikalien zu untersuchen.

Auf dieser Basis habe ich mich seit 22 Jahren mit dem biologischen Abbau bei Kulturgütern beschäftigt. Bei dieser Tagung möchte ich über unsere Untersuchungen mit Propylenoxid als Begasungsmittel, unsere Klimakontrollmethode, die Wirkung von „Sterilair" und die Ergebnisse der Internationalen Konferenz über biologischen Zerfall bei Kulturgütern berichten.

Begasungsmethoden

Die Begasung ist eine der nützlichsten Schädlingsbekämpfungsarten, weil sie Materialien kaum negativ beeinflußt und erlaubt, die Schädlinge in einem Arbeitsgang zu bekämpfen. Deshalb begann man in Japan mit Begasungen durch eine Mischung aus Methylbromid (MB) und Ethylenoxid (EO) gegen Pilze und mit Methylbromid gegen Insekten.

Wegen der gefährlichen Eigenschaften von Ethylenoxid, wurde jedoch der empfohlene Wert für die gefährlichen Eigenschaften von Ethylenoxid gemäß der American Conference of Governmental Industrial Hygienists, Inc. (ACGIH) von 50 ppm auf 1 ppm herabgesetzt. Da der Gebrauch von EO auf diese Weise eingeschränkt wurde, war es erforderlich, ein wirksames und gefahrloses Begasungsmittel als Ersatz für EO zu finden und zu entwickeln.

Propylenoxid (PO) wurde als Begasungsmittel gewählt, weil es gefahrlos ist. Wir untersuchten die Wirkung von PO als Pilz- und Insektenbekämpfungsmittel, wie auch seinen Einfluß auf die Qualität der betroffenen Materialien.

Im Vergleich zu Po, zeigt EO eine Neigung sich zu verflüchtigen und zu entzünden. PO ist nur halb so giftig wie EO. Der empfohlene Grenzwert für EO ist 1 ppm und für PO 20 ppm. Ferner ist es erwiesen, daß EO krebserregend ist. Somit ist PO ein weniger gefährliches und weniger giftiges Begasungsmittel als EO.

Untersucht wurden 12 Arten von 11 Spezies von Pilzen. *Aspergillus penicilloides* ist eine Art, die Stockflecken bildet. Als bakterielle Art wurde *Bacillus subtilis* untersucht. Als Insekt wurde ein Reiskäfer (Stophilus zeameis) untersucht – in sämtlichen Stadien: Käfer, Ei, Larve und Puppe.

Ein sterilisierter Beutel mit 5 Scheiben mit je 10^3 Sporen wurde in einem 15 ml Reagenzglas (18 mm Innendurchmesser, 50 mm Länge) eingebracht. Das Reagenzglas wurde mit einem Silikonstöpsel versiegelt, das Kapillarröhrchen mit einem Innendurchmesser von 1 mm, 1.5 mm und 2.00 mm und einer Länge von 50 mm aufwies. 20 Reiskäfer und unpolierter Reis mit Reiskäfereiern, -larven und -puppen wurden in das Reagenzglas gesteckt und mit demselben Silikonstöpsel versiegelt.

Die Reagenzgläser wurden in einen Trocknungsapparat mit 75% kontrollierter relativer Luftfeuchtigkeit (RH) und einer Chloridlösung gestellt. Die Pilzprobe wurde 24 und 48 Stunden lang bei 20 °C und 30 °C begast. Die Insektenprobe wurde 24 Stunden lang bei 30 °C begast.

Nach der Begasung wurden 5 Scheiben der Pilzproben auf einem Malznährboden (Agar) oder 40%igen Malzzuckernährboden kultiviert. Die Insektensterblichkeit wurde durch Zählen der toten Insekten unmittelbar nach der Begasung berechnet. Dann wurde die Sterblichkeit geschätzt, nachdem alle Käfer, Eier, Larven und Puppen einen Monat lang bei 20 °C und 70% RH gebrütet wurden.

Als giftarmes Begasungsmittel zeigte PO bei *Aspergillus niger* gute Abtötungswirkung, obwohl seine Sterilisationswirkung weniger gut ist als die von EO bei der jeweiligen vorgeschriebenen Begasungsmenge.

Die Abtötungswirkung von PO auf die unterschiedlichen Mikroorganismen wurde getestet bei Begasungen mit 0,5 g/l, 0,6 g/l und 0,7 g/l PO bei 20 °C und einer Dauer von 24 Stunden. Das Ergebnis ist, daß unserer Meinung nach kulturgüterschädliche Pilze durch Begasung mit 0,7 g/l PO bei 20 °C und einer Dauer von 24 Stunden abgetötet werden können.

Die Abtötungswirkung von PO bei anderen Temperaturen und Begasungszeiten wurde untersucht mit 0,5 g/l PO bei 20 °C und einer Dauer von 48 Stunden und bei 30 °C und einer Dauer von 24 Stunden. Das Ergebnis ist, daß die Abtötungswirkung von 0,5 g/l PO bei 20 °C und einer Dauer von 48 Stunden oder bei 30 °C und einer Dauer von 24 Stunden wirksamer ist als 0,7 g/l PO bei 20 °C und einer Dauer von 48 Stunden.

Klimaregelungsmethode

Dr. T. Kenjo und ich haben Klimaregelungsmethoden entwickelt, unter anderem eine Methode für eine Folgekonservierung nach einer Begasung als Langzeitkonservierungsmethode für Kulturgüter. Um Pilzschäden an Kulturgütern zu verhindern, sollte man die Regelung der Klimaverhältnisse, die das Pilzwachstum erschweren, berücksichtigen. In vielen Fällen sind die Kulturgüter selbst der Nährboden für die Pilze, und es ist schwierig ständig niedrige Temperaturen beizubehalten, um das Pilzwachstum zu bremsen. Wir sind der Meinung, daß eine Regelung der Luftfeuchtigkeit, der Sauerstoffkonzentration und der Edelgase nützlich sein würde, um ein Pilzwachstum zu verhindern. Obwohl zur Regelung der Luftfeuchtigkeit in Gebäuden Klimaanlagen allgemein im Einsatz sind, laufen diese in Museen selten rund um die Uhr, und nicht jeder Besitzer eines Kulturgutes kann eine Klimaanlage installieren.

Aus diesem Grund haben wir eine Methode entwickelt, bei der eine Luftfeuchtigkeitsregulierung zur Pilzwachstumshemmung überall und jederzeit einfach und kostengünstig möglich wird. Wir schlagen vor, das Pilzwachstum zu verhindern mittels eines geschlossenen Systems bei Anwendung eines biaxialgerichteten Vinylonfilms (im folgenden BO-vinylonfilm genannt).

Der BO-vinylonfilm wird aus Polyvinylalkohol, bekannt als das gasdichteste Kunstharz, hergestellt, das biaxial gerichtet wurde, um es noch gasdichter zu machen. Das Polyvinylalkoholkunstharz hat jedoch den Nachteil, daß es sehr hygroskopisch ist. Um dieses Problem zu beseitigen, werden beide Seiten des Polyvinylalkoholfilms mit Polyvinylidenchloridharz, das sehr feuchtigkeitsdicht ist, beschichtet.

Bei einer Behandlung mit 0,1 g/l PO wurden die untersuchten Reiskäfer mittels einer Begasung in einem Reagenzglas mit Kapillarröhrchen von 1,5 mm und 2,0 mm bei 30 °C und einer Dauer von 24 Stunden 100%ig abgetötet. Bei einem 1,0 mm Röhrchen benötigt man jedoch 0,2 g/l PO für eine 100%ige Abtötung.

Zu den untersuchten Materialien gehörten u.a. japanische Pigmente. Die Farbveränderungen wurden vor und nach der Begasung bestimmt. In jedem Fall waren die Veränderungen gering.

Die Untersuchung der Wirkung von PO-Begasung auf Pilze und Insekten ergab, daß Pilze, die auf Kulturgütern wachsen und sie beschädigen, ausreichend abgetötet werden können durch 0,5 g/l PO bei 20 °C und einer Dauer von 48 Stunden oder bei 30 °C und einer Dauer von 24 Stunden. Mit 0,7 g/l PO waren 20 °C und eine Dauer von 24 Stunden ausreichend. Der Reiskäfer, der bei einer Begasung mit 0,2 g/l PO vollständig abgetötet wurde, zeigt eine hohe Empfindlichkeit für PO, mehr als die untersuchten Pilze. Im ganzen sind wir der Meinung, daß PO wirksam genug ist bei der Begasung von Kulturgütern, um EO zu ersetzen.

Das Ergebnis ist, daß BO-vinylonfilm (15 µm Dicke) eine ungefähre Luftdurchlässigkeit von 0,5-2,0 cc/cm^2 · 24 h und eine Feuchtigkeitsdurchlässigkeit von 6 g/cm^2 · 24 h hat. Andererseits zeigen die Werte eines Polyethylenfilms (25 µm Dicke) 5,300 cc/cm^2 · 24 h und 16-20 g/cm^2 · 24 h, und eines Polyvinylchloridfilms (25 µm Dicke) 110-460 cc/cm^2 · 24 h und 25-90 cc/cm^2 · 25 h.

Die Nikka-Kügelchen wurden von Dr. Kenjo als ein Luftfeuchtigkeitsregler entwickelt, der die relative Luftfeuchtigkeit in einem geschlossenen System konstant hält, sogar wenn die Außentemperatur von 10 °C auf 40 °C steigt. Nikka-Kügelchen werden aus einem natürlichen, besonders behandelten Zeolith hergestellt; ihre Mikrostruktur besteht aus einem dreidimensionalen Gerüst von Aluminiumsilikationen. Da sie eine große Anzahl von Mikroporen haben, kann eine große Menge an Wasserdampf absorbiert und freigegeben werden.

Wenn die relative Feuchtigkeit in einem geschlossenem Raum auf 60% gehalten werden soll, würden etwa 1 kg/m^3 an Nikka-Kügelchen ausreichen, um die relative Luftfeuchtigkeit konstant zu halten. Nikka-Kügelchen sind noch wirksamer, wenn sie in einem gut verschlossenen Raum verwendet werden.

Von Dr. T. Kenjo wurde auch ein schnellansprechendes Feuchtigkeit-pufferndes Material entwickelt, das Nikka-Kügelchen mit japanischem Seidenpapier kombiniert. Es heißt „Feuchtigkeit-pufferndes Papier“. Da das Papier fähig ist schnell auf Änderungen in der Außentemperatur zu reagieren, wird mit diesem Papier die Pufferfähigkeit eines geschlossenen Systems erheblich verbessert.

Der Unterschied in ausgeglichener Luftfeuchtigkeit bei Temperaturänderungen von 10 °C auf 40 °C und von 40 °C auf 10 °C beträgt lediglich ungefähr 1% RH. Das heißt, bei schnellen Änderungen der Außentemperatur kann die relative Feuchtigkeit in einem geschlossenem System mit diesem Papier bedeutend besser konstant gehalten werden.

Das Feuchtigkeit-puffernde Papier besitzt eine weitere wesentliche Eigenschaft. Japanisches Seidenpapier, gemischt mit Zeolith, absorbiert Schadstoffe. Somit bestimmt das Feuchtigkeit-puffernde Papier nicht nur die relative Feuchtigkeit in einem geschlossenen System, sondern beseitigt auch Schadstoffe, wie z.B. Alkali-Partikel, Lösungsmittel, Harze aus Holz und dergleichen.

Die Konidien und Ascosporen von *Aspergillus niger* und *Eurotium tonophilum* wurden gezüchtet auf einem Gelatinefilm (Difeo bakteria-gelatine) bei 55, 70 und 86% RH und Ausgangssauerstoffkonzentrationen von 5,0, 1,0 ~ 2,0 und 0,1 ~ 0,2% und einer Dauer von 30 Tagen. Diese Sauerstoffkonzentrationen wurden erreicht durch Gasaustausch mit Stickstoff oder auch Argon.

Somit ist eine Regelung der relativen Luftfeuchtigkeit zur Hemmung von Pilzwachstum in einem Aufbewahrungsklima bei 55-70% RH wirksamer als die Regelung der Sauerstoffkonzentration. Argon hat keine besondere Hemmwirkung auf das Pilzwachstum.

Wir glauben, daß die Kombination von Feuchtigkeit-pufferndem Papier und BO-vinylonfilm sehr wirksam für die Erhaltung von Kulturgütern ist, weil sich ein ideales Aufbewahrungsklima bei gleichbleibender relativer Luftfeuchtigkeit je nach Bedarf leicht und kostengünstig überall und zu jeder Zeit mit dieser Methode herstellen läßt.

Als Beispiel nennen wir die Bibliothek des Kaiserlichen Haushalts. Das Gebäude wurde 1914 gebaut. Vor kurzem wurden beachtliche Schäden festgestellt, das Dach leckte, etc. Es wurde beschlossen, das Gebäude zu sanieren. Deshalb mußten die Bücher für einige Zeit in einen traditionellen, unklimatisierten Turm des Palasts ausgelagert werden. Aus diesem Grund entschied sich die Bibliotheksleitung für ein geschlossenes System aus BO-vinylonfilm und Nikka-Kügelchen sowohl für den Transport wie auch für die Aufbewahrung.

Kürzlich wurden Waben aus Feuchtigkeit-pufferndem Papier hergestellt, unter der Leitung von Dr. Kenjo. Diese Waben sind sehr wirksam, wenn Feuchtigkeitspuffer in einem engen Raum benötigt werden, da die Waben auch in einem engen Raum über große Oberflächen verfügen. Die Waben sind sehr nützlich bei der Aufbewahrung von spanischen Wänden, Ölgemälden etc.

Kulturgüter und Kunstobjekte können sicher transportiert werden trotz Luftfeuchtigkeitsschwankungen bei Verwendung eines geschlossenen Pakets aus Feuchtigkeit-pufferndem Papier.

Wir sind daher der Meinung, daß die Regelung der Luftfeuchtigkeit in einem geschlossenen Klima wesentlich ist für die Verhinderung von biologischem Zerfall durch Pilze bei Kulturgütern. Außerdem ist die Umgebungsluftfeuchtigkeit der wichtigste Faktor nicht nur für den biologischen Zerfall sondern auch für den chemischen und physikalischen Zerfall bei Kulturgütern.

Die Wirkung von „Sterilair" auf luftübertragene Mikroben

„Sterilair" ist ein Kontrollapparat für luftübertragene Mikroorganismen. In „Sterilair" sind ungefähr 100 Kapillarröhrchen mit einem Durchmesser von 2 mm und einer Länge von 10 cm enthalten. Wenn „Sterilair" angeschlossen wird, werden die Röhrchen auf 350 °C aufgeheizt und belüften den Raum spontan mit der sterilen Luft. Ein Begasungsapparat mit einer 2,5 m^3 großen Vakuumkammer wurde eingesetzt, um die Wirksamkeit von „Sterilair" zur Abtötung von luftübertragenen Mikroorganismen zu beurteilen. Diese Untersuchung ergab, daß ungefähr 80 % der luftübertragenen Pilze in der Kammer nach 48 Stunden „Sterilairbetrieb" getötet wurden.

Wenn wir die Bekämpfung von biologischen Schadstoffen in der Museumsaufbewahrung ansehen, haben wir zur Zeit kein anderes Konzept als die UV-Bestrahlung oder Ozonbehandlung. Diese Verfahren sind jedoch sehr gefährlich für die betroffenen Materialien. In der Konservierung von Kunst- und historischen Objekten müssen Schadstoffe grundsätzlich mit der Methode behandelt werden, die für die Materialien am sichersten ist.

Mit „Sterilair" wurde ein ausgezeichneter Apparat entwickelt, der für die betroffenen Materialien sehr sicher ist, da er mäßigheizende Röhrchen verwendet. „Sterilair" wird in Museen und archäologischen Denkmälern und Ausgrabungen, wie z. B. dem Grab von Tutench-Amun, Verwendung finden.

Informationen über die Internationale Konferenz über biologischen Zerfall bei Kulturgütern (ICBCP)

1989 fand in Lucknow, Indien, die erste Internationale Konferenz über biologischen Zerfall bei Kulturgütern (ICBCP) statt. Der Präsident, Dr. O. P. Agrawal, der die ICBCP begeistert förderte, ist der Meinung, daß biologischer Zerfall bei Kulturgütern große Initiativen insbesondere von Seiten der tropischen und subtropischen Nationen erfordert, angesichts der Tatsache, daß Kulturobjekte in diesen Ländern seit Urzeiten dem verheerenden Angriff von Schädlingen ausgesetzt sind. Er ist der Auffassung, daß diese Nationen ohne Zweifel eine führende Rolle in dem Schutz der Kulturgüter vor biologischem Zerfall spielen sollten.

In Lucknow wurde beschlossen, daß die ICBCP nicht bei einem Treffen bleiben sollte. Nach Lucknow ging das Organisationskommittee für ICBCP-2 in Japan an die Arbeit, wo das zweite Treffen 1992 in Yokohama stattfand. Das dritte Treffen wird 1995 in Bangkok sein.

Hideo Arai

Countermeasures against Biological Deterioration in Japan: Experiments and Research Results

Introduction

It is said that cultural properties would not be lost if there were no biodeterioration of materials in nature. For this reason, research on biodeterioration of cultural properties and its control is essential in conservation.

Biological research may be classified into three areas, and I have worked in each of them:

(1) The actual investigation of the biodeterioration of cultural properties:
What kind of materials deteriorate in what kind of environments and what kind of organisms should be investigated in practice and recorded.

(2) The research on the causes and mechanisms of biodeterioration of cultural properties: It is fundamentally possible to control biodeterioration and to restore cultural properties when the deteriorating phenomena are made clear.

(3) The research, development and practice of methods for controlling biodeterioration of cultural properties: The action of deteriorating organisms in cultural properties should be stopped immediately. However, care should be taken not to damage materials of cultural properties when we treat the deteriorating organisms with chemicals among others. From this point of view, it is important to carry out research on fumigation methods, environmental control methods, and low toxic and volatile chemicals.

Using this as a basis, I have studied biodeterioration of cultural property for twenty-two years. At this conference I would like to inform the participants about our studies of propylene oxide as a fumigant, our environmental control method, the effect of an apparatus called "Sterilair" and about some results from the International Conference on Biodeterioration of Cultural Property.

Fumigation methods

Fumigation is one of the most useful methods in the control of harmful organisms, because it causes little damage to the materials of the cultural property and because it permits control of the infesting organisms in one action. Based on this consideration, in Japan fumigations has been carried out using a mixture comprised of methyl bromide (MB) and ethylene oxide (EO) for fungi and methyl bromide for insects.

However, due to the hazardous properties of ethylene oxide, the recommended value of the hazardous properties of EO according to the American Conference of Governmental Industrial Hygienists Inc. (ACGIH) improved from 50 ppm to 1 ppm. As the use of EO has been restricted, it is necessary to investigate and develop an effective and safe fumigant to replace EO.

For this reason, we have chosen propylene oxide (PO) as a fumigant, because it is safe. We studied the effect of PO as a fungicide and insecticide as well as its influence on the qualitiy of the materials.

Compared to PO, EO has a tendency to volatize and ignite. The virulence of PO is reduced by half in contrast to that of EO. The recommended threshold limit value is 1 ppm for EO and 20 ppm for PO: Moreover, the carcinogenesis of EO has been clearly established. Thus PO is a safer and less toxic fumigant than EO.

The microorganisms tested were fungi representing twelve strains of eleven species. *Aspergillus penicilloides* is a foxing-causing strain. As a bacterial strain, *Bacillus subtilis* was also tested. The insects used were adults of a rice weevil (Stophilus zeameis) as well as its eggs, larvae and pupae.

A sterilized bag with five disks containing 10^3 spores each was held in a 15 ml glass vial (18 mm caliber, 50 mm in length) sealed with a silicon stopper having a capillary tube with an inside diameter of 1 mm, 1.5 mm and 2.00 mm and 50 mm in length. Twenty adults of the rice weevil and unpolished rice containing its eggs, larvae and pupae were placed in the glass vial and sealed with the same silicon stopper.

These glass vials were placed in a desiccator controlled in 75% relative humidity with a saturated chloride solution. The fungal test sample was fumigated at 20 °C and 30 °C for 24 and 48 hours respectively. The insect test sample was fumigated at 30 °C for 24 hours.

After fumigation, five disks of fungal test samples were incubated on a malt agar plate or a 40% sucrose malt agar plate. Mortality of the insects tested was calculated by counting the number that had died or fallen immediately after fumigation After each of its eggs, larvae and pupae was successively bred at 20°C and 70% RH for about a month, mortality was estimated.

PO showed a good sterilizing effect on *Aspergillus niger* as a low poisonous fumigant although its sterilizing effect is inferior to that of EO in their prescribed volume for fumigation.

The sterilizing effect of PO on the microorganisms tested was in fumigations with 0.5 g/l, 0.6 g/l and 0.7 g/l of PO at 20 °C for 24 hours. As a result, we consider that fungi harming cultural properties may be sterilized by fumigation with 0.7 g/l of PO at 20 °C for 24 hours.

Sterilizing effects of PO under different temperatures and fumigation times were investigated for 0.5 g/l of PO at 20 °C for 48 hours and at 30 °C for 24 hours. As a result, it was found that the sterilizing effect of 0.5 g/l of PO at 20 °C for 48 hours or at 30 °C for 24 hours was more effective than that of 0.7 g/l of PO at 20 °C for 48 hours.

In treatment with 0.1 g/l of PO, the rice weevil tested showed 100% mortality when fumigated in a glass vial having the capillary tube of 1.5 mm and 2.0 mm at 30 °C for 24 hours. However, in the case of a capillary tube of 1.0 mm, 0.2 g/l of PO was required to realize 100% mortality.

The materials tested were Japanese pigments among others. The difference of color was estimated before and after fumigation by using a colormeter. In every case, the differences were little.

As a result of investigation into fungicidal and insecticidal effects of PO fumigation, it was made clear that the fungi growing and causing damage to cultural properties could be sufficiently sterilized with 0.5 g/l of PO at 20 °C for 48 hours or at 30 °C for 24 hours. In the case of 0.7 g/l of PO, 20 °C for 24 hours were sufficient. The rice weevil showing 100% mortality in the fumigation treatment with 0.2 g/l of PO had a high sensibility for PO, more than the fungi tested. On the whole, we think that PO is effective enough to be able to replace EO in the fumigation of cultural property.

Environmmental control method

Dr. T. Kenjo and I have been developing environmental control methods, including a post-fumigation preservation method, as long-term conservation for cultural properties. For preventing damage caused by fungi to cultural properties, regulation of environmental conditions should be taken into consideration which would make it difficult for fungi to grow. In many cases, cultural properties themselves supply nutrient to the fungi, and it is difficult to maintain low temperatures in order to prevent fungal growth. We consider the utilization of humidity control, oxygen concentration and inert gases to be useful in preventing fungal growth. Although air conditioning facilities have been used in general as a method of humidity control in buildings, air conditioning facilities in museums very rarely operate for 24 hours, and it is not always possible for each owner of cultural property to install them.

So we have developed a method by which humidity control to prevent fungal growth in cultural property can be realized simply and economically at anytime and anywhere. As a method based on this idea, we proposed a closed system for preventing fungal growth by using a biaxially oriented vinylon film (hereafter referred to as BO-vinylon film).

BO-vinylon film is made of polyvinyl alcohol, the most gastight synthetic resin known, which has been biaxially oriented in order to make it even more gastight. However, polyvinyl alcohol resin has the defect of being very moisture absorbent. In order to solve this problem, both surfaces of the polyvinyl alcohol film are coated with polyvinyriden chloride resin, which is very moisture proof.

As a result, BO-vinylon film (15 μm in thickness) has the characteristics of 0.5 ~ 2.0 cc/cm^2 · 24 hrs. in oxygen gas permeability and 6 g/cm^2 · 24 hrs. in moisture transmission. On the other hand, these characteristics of polyethylene film (25 μm in thickness) show 5,300 cc/cm^2 · 24 hrs. and 16 ~ 20 g/cm^2 · 24 h, polyvinylchloride film (25 μm in thickness) shows 110-460 cc/cm^2 · 24 hrs. and 25 ~ 90 cc/cm^2 · 25 hrs.

The Nikka Pellets were developed by Dr. Kenjo as a humidity-controlling agent which can keep the relative humidity in a closed system constant even when external temperature changes from 10 °C to 40 °C. Nikka Pellets are produced from a natural zeolite which has been treated in a special way. The microstructure of Nikka Pellets is composed of a three-dimensional skeleton of aluminosilicate ions. Since they have many micropores, a large amount of water vapor can be absorbed and released in and from them.

If it is necessary to maintain 60% RH in a closed case about 1 kg/m^3 would be enough to maintain the relative humidity in the case. Nikka Pellets could display more excellent effects if they are employed in a well-closed case.

A rapid response humidity-buffering material, which combined Nikka Pellets with Japanese tissues were also developed by Dr. T. Kenjo. It is called "humidity-buffering paper". Since this paper is able to respond rapidly to the changes of external temperature, the buffering ability in a closed system including this paper was improved remarkably.

The difference of equilibrated humidity at a temperature change from 10 °C to 40 °C and from 40 °C to 10 °C is only about 1% RH when a closed system is kept with the humidity-buffering paper. That means that the relative humidity in a closed system including this paper can be maintained markedly constant against rapid changes of external temperature.

Another important characteristic can be found in the humidity-buffering paper. Zeolite blended Japanese tissue also absorbs pollutants. Therefore, humidity-buffering paper is not only conditioning relative humidity in a closed system, but also removing pollutants like alkali particles, solvents, resins from woods and so on.

The conidia and ascopores of *Aspergillus niger* and *Eurotiums tonophilum* were incubated on gelatin film (Difeo bacteria-gelatin) for thirty days under 55, 70 and 86% RH and initial oxygen concentration of 5.0, 1.0 ~ 2.0 and 0.1 ~ 0.2%. These oxygen concentrations were prepared by means of both nitrogen and argon gas substitutions.

As a result, controlling the relative humidity is more effective for inhibition of fungal growth in storage environments with 55-70% RH than regulation of oxygen concentration. Argon gas has no remarkable inhibitory effect for fungal growth.

We have proposed that it is very effective to preserve cultural properties by combining humidity-buffering paper and BO-vinylon film, because ideal storage environments in relative humidity can be prepared simply and economically by this method as occasion demands at anytime and anywhere.

There is, for instance, a library belonging to the Imperial Household Agency. The building was built in 1914. Recently, they found extensive damage, for example, roof leaks and so on. The reconstruction of the building was decided upon. For this occasion, books had to be temporarily moved from the building to a traditional tower in the Palace where there was no air conditioning. So the staff of the library applied a closed system with BO-vinylon film and Nikka Pellets for transport and storage.

Recently, honeycombs made of humidity-buffering paper were produced under the direction of Dr. Kenjo. These honeycombs are very effective when it is necessary to have humidity-buffering ability in narrow spaces, because the honeycombs have a large surface area even in a narrow space. They are very useful for the storage of folding screens, oil paintings, etc.

Cultural properties and art objects can be safely transported notwithstanding changes in humidity by using a closed package made of humidity-buffering papers.

Finally, we think that the regulation of humidity in environments is essential for preventing biodeterioration of cultural properties by fungi. Moreover, environmental humidity is the most important factor not only for biodeterioration , but also for chemical and physical deterioration of cultural properties.

Effect of "Sterilair" for airborne microbes

"Sterilair" is a controlling apparatus for airborne microorganisms. There are about 100 capillary tubes, 2 mm in diameter and 10 cm in length, in the "Sterilair". When "Sterilair" is connected to the outlet, the capillary tubes are heated to 350 °C and the sterilized air spontaneously ventilates the room. A fumigation apparatus with a vacuum chamber of 2.5 m^3 was used to evaluate the sterilizing effect of "Sterilair" for airborne microorganisms. According to the results of this investigation, it was found that about 80% of the airborne fungi in the chamber were sterilized after 48 hours of operation of "Sterilair".

When we consider the control of biological pollutants in museum storage, we now have no other concept than UV irradiation and ozone treatment. However, these methods are very dangerous for the materials. In the field of conservation of art and historical objects, biological pollutants should be treated in principle by the method safest for their materials.

With "Sterilair", an excellent apparatus was developed, because since "Sterilair" uses moderately heating tubes, it is safest for materials. "Sterilair" will be utilized in the field of conservation of museum environments and archaeological monuments and sites like the Tomb of Tutankahmen in Egypt.

Information on the International Conference on Biodeterioration of Cultural Property (ICBCP)

In 1989, the International Conference on Biodeterioration of Cultural Property (ICBCP) convened in Lucknow, India for the first time. Its president, Dr. O.P. Agrawal, who has enthusiastically promoted ICBCP, is of the opinion that a strong initiative with respect to research and communication on biodeterioration of cultural properties must be taken, in particular, by tropical and subtropical nations, as cultural objects have been ruthlessly attacked by organisms in these countries since ancient times. He considers that these nations should definitely play a leading role in the protection of cultural properties against biodeterioration.

It was decided at Lucknow that ICBCP should not end with but one meeting. After the Lucknow ICBCP, the Organizing Committee of ICBCP-2 went to work in Japan where the second meeting took place in Yokohama in 1992. The third meeting will be held in Bangkok in 1995.

Erwin Emmerling

Holzschädlingsbekämpfung durch Begasung

Probleme in der Praxis und Wünsche aus der Sicht des Restaurators (Mit einem Literaturüberblick zu Veränderungen von Farb- und Fassungsschichten durch Begasungen)

Es ist immer ein zweifelhaftes Vergnügen über Dinge zu sprechen, die nie eigenhändig ausgeführt, nie in allen Alternativen und Variationen selbst erprobt und von denen Kenntnis nur durch Literaturstudien und Gespräche erreicht wurde. Ich unterstelle, daß es allen Anwesenden bei dieser 2. Tagung der Restaurierungswerkstätten des Bayerischen Landesamtes für Denkmalpflege zum Thema ‚Holzschädlingsbekämpfung durch Begasung' ähnlich geht, selbstverständlich mit Ausnahme der konzessionierten Schädlingsbekämpfer, korrekt – nach § 25 Abs. 3 der Gefahrstoffverordnung – den sogenannten Befähigungsschein-Inhabern.

Befähigungsschein-Inhaber kann werden, wer u.a. zuverlässig ist, ein ärztliches Zeugnis über die körperliche und geistige Eignung vorweisen kann, Sachkunde und ausreichende Erfahrung auf Grund einer Teilnahme an staatlich anerkannten Lehrgängen bzw. Prüfungen belegt und 18 Jahre alt ist. Hat er, der Schädlingsbekämpfer, diese Anforderungen erfüllt, kann er, nur zusammen mit dem verantwortlichen Begasungsleiter, auch Kunstwerke oder Baudenkmäler begasen. Von Kunst muß der Schädlingsbekämpfer nichts verstehen, ebensowenig von Restaurierung oder Konservierung und unter anderem liegt da eines der Hauptprobleme in der Praxis.

Zuständig für den Vollzug der Gefahrstoffverordnung (für das Giftwesen) ist in Bayern das Bayerische Staatsministerium des Innern oder die Kreisverwaltungsbehörden oder die Regierungen. Während einer Begasung kommt dem Begasungsleiter aus Sicherheitsgründen Hausrecht zu und alle nicht direkt Beteiligten, also auch alle Restauratoren, haben den Ort des Geschehens zu verlassen; für von Natur aus neugierige Personen ein weiteres Problem.

Ergeben sich zu irgendwelchen Aspekten der Begasung im Bereich der Denkmalpflege Fachfragen, könnte man sich z. B. an die zuständigen Pharmaziedirektoren der jeweiligen Regierungen richten, aber auch hier ist nicht zwingend zu unterstellen, daß eine Fachkompetenz für restauratorische Details vorhanden ist. Das Fachwissen, welches etwa die Staatlichen Landbauämter oder die Oberste Baubehörde in Fragen der Denkmalpflege vertreten, ist hinsichtlich der Begasung bei staatlichen Dienststellen nicht oder nur in einem unvergleichlich geringeren Maße vorhanden, etwa bei einigen forstbotanischen Instituten. Hier liegt ein weiteres Problem, weil in der Praxis damit die Befähigungsschein-Inhaber (die Begasungsleiter) zur alleinigen und nahezu konkurrenzlos autonomen Auskunfts-, Entscheidungs- und Durchführungsstelle werden, gleichzeitig die alleinige Kontrolle der Arbeiten vornehmen, über Erfolg und Mißerfolg urteilen, und das letztlich bei Aufgabenstellungen, deren Probleme im Detail und im Besonderen nie Gegenstand ihrer Ausbildung oder Prüfung waren und die auch vom Gesetzgeber in den einschlägigen Bestimmungen nicht berücksichtigt werden.

Ich vermute, daß kein Beamter oder staatlich Angestellter einen Befähigungsschein besitzt – zumindest was den engeren Bereich der mit der Denkmalpflege in Berührung kommenden Personen betrifft und das bedeutet, daß wir alle uns auf die Ausführungen der Ausführenden verlassen müssen. Was während der Begasung passiert oder nicht passiert, können wir bestenfalls vermuten, schlimmstenfalls an den Spuren erahnen oder an den Spätfolgen, wenn denn solche erkannt werden, rekonstruieren. Zumindest für die Mitarbeiter einer Fachbehörde liegt auch in diesem Umstand ein erhebliches Problem, wobei ich gerne zugebe, daß die Neugierde, mit Gasmaske und Schutzanzug in einem begasten Raum zu agieren, sich in ziemlich engen Grenzen hält.

Zu einem Problem kann auch der Gegenstand der Aktivitäten der Schädlingsbekämpfer werden. Nach den Anzeigen in den Branchenverzeichnissen[1] weiß man zwar, daß *ein Rentokil-Techniker auch in ihrer Nähe wohnt* und beim Hygieneinstitut Brummer – *Bei Brummer haben Brummer keine Chance!* – eine *Individualberatung mit System* erfolgt und es beruhigt vielleicht manchen, wenn die Anfahrt mit *neutralen Fahrzeugen* erfolgt, trotzdem sind *Mäuse, Fliegen, Motten, Ameisen, Messingkäfer, Silberfische, Staubläuse, Flöhe, Wanzen, Milben, Schaben, Termiten oder auch Tauben und Ratten* ziemlich ungern gesehene Gäste, deren Vernichtung eben das Hauptaufgabengebiet der Schädlingsbekämpfung bzw. der staatl. geprüften Desinfektoren ist. Zumindest bei einigen auch in der Denkmalpflege tätigen Firmen ist die klassische Schädlingsbekämpfung im Haushalt, in der Gastronomie, in Lagerhäusern oder Schiffen zentrale Aufgabe und der Bereich der Denkmalpflege nur am Rande interessant.

Im Rahmen der Tätigkeiten der Amtswerkstätten in München erfolgten Kontakte nur mit relativ wenigen Firmen in diesem Aufgabengebiet, für größere Begasungsaufgaben können als in Bayern tätige Fachfirmen nur benannt werden:

- Deutsche Gesellschaft für Schädlingsbekämpfung (DEGESCH),
- Fa. Biebl & Söhne,
- Fa. Binker,
- Fa. Rentokil.

Selbst bei dieser kleinen Auswahl der in Bayern bzw. weit darüber hinaus tätigen Fachfirmen sind erhebliche Einschränkungen oder Unterschiede hinsichtlich Kapazität und technischen Möglichkeiten festzustellen, was bedeutet, daß es zwar keine Probleme in der Ermittlung des Mindestbietenden bei Ausschreibungen gibt, allerdings aber auch kein Regulativ für die Preisgestaltung. Aus dieser Situation können Probleme erwachsen.

Die Begasung z.B. von Kirchenräumen setzt meist zwingend voraus, daß relativ große Mengen von extrem giftigen Stoffen zur Anwendung kommen und aus rational einsichtigen Gründen haben die meisten Personen eine sehr hohe Hemmschwelle, mit diesen Materialien bzw. mit einer Begasung auch nur konzeptionell in Berührung zu kommen. Fast immer treten bei Gesprächen mit Geistlichen und Vertretern von Kirchengemeinden zusätzlich ‚irrationale' aber verständliche und sehr ernst zu nehmende Vorbehalte und Bedenken dahinzu, die es erforderlich machen, daß in einem weit überdurchschnittlichen Maße Seriosität und Fachkompetenz der Firmen zwingend zu fordern sind – auch hier können sehr schnell Probleme auftreten.

Nach wie vor gilt, daß bei Verwendung ‚herkömmlicher' Giftgase diese nicht entsorgt werden können, also werden sie in die Atmosphäre ‚entsorgt'. Auch wenn es fachlich richtig sein mag, daß in kürzester Zeit eine so starke Reduzierung der Toxizität eintritt, daß eine Gefährdung von Menschen und Tieren ausgeschlossen ist, bleibt bei einer solchen Vorgehensweise ein erhebliches Unbehagen, zumal z.B. bei der Verwendung von Phosphorwasserstoff das Zersetzungsprodukt, die Phosphorsäure, in der Natur in freier Form nicht vorkommt. Was es wirklich bedeutet, Phosphorwasserstoff, Cyanwasserstoff (Blausäure) oder Brommethan (Methylbromid) in die Atmosphäre entweichen zu lassen, ist meines Wissens hinsichtlich eventueller Spätfolgen systematisch bislang nicht untersucht bzw. abgesichert, wobei ausdrücklich betont sei, daß alle aktuellen einschlägigen Vorschriften und Verordnungen diese Art der ‚Entsorgung' vorschreiben oder zumindest gestatten. Welche Mengen von Giftgasen jährlich tatsächlich weltweit verarbeitet werden kann hier nicht genannt werden, mit Sicherheit handelt es sich um hunderte von Tonnen. Hier keine Probleme zu sehen fällt schon sehr schwer.

Bis heute gibt es, mit wenigen Ausnahmen, für die Begasung von großen Kirchenräumen zu den Begasungsmitteln Cyanwasserstoff, Phosphorwasserstoff und Methylbromid in Bayern keine hinlänglich erprobten Alternativen bzw. ausreichenden Erfahrungswerte. Phosphorwasserstoff sollte in Kirchenräumen (im Zuständigkeitsbereich der Denkmalpflege) und auch im Profanbau nicht mehr zum Einsatz kommen und auch die Verwendung in geschlossenen Kammern scheidet eigentlich aus. Die möglichen Materialangriffe der beiden anderen Gase sind seit Jahrzehnten bekannt und wurden auch kürzlich von Achim und Wibke Unger nochmals zusammenfassend dargestellt.[2] Grundsätzlich ist davon auszugehen, daß immer Probleme mit in Kirchenräumen vorhandenen Materialien auftreten können und ein erhebliches Risiko ist bei allen Gasen nicht von vornherein sicher auszuschließen. Bei Abwägung entsprechender Kriterien, also z.B. extrem starker Schädlingsbefall an unzugänglichen Teilen – etwa die unzugängliche Holzunterkonstruktion von Stuckmarmoraufbauten – und Auswahl des Gases, liegen die entscheidenden Probleme fast immer in der Anwendung und Durchführung der Begasung. So leicht einige Gase sich auch in einem Raum verteilen können, so extrem schwierig ist es, in einem komplizierten Raumgebilde eine gleichmäßige Gaskonzentration über einen längeren Zeitraum herzustellen und beizubehalten und noch schwieriger ist es, im Zellgefüge des Holzes eine ausreichend hohe und hinreichend lange Gaskonzentration zu erzielen. Nachdem die im genannten Beispiel im Kunstwerk tatsächlich notwendige oder erreichte Konzentration weder gemessen noch wirklich kontrolliert werden kann, erfolgen in der Regel teils abenteuerliche Überkonzentrationen, nach dem Motto, steht nur eine ausreichende Menge Gas zur Verfügung wird schon ein Erfolg eintreten. Letztlich ist eine Erfolgskontrolle während der Begasung und ein Nachweis der tatsächlichen Verteilung der Gase im Kunstwerk (im Retabel, in der Figur, in der Orgel) nicht möglich oder technisch mit einem solchen Aufwand verbunden, daß die Kontrolle allein aus finanziellen Gründen undurchführbar wird.

Literaturüberblick zur Veränderung von Farb- und Fassungsschichten durch Begasungen

So alt wie die Begasung von Kunstwerken, so alt ist die Frage nach den evtl. schädigenden Einwirkungen der Gase auf die Kunstwerke. Schwerpunkt aller Untersuchungen zu diesem Thema waren in der Vergangenheit Fragen nach dem möglichen Einfluß der Gase auf das farbige Erscheinungsbild der Kunstwerke, vor allem auf evtl. mögliche Pigmentreaktionen und Farbveränderungen.

Die bis heute wohl detailliertesten veröffentlichten Beschreibungen über die umfassenden Vorbereitungen, Kontrollen und Untersuchungen im Zusammenhang mit der Begasung eines Kunstwerkes und gleichfalls heute noch in Qualität und Ausführlichkeit der Darstellung beispielhaft sind die Maßnahmenberichte zur Begasung des Kefermarkter Altares von Oskar Oberwalder und anderen, publiziert 1930 in einer Sonderbeilage der Zeitschrift für Denkmalpflege. So bekannt diese Begasung in Fachkreisen ist, so selten scheinen die Berichte tatsächlich gelesen worden zu sein – wie sonst ist es zu erklären, daß kaum eine der hier in allen Einzelheiten dargelegten Maßnahmen später berücksichtigt, zumindest aber nicht protokolliert wurde. Viele der von Oberwalder genannten Überlegungen und Vorsichtsmaßnahmen sind auch heute uneingeschränkt gültig und auch deswegen haben wir uns entschlossen, diese Beiträge in der Anlage[3] vollständig wiederzugeben.

In den zwanziger Jahren erschienen eine Reihe von Aufsätzen, die sich mit der relativ neuen Methode der Schädlingsbekämpfung mittels Blausäuredurchgasung beschäftigten. Beispielsweise berichten P. Buttenberg,[4] W. Deckert und G. Gahrtz, alle im Hygienischen Staatsinstitut Hamburg tätig, 1925 über *Weitere Erfahrungen bei der Blausäuredurchgasung*. Sie führen aus: *„Zur Entwicklung der Blausäure bei der Durchgasung kommen in Deutschland zur Zeit folgende Verfahren in Betracht:*

1. Das Bottichverfahren. Hier wird am Orte des Verbrauches Cyannatrium in Holzkübel, mit verdünnter Schwefelsäure beschickt, eingeworfen. Beim Bottichverfahren wird ohne und mit Zusatz von Reizstoffen gearbeitet.

2. Zyklon in Pulverform, Zyklon B genannt. Das jetzige Zyklon B besteht aus flüssiger Blausäure und Reizstoff in Diatomit (Kieselgur) aufgesogen. Diese Masse wird am Orte des Verbrauches auf Papier ausgeschüttet und verdunstet bis auf den Kieselgurrückstand. Außerdem wird neuerdings auch Zyklon B ohne Reizstoff gebraucht. Letzteres Zyklon B findet in erster Linie bei der Raumdurchgasung Verwendung.

Blausäure selbst besitzt keinen besonders auffallenden oder sogar abschreckenden Geruch. Die Angaben, daß Blausäure nach Bittermandel riecht, sind unzutreffend; der Bittermandelgeruch ist Benzaldehyd. Der Reizstoff soll den Zweck erfüllen, die Gegenwart der gefährlichen Blausäure durch warnende Sinneseindrücke (Reizung der Augen- und Nasenschleimhäute) anzukündigen. Als Reizstoffe finden Chlorkohlensäureester und außerdem noch eine ganze Reihe von anderen organischen Halogenverbindungen Verwendung. Bei Schiffen und Gebäuden, die von Menschen vollständig geräumt sind, ist der Zusatz von Reizstoff nicht unbedingt notwendig. ...

In Hamburg haben zwei Gesellschaften die Berechtigung zur Blausäuredurchgasung, nämlich die Degesch (Deutsche Gesellschaft für Schädlingsbekämpfung mbH) und die Testa (Tesch & Stabenow, Internationale Gesellschaft für Schädlingsbekämpfung). Außerdem ist die staatliche Desinfektionsanstalt mit den für Blausäuredurchgasung erforderlichen Geräten und Chemikalien ausgerüstet und verfügt über ausgebildetes Personal. ...

Welche Bedeutung die Blausäuredurchgasung erlangt hat, ergibt sich daraus, daß in Deutschland einschließlich der Nachbarländer bis jetzt etwa 800 Mühlen, davon einzelne Mühlen zum 4. und 5. Male, durchgast worden sind.“

In dem Bericht wird ferner die Durchgasung von zwei Möbellagern nach dem Zyklon-B-Verfahren erwähnt, vermutlich mit die frühesten Begasungen von Holzgegenständen in dieser Technik.

In der Bayerischen Denkmalpflege wird noch im Jahresbericht[5] 1935 im Zusammenhang mit der Konservierung des Bamberger Veit-Stoß-Altars ausgeführt: *„Als uns der Altar im Herbst 1933 vollständig zerlegt von Nürnberg, wo er sich im Sommer zur Veit-Stoß-Ausstellung im Germanischen Nationalmuseum befand, in unsere Werkstätte geliefert wurde, waren große Teile daran, besonders an den Figuren, bis zu Mehl zerstört. Die Formen der Figuren waren tatsächlich nur noch von einer Schale gehalten, die innen mit Holzwurmmehl gefüllt war. Jeden Morgen vor Arbeitsbeginn konnte man sich an vielen größeren und kleineren Wurmmehlhäufchen von der rastlosen zerstörenden Tätigkeit des Wurmes, des größten Feindes unserer plastischen Kunstwerke aus Holz, überzeugen. Mit der Zeit hätte dies zur teilweisen Vernichtung eines der schönsten deutschen Schnitzwerke aus dem Anfang des 16. Jahrhunderts führen müssen.*

Eine bei uns bisher regelmäßig mit Erfolg geübte Methode dem Holzwurm durch Begasung mit Tetrachlorkohlenstoff beizukommen, haben wir auch in diesem Fall als erste Bekämpfungsmaßnahme mit gewöhntem Erfolg angewendet. Der Wurm stellte sofort seine Tätigkeit ein.“

Offensichtlich war man in München nicht ganz mit dem aktuellen Kenntnisstand vertraut, was auch ein Beitrag in der Rubrik *Fortschritte der Technik* in den *Münchner Neuesten Nachrichten* vom April 1932 vermuten läßt, wo ein Anonymus über *Die Bekämpfung des Holzwurmes* ausführt: *„Blausäuredämpfe. Wie gezeigt, bilden die Ratschläge der Sachverständigen, wie eine gründliche Vertreibung des Holzwurmes zu bewerkstelligen ist, eine bunte Mannigfaltigkeit, und es ist eigentlich verwunderlich, daß man nicht auf einen anderen Gedanken gekommen ist, nämlich auf die Anwendung von Blausäuredämpfen. Es ist bekannt, daß die Kammerjäger als bestes Mittel zur Vertilgung von Ungeziefer solche Dämpfe anwenden. Dabei muß besonders betont werden, daß diese Anwendung mit großer Vorsicht erfolgen muß (hermetischer Abschluß der Räume während der Ausführung usw. und nachträgliches tagelanges Lüften der Räume).*

Wir erinnern an die Lebensgefährlichkeit dieses Experiments und entsinnen uns, daß vor nicht allzu langer Zeit in Gasthäusern Todesfälle vorkamen, daherrührend, daß Hotelzimmer vorzeitig wieder bezogen wurden, so daß der Vergiftungstod auch nach Tagen noch eintrat.

In demselben Sinne auch arbeitet die ‚Zentral-Desinfektions-Anstalt GmbH‘ in München, die auch mitteilt, daß der Holzwurm in allen Entwicklungsstadien durch Blausäurebegasung einwandfrei beseitigt wurde. Das Verfahren (Zyklon) ermöglicht dem Gift, in alle Ritzen, Löcher und Fugen einzudringen, ohne Farbe, Glanz, Politur usw. nur im geringsten anzugreifen. Beschädigungen und Veränderungen sind ausgeschlossen. Die Anstalt hat in Bayern allein die Berechtigung, damit zu arbeiten, verfügt über eigene Begasungsräume und kann Gegenstände aller Art entwesen. Außer Haus läßt sich das Verfahren anwenden, wenn die betreffenden Räume gasdicht zu machen sind, also ganz in derselben Weise, wie es ein konzessionierter Kammerjäger auch tut.“

1947 berichtet Hauptkonservator Blatner[6] an das Hessische Staatsministerium: *„Die einfachste Art der Wurmtötung, die aber im allgemeinen nur für kleinere Gegenstände in Betracht kommt, ist die Vergasung mit Blausäure, Tritox und Mentox. Hierdurch werden wohl in der Hauptsache die lebenden Würmer abgetötet; ob auch die Eier mit vernichtet werden, erscheint nicht gesichert. Zum mindesten tritt eine Verzögerung ein. Eine Wiederholung der Gasanwendung kann sich nach längerer Zeit als nötig erweisen. Die Durchführung der Vergasung kann nur in eigenen Gaskesseln von geprüften Desinfektoren vorgenommen werden.“*

Nach dem 2. Weltkrieg übernahm die Heerdt-Lingler GmbH, Frankfurt, die Hauptvertretung für die DEGESCH und informiert mit Schreiben[7] vom August 1948 das Landesamt über *Schädlingsbekämpfung mit Zyklon-Blausäure: „In den Kriegsjahren wurden so viele Sammlungen vernichtet, daß heute jedes Stück eine Kostbarkeit darstellt, für deren Erhaltung alles getan werden muß. Wir haben uns die Bekämpfung der Museumsschädlinge daher in verstärktem Maße zur Aufgabe gemacht. Die Durchgasung mit ZYKLON-Blausäure wird mit dem alten Technikerstab unverändert weitergeführt. Sie gestattet die restlose Vernichtung des Holzwurms, der Kleidermotte, des Messingkäfers und ähnlicher Museumsschädlinge, und zwar nicht nur der ausgewachsenen Insekten, sondern insbesondere auch der Eier, Larven und Puppen, selbstverständlich auch der Ratten und Mäuse. Dabei ist das ZYKLON auch für die empfindlichsten Farben, Stoffe, Leder, Metalle usw. vollkommen unschädlich, so daß Sie auch wirklich wertvolle Stücke ohne Bedenken dem Gas aussetzen können.“*

In einem weiteren Schreiben[8] teilt die Heerdt-Lingler GmbH 1950 mit: *„Die Erhaltung von Kunstgegenständen durch Begasung mit einem hochwirksamen gasförmigen Mittel ist seit langem bekannt und wir dürfen mit Recht darauf hinweisen, daß wir mit Einführung dieser Methode der Erhaltung von Kunstgegenständen einen wertvollen Dienst erwiesen haben. Leider sind uns die zahlreichen Gutachten und Veröffentlichungen über Arbeiten, die wir auf diesem Gebiet vor dem Krieg ausgeführt haben, nahezu restlos verloren gegangen und wir können Ihnen daher nur einige neuere Gutachten einsenden ...*

Der Hauptvorteil des ZYKLON-Blausäureverfahrens ist seine unbedingt sichere Wirkung auf die im Innern des Holzes befindliche Brut und die absolute Unschädlichkeit der aus dem ZYKLON entwickelten Blausäure für Farben, Stoffe, Metalle aller Art usw. Es können also mit dieser Methode auch kostbarste Gegenstände behandelt werden, ohne daß die Gefahr irgendeiner Veränderung besteht und ohne daß an den Gegenständen irgendein Rückstand verbleibt, der unter Umständen spätere Veränderungen hervorrufen könnte. Das Gas lüftet nach kurzer Zeit restlos aus.

Die Verwendung des ZYKLON-Verfahrens zur Bekämpfung von Holzwurm, Hausbock und Museumsschädlingen ist nicht auf die Behandlung von Gegenständen in Durchgasungskammern beschränkt, vielmehr können auch ganze Gebäude oder Teile von Gebäuden ohne Schwierigkeiten nach diesem Verfahren durchgast werden, was den Vorteil hat, daß auch ein eventueller Wiederbefall weitgehend ausgeschaltet werden kann.

Zur Durchführung derartiger Gebäudedurchgasungen verfügen wir über einen Stab von bestens geschulten Technikern. ... Dieses Verfahren kommt zum Beispiel zur Durchgasung von Altären in Frage. Der berühmte Kefermarkter Altar ist nach dieser Methode von uns durchgast worden.“

1951 war die Vergasung mit Blausäure in Bayern allgemein üblich, auch größere Stücke wurden bei der Münchener Firma 'Zentraldesinfektionsanstalt' (= Fa. Biebl & Söhne) entwest.

Ebenfalls 1951 teilt die Fa. Heerdt-Lingler GmbH dem Landesamt mit,[9] daß kürzlich der Creglinger Altar mit ZYKLON-Blausäure durchgast wurde. „*... Es war uns nicht möglich, wie ursprünglich beabsichtigt, die Durchgasung der gesamten Kirche auszuführen, da dies wegen der Kosten zur Zeit abgelehnt wurde. Die Durchgasung des Altars wurde in der Weise durchgeführt, daß der Altar in zerlegtem Zustand in die Sakristei eingeschlossen und darin durchgast wurde. Die Altarteile werden jetzt von einem Konservator noch mit einem Imprägniermittel behandelt, um sie zu festigen und gegen Wiederbefall zu schützen. Da die Kirche ebenfalls einen gewissen Holzwurmbefall aufweist, ist sich das Pfarramt darüber klar, daß spätestens in 1-2 Jahren eine Gesamtdurchgasung der Kirche folgen muß, damit die Wirkung der jetzigen Maßnahme von Dauer sein kann.*

Die Durchgasung wurde mit einer so hohen Gaskonzentration durchgeführt, daß das Gas mit Sicherheit bis in das Innerste der einzelnen Teile eingedrungen ist und der Erfolg der Durchgasung 100%ig sein muß.

Wie Sie sicher aus der Literatur wissen, ist dies nicht die erste derartige Arbeit, die wir ausgeführt haben. ... Die Durchdringungsfähigkeit der Blausäure ist vor allem bei trockenen Gegenständen außerordentlich groß. Voraussetzung ist natürlich eine gründliche Abdichtung. In dieser Hinsicht sind aber große Fortschritte erzielt worden und man kann heute durch Anwendung plastischer und absolut gasdichter Folien unter Umständen auch solche Öffnungen vollkommen gasdicht verschließen, die früher eine Durchgasung in Frage gestellt hätten."

Um 1950 bereits installierte die Firma Heerdt-Lingler in den Staatlichen Zoologischen Sammlungen in München eine Spezialkammer, in der Insektenkästen ‚vollautomatisch' mit Methylbromid begast und entlüftet wurden.

1954 schließlich nahm Restaurator Josef Auer von den Amtswerkstätten Kontakt mit der Firma Heerdt-Lingler auf, die folgendes Antwortschreiben[10] an das Landesamt verfaßte: „*Zu der Frage der Veränderung von Farbanstrichen gelegentlich der Begasung können wir Ihnen mitteilen, daß weder in unserer mehr als 30jährigen Praxis noch bei vielfach in unserem Labor angestellten Versuchen eine Beeinflussung durch die Einwirkung der Blausäure festgestellt werden konnte. Es ist in unserer Durchgasungspraxis ein einziges Mal eine Klage wegen einer Farbveränderung geführt worden. Damals handelte es sich um einen Farbanstrich aus Ersatzlacken aus dem Ersten Weltkrieg, der unter extremen Witterungsverhältnissen (hohe Luftfeuchtigkeit und starkes Temperaturgefälle) ein mattes Aussehen zeigte. Die Veränderung ist also auch in diesem Fall nur durch physikalische Einflüsse und nicht durch die Blausäurebehandlung hervorgerufen worden.*"

S. Hartwagner[11] berichtet 1956 über *Die Restaurierung des Gurker Hochaltars,* der vollständig zerlegt und in einzelne Werkstätten verbracht, ebenfalls mit Blausäure begast wurde. In die Geschichte der Restaurierung dagegen ging dieser Altar wegen der Verwendung von 1400 Litern Lignal und 1500 Litern Schellack, „*die er in sich aufgenommen hat*" ein. Die dem Artikel beigegebenen Abbildungen informieren anschaulich über die Anzahl von Bohrungen auf den Rückseiten der Figuren, die notwendig waren, um die genannten Materialien einzubringen.

Ernst Willemsen,[12] Restaurator beim Landeskonservator Rheinland, veröffentlichte 1958 seine Beobachtungen zu *Holzschutz durch Begasung mit 'Rabasan',* wohl einer der frühesten Fachbeiträge in deutscher Sprache zur Verwendung von Methylbromid (wobei diese Bezeichnung im Text nicht auftaucht, es wird lediglich der Produktname genannt). Willemsen schreibt: „*Die Farbenfabriken Bayer AG, Leverkusen, haben unter dem Namen 'Rabasan' ein für Holzschutz bestimmtes Gas entwickelt und bieten hiermit eine Methode der Anobienbekämpfung, die insofern besticht, als sie von festen und schwer transportablen Einrichtungen unabhängig macht. Die Begasung muß nämlich nicht in Kammern oder Kisten, sie kann vielmehr unter einer Durethan-Folie durchgeführt werden, deren Ränder durch Sandaufschüttung abzudichten sind.*

Die zu begasenden Objekte werden zusammen mit der vorgeschriebenen Anzahl von 'Rabasan'-Dosen gasdicht eingeschlossen ... nachdem kurz vorher die Gasentwicklung durch Abbrennen des in der Dose befindlichen Zündstreifens eingeleitet wurde. Während der acht Stunden dauernden Behandlungszeit verbreitet sich das Gas und dringt durch die Fraßgänge und andere Öffnungen, wie Risse und Spalten in das Holz ein. Die Sanierungszone soll eine Tiefe von 30 cm erreichen. ...

Bei einer Probebegasung im Oktober 1956, welche die Herstellerfirma als Vorführung in meiner Werkstatt unter Berufung auf günstige in einem Museum gemachte Erfahrungen durchführte, stellte ich nun an der Fassung einer Plastik aus dem 18. Jahrhundert, und zwar an einem Rot (allem Anschein nach Bleimennige), eine schwärzliche Verfärbung fest. Das Aussehen der Schwärzung ließ darauf schließen, daß es sich um eine chemische Veränderung der Farboberfläche handelte. ... Nach dieser Erfahrung habe ich eine mit der ersten zusammengehörende Plastik, deren Fassung eine gleiche Rotfläche enthielt, mit einem Paraffin-Überzug versehen ... und ebenfalls begast. An dieser Plastik zeigten sich keinerlei Veränderungen! Ein wirksamer Schutz gegen die Gaseinwirkung ist also grundsätzlich möglich." Willemsen testet dann noch verschiedene Farbaufstriche und weist Veränderungen bei Kremserweiß, Neapelgelb und Chromgelb nach. Er urteilt abschließend: „*Mir scheint die Begasungsmethode mit 'Rabasan' eine wirkliche Bereicherung der Holzschutzmöglichkeiten zu sein, besonders in der denkmalpflegerischen Arbeit. Es kommt vor, daß alle Stücke von besonders reichen Kirchenausstattungen befallen sind, aber eine vollständige Restaurierung aus finanziellen oder personellen Gründen noch nicht durchführbar ist. Dann ermöglicht die Begasung eine schnelle Hilfe gegen den rapide fortschreitenden Verfall. Bei der Arbeit mit flüssigen Schutzmitteln bleiben, wenn sich keine weitere Restaurierungsmaßnahme anschließt, oft entstellende Spuren wie etwa Bohrlöcher zurück, die dann eine weitere Restaurierung zwingend notwendig machen. Die Praxis erweist immer wieder, daß das Verhüten überstürzter Restaurierungen fast so wichtig ist wie das sorgsame und überlegte Restaurieren selbst.*"[13]

1960 sollte die Wallfahrtskirche Violau (Lkr. Augsburg) begast werden. In diesem Zusammenhang verfaßte auf Wunsch des Landesamtes für Denkmalpflege das Materialprüfungsamt für das Bauwesen der Technischen Hochschule München folgende Stellungnahme: „*Bekämpfung von Holzzerstörern und anderen tierischen Schädlingen mit Blausäuregas.*

Zu Schädlingsbekämpfung bei Kunstwerken, besonders bei wertvollen Holzschnitzereien wird schon seit vielen Jahren eine Vergasung mit Blausäure durchgeführt. Wenn gesundheitliche Schutzmaßnahmen gewährleistet sind, dann ist die Vergasung mit Blausäure das zweckmäßigste Bekämpfungsverfahren aller tierischen Schädlinge. Die Anwendung von Blausäure hat weiter den großen Vorteil, daß durch dieses Gas Kunstwerke nicht geschädigt werden. Es ist auch bis jetzt kein Fall bekannt geworden, daß Malereien sowohl Wandmalereien als auch Tafelmalereien durch eine Vergasung mit Blausäure geschädigt worden wären. Eine Schädigung ist auch chemisch nicht zu erwarten. Wir sind daher der Meinung, daß die Anwendung von Blausäure zur Bekämpfung von Ungeziefern auch in jedem Raum angewandt werden kann, der mit wertvollen Kunstgegenständen geschmückt ist, und daß in keinem Fall eine Minderung der Beschaffenheit der Kunstgüter durch dieses Verfahren zu erwarten ist. Gez."[14]

Präzise und knapp referiert Straub[15] 1963 den aktuellen Stand der Technik in seinem Aufsatz *Über die Erhaltung von Holztafelbildern* und es scheint, daß, je korrekter und prägnanter die Informationen mitgeteilt werden, diese umsoweniger beachtet werden. Straub führt aus: *„Eine Schädlingsbekämpfung durch Gase lohnt sich nur bei stärkerem Befall. Ihr Erfolg ist von der Einwirkungsdauer und der herrschenden Temperatur abhängig. Zur Anwendung gelangen in der Hauptsache Cyanwasserstoff und Methylbromid, deren Wirkung bei sachgemäßer Anwendung rasch und durchgreifend ist. ... Da sich Gase rasch verflüchtigen, beugen sie einem Neubefall des Objekts nicht vor; der Begasung muß daher die Behandlung mit einem geeigneten Holzschutzmittel folgen.*

Cyanwasserstoff; Blausäure
... Eine Behandlung mit diesem Präparat darf nur in vorschriftsmäßigen Gaskammern durchgeführt werden. Nach den Experimenten von Mori[16] *und Kumagat greift Cyanwasserstoff bei einer Wirkungsdauer von 48 Stunden verschiedene polierte Metalle mit Ausnahme von Gold beträchtlich an. Es sollte deshalb dringend experimentell untersucht werden, ob auch ein nachteiliger Einfluß auf Farbmittel stattfinden kann, besonders, wenn diese nicht durch einen Schlußüberzug geschützt sind.*

Methylbromid
(z.B. Rabasan der Bayerwerke, Leverkusen oder S-Gas der Firma Dr. Benz & Co., Zürich) hat den Vorteil, daß es sich in gasdichten Sperrholzkisten und Kunststoff-(Polyamid)Folien verwenden läßt. Willemsen[17] *stellt jedoch experimentell fest, daß Rabasan freiliegende Bleipigmente wie Kremserweiß, Neapelgelb, Chromgelb und wahrscheinlich auch Bleimennige schwärzt. Die Verfärbung kann durch einen dünnen Firnis- oder Wachsüberzug verhindert werden. Ungefirnißte Bilder dürfen also nicht mit diesem Präparat begast werden.*

Sulphurylfluorid
dringt nach den Untersuchungen von Kenaga[18] *leichter in das Holz ein als Methylbromid, ist giftiger für viele Insektenarten und unschädlich für Papier, Metalle, Leder und Kunststoffe. Seine Wirkung auf die Farbschicht von Gemälden ist jedoch noch nicht geprüft worden.*[19]

Schwefelkohlenstoff
... wird vor dem Gebrauch dieser Verbindung gewarnt, weil ihre Dämpfe die Firnis- und Farbschichten des Bildes angreifen können ...

Formaldehyd und Schwefeldioxyd
sind für die Insektenbekämpfung nicht wirkungsvoll genug."

Nahezu wortgleich übernimmt Straub diese Formulierungen auch in seinem zusammen mit Thomas Brachert verfaßten Karteiwerk *Konservierung und Denkmalpflege,*[20] während Brachert noch einen Schritt weitergeht: *„... Da die chemische Einwirkung von Gasen auf die Fassung bisher noch unzureichend erforscht ist und Schwärzungen von Bleipigmenten in Versuchen festgestellt wurden, sollten Begasungen zunächst nur an ungefaßten Stücken vorgenommen werden. Für die Behandlung von gefaßten Figuren empfiehlt sich heute, schon wegen des dauerhaften Schutzes, die Einfiltrierung von flüssigen Insektiziden ..."*

Konservierung von Holzskulpturen, Probleme und Methoden nennen Brigitte Aberle[21] und Manfred Koller eine Zusammenstellung der Restaurierungswerkstätten des Bundesdenkmalamtes in Wien von 1968, in der mit umfangreichen Literaturbelegen auf den aktuellen Stand der Konservierung von Holzfiguren eingegangen wird. Auf mögliche Schädigungen von Bleipigmenten wird unter Verweis auf die Willemsenschen[22] Arbeiten aufmerksam gemacht.

Typisch für den Umgang mit Gas (und den Umgang mit Kunstwerken) in der denkmalpflegerischen Praxis dürfte ein Kostenangebot der Zentral-Desinfektions-Anstalt von 1968 sein:

„Betr.: Holzwurmbekämpfung in Figuren etc.

Sehr geehrter Herr Pfarrer,

auf Grund der vorgenommenen Besichtigung in der Kirche in Unterweitertshofen unterbreiten wir Ihnen hiermit folgendes Angebot:

Behandeln der gesamten Kirchenfiguren etc. mittels Zyklon-Blausäure-Gas in einer unserer Gaskammern in München, pauschal DM 450,– zuzügl. 11 % Mehrwertsteuer.

Die Figuren etc. müßten von Ihnen zu uns hertransportiert werden und ist dabei ein Mann unsererseits beim Abladen behilflich."[23]

Lapidar beantwortet Johannes Taubert 1969 eine Anfrage einer renommierten bayerischen Kirchenmalerwerkstätte zur Vergasung mit Rabasan: *„... unsere Amtswerkstätten haben keine Erfahrung mit der Vergasung wurmbefallener Figuren. Sie wollen sich diesbezüglich bitte an die Fa. Biebl und Söhne wenden. Herr Restaurator Ernst Willemsen beim Landeskonservator Rheinland in Bonn hat einmal darauf hingewiesen, daß unter bestimmten Umständen Veränderungen einzelner Pigmente bei der Vergasung mit Rabasan festzustellen waren."*

1969 machten N. S. Bromelle und A. E. A. Werner auf evtl. Probleme mit Methylbromid aufmerksam: *„Methyl bromide is ... highly effective ... and can be regarded as one of the most effective fumigants for furniture, with a considerable history of successful treatment. Its disadvantage ist that it cannot safely be used with upholstered furniture owing to its tendency to leave a persistent unpleasant odour in some organic materials. In such cases, ethylene oxide can be substituted."*[24]

1970 wendet sich das Bayerische Staatsministerium für Unterricht und Kultus, nicht gänzlich uneigennützig – wie vermutet werden darf – der *Bekämpfung des Messingkäfers in Kirchen* zu. *„Das Staatsministerium ... ist im Rahmen der Baulast an Kirchen mit der Frage befaßt, ob die Bekämpfung des zur Familie der Diebskäfer gehörenden Messingkäfers (niptus hololeucus) Gegenstand staatlicher Baupflichtleistungen sein kann. Es bittet daher um alsbaldige Stellungnahme, ob dem Landesamt für Denkmalpflege aus seiner Praxis Fälle bekannt sind, in denen durch Messingkäfer Schäden an Bauwerken angerichtet wurden, die Anlaß zu baulichen Unterhaltungsmaßnahmen gegeben haben ..."* Kompetent – wie immer – antwortet das Landesamt für Denkmalpflege: *„Nach unseren Erkundigungen lebt der Messingkäfer in der Hauptsache von Getreide und Stroh.*

Letzteres spielt als Baustoff in der älteren Baukunst eine wichtige Rolle: als Haftgrund für Deckenputze dienen häufig Strohmatten, Stukkaturen sind vielfach um Strohformen angetragen und Fehlböden zur Wärmeisolierung mit Stroh oder Häcksel gefüllt. Wenn der Messingkäfer in größerer Zahl auftritt, so kann es zur Zerstörung dieser Bauteile kommen. Dann ist eine Lockerung von Putz- und Stuckteilen an Kirchendecken, sowie Rissebildung mit nachfolgender Staubablagerung in Decken unter undicht gewordenen Fehlbodenfüllungen möglich. Es empfiehlt sich, den Fall zu bekämpfen, um weitere Bauschäden abzuwenden." Es ist sicher, daß bei den durchgeführten Begasungen auch der Messingkäfer vernichtet wurde.

1972 läßt die Fa. Biebl und Söhne im Doerner-Institut[25] zwei Muster von Vergoldungen begutachten. *„Eines davon wurde 36 Stunden Zyklon-Blausäure (14 g/m³; 15-20°C; ca. 50 % relative Luftfeuchtigkeit) ausgesetzt. Das behandelte Muster zeigt keinerlei Veränderungen gegenüber dem unbehandelten. Auf beiden Proben ist 22 und 23 karätiges Blattgold, sowohl als Glanzvergoldung, wie auch als Mattvergoldung angeschossen. Die Muster werden im Doerner-Institut aufbewahrt und können jederzeit auf Wunsch vorgelegt werden."*

Den zu diesem Zeitpunkt informativsten Aufsatz zu Fragen der Begasung veröffentlichten 1974 D. Grosser[26] und E. Roßmann unter dem Titel *Blausäuregas als bekämpfendes Holzschutzmittel für Kunstobjekte.* Anlaß für diese Arbeit waren Schäden, die in der Pfarrkirche Untergriesbach bei Passau aufgetreten waren. Die Pfarrkirche war einige Monate vor der Begasung restauriert worden. Grosser und Roßmann führen aus: *„... Als Folge hoher Luftfeuchtigkeit, bedingt durch heftigen Regen, der während der Begasung einsetzte, bildete sich Schwitzwasser auf dem noch nicht karbonatisierten Kalkanstrich. In diesem Wasser löste sich das Blausäuregas, das unter Einfluß des Calciumhydroxids zu braun-schwarzer Azulminsäure polymerisierte. Diese Polymerisationsprodukte sind mit großer Wahrscheinlichkeit für die Verfärbungen und die Fleckenbildung verantwortlich. Die Umwandlung von Hochglanzgold zu Altgold wird auf ein Anlösen der feuchten Oberfläche durch Calciumcyanid enthaltenden Staub zurückgeführt. Calciumcyanid bildet sich aus Calciumhydroxid und Blausäure bei Anwesenheit von Wasser. Zur Vermeidung von Durchgasungsschäden ist künftig darauf zu achten, daß vorgesehene Zyklon-Begasungen stets vor Malerarbeiten einschließenden Restaurierungen durchzuführen sind."* Weiter wird in dem Artikel die *„Historische Entwicklung und allgemeine Bedeutung der Blausäure-Durchgasung"* referiert, daraus einige wichtige Passagen: *„... Die Verwendung der Blausäure als Schädlingsbekämpfungsmittel nahm ihren Ausgang von Amerika, wo sie erstmals Mitte 1880 zur Bekämpfung land- und volkswirtschaftlich wichtiger Schädlinge eingesetzt wurde. ... kam es 1916 in Deutschland zu den ersten nennenswerten Versuchen über die Einwirkung von Cyanwasserstoff auf die als Überträger des Fleckfiebers gefürchtete Kleiderlaus und die das Getreide und Mehl gefährdende Mehlmotte. ... Mit der Entwicklung des Zyklon B® im Jahre 1922 durch die Deutsche Gesellschaft für Schädlingsbekämpfung (DEGESCH) gelang es, eine Anwendungsart der Blausäure zu finden, welche die Herstellung der Blausäure vom Ort der Anwendung in die Fabrik verlegte. Dadurch wurden die Durchgasungsarbeiten bei Einhaltung der gesetzlichen Vorschriften absolut gefahrlos gemacht. ... Bis heute ist die Blausäure trotz der Entwicklung etlicher neuerer Gase, wie Äthylenoxid, Acrylnitril, Methylbromid oder Phosphorwasserstoff, das Standardmittel für die Großraumentwesung von Mühlen, Lagerhäusern und ähnlichen Objekten geblieben. ... kam es 1929 mit der Durchgasung des gotischen Schnitzaltares in der Pfarrkirche zu Kefermarkt (Österreich) zum ersten großtechnischen Versuch, Anobium-Larven mit dem Cyanwasserstoff-Präparat Zyklon B® zu bekämpfen. ... Mit diesem Erfolg war der Weg für die Verwendung des Zyklon B® zur Bekämpfung holzzerstörender Schädlinge geebnet, und bis zum 2. Weltkrieg wurden zahlreiche Kirchen, Schlösser und Museen erfolgreich gegen Anobien durchgast. ... Anfragen bei mehreren Durchgasungen ausführenden Firmen – von denen es in Deutschland etwa sechs Unternehmen mit der dafür erforderlichen Konzession gibt ... – ergaben, daß zur Zeit lediglich eine Münchner Firma* [= Fa. Biebl & Söhne] *in größerem Umfang im bayerischen Raum Durchgasungen von sakralen und profanen Bauten sowie Museen und Bibliotheken durchführt. ... In Bayern wurden in den letzten zwölf Jahren über 30 Objekte nach dem Zyklon-Verfahren behandelt, z.B. die Benediktinerabtei Ottobeuren, die Studienkirche in Passau, die Staatliche Bibliothek, ob Eichstätt, die Burg Trausnitz, Landshut (Betloge der St. Georgskapelle), das Domkapitelhaus, Regensburg, Schloß Schleißheim bei München (Raum 43), Schloß Linderhof, Maurischer Kiosk, die Wallfahrtskirche St. Bartholomä/Königssee und das Figuren-Depot des National-Museums München. ... Aus dem übrigen Bundesgebiet sind in den letzten Jahren keine Durchgasungen auf dem Kunstsektor bekannt geworden. ... Veröffentlichungen über Durchgasungen auf dem Kunstsektor sind äußerst spärlich. ... Beim Zyklon B handelt es sich um flüssige Blausäure, die an Kieselgur, in modernen Formulierungen jedoch an hochporösen Zellstoff in Form von runden Pappscheiben oder Schnitzeln adsorbiert ist. Schnitzel geben das Gas rascher ab und werden für größere Objekte gewählt, während für genaue Dosierungen von kleinen Mengen Pappscheiben bevorzugt werden. ... Als Stabilisator und Reizstoff dient SO2 und als weiterer Stabilisator Phosphorsäure. ... Als Reizstoff zur besseren Wahrnehmung des Giftes kommen ferner Bromessigsäure, Chlorpikrin und Chlorkohlensäuremethylester in Frage ... Für die Bekämpfung holzzerstörender Schädlinge ist die Tatsache wesentlich, daß Zyklon B ohne Druck rasch und tief in das Holz einzudringen vermag, so daß sämtliche im Holz befindlichen Larven erreicht werden. Nach Versuchen ... beträgt die Eindringtiefe des Gases mindestens 6 cm quer und über 100 cm längs zur Holzfaser. ...*

Beschreibung und Ursachen der Blausäure-Schäden in der Pfarrkirche Untergriesbach bei Passau. Die Pfarrkirche ... wurde ... 1971 restauriert ... die Altäre neu vergoldet und die Ölbilder neu gefirnißt. Die Begasung der Kirche ... erfolgte im Juli 1972 mit Zyklon B. Eingebracht wurden insgesamt 112 kg Blausäure, was bei einem Rauminhalt von rund 6000 m³, 14 g/m³ oder rd. 1,2 Volumenprozent Gas entspricht. ... Im Anschluß an die Durchgasungsaktion zeigten sich erhebliche Schäden an den Tönungen und Malereien. ... Die Deckenfresken selbst wiesen Verfärbungen und Fleckenbildungen auf. ... Ähnlich, jedoch hinsichtlich ihres Umfangs ungleich geringere Schäden hatten sich drei Monate zuvor in der Pfarrkirche Kochel am See nach Durchgasung eingestellt. Ferner hatten sich in der Pfarrkirche Untergriesbach die Hochglanzvergoldungen an den Altären ... partiell in Altgold umgewandelt. Die frisch gefirnißten Ölbilder zeigten stellenweise einen Blauschleier. Die den Firnis bedeckende feine Staubschicht ließ sich erst mit Benzin oder Terpentinöl teilweise abnehmen. ... Das während der Begasung einsetzende heftige Regenwetter mit hoher relativer Luftfeuchtigkeit führte vermutlich zum Schwitzen der Kalkwände, so daß sich eine wäßrige Blausäurelösung auf der Ober-

fläche bilden konnte. Das im Anstrich noch vorhandene alkalisch reagierende Calciumhydroxid wirkte dann wahrscheinlich als Katalysator für die Bildung der schwerlöslichen, dunklen Azulminsäure. Als Nebenreaktion entsteht aus $Ca(OH)_2$ und HCN auch Calciumcyanid, das allerdings keine große Beständigkeit besitzt und langsam unter Einfluß des CO_2 der Luft zum Calciumkarbonat ($CaCO_3$) und HCN zerfällt. Verfärbungen, Fleckenbildungen und Minderungen der Deckfähigkeit des Kalkanstriches sind auf die beschriebenen Reaktionen zurückzuführen. Insgesamt ist somit die Ursache für die Schädigung des Kalkanstriches im Vorhandensein von noch nicht karbonatisiertem Kalk in der Malerei in Verbindung mit der durch das regnerische Wetter bedingten hohen Luftfeuchtigkeit zu suchen. Für die Umwandlung des Hochglanzgoldes in Altgold wird Calciumcyanid enthaltender Staub angenommen, der während der mit Ventilatoren erfolgten Entlüftung aufgewirbelt wurde. Durch die verdünnte Calciumcyanidlösung wurde die Goldoberfläche unter Mitwirkung des Luftsauerstoffs angelöst. ... Die Bläueschleier auf den frisch gefirnißten Gemälden dürften dagegen nicht durch Blausäure, sondern vielmehr durch den durch die Ventilatoren bedingten starken Luftzug verursacht worden sein, da bekanntlich auf Lackanstrichen bei Trocknung in Zugluft häufig Schleier entstehen.

Diskussion. Blausäuregas in Form des Zyklon B®, nebst Ventox® (Acrylnitril) als einziges gasförmiges Holzschutzmittel nach dem amtlichen Holzschutzmittelverzeichnis anerkannt, stellt zweifellos ein hochwirksames Bekämpfungsmittel gegen holzzerstörende Schädlinge dar. ... Zyklon B® gewährleistet bei sachkundiger Anwendung nicht nur einen hundertprozentigen Abtötungserfolg, sondern ist im Vergleich ... zu den flüssigen Holzschutzmitteln rasch und äußerst einfach zu handhaben. ... In sakralen und profanen Bauten besteht dagegen weit häufiger die Gefahr eines Neubefalls. In solchen Fällen sollte der Raumdurchgasung eine Behandlung mit einem vorbeugend wirkenden Holzschutzmittel so weit möglich angeschlossen werden. Die kombinierte Wirkung Anwendung gasförmiger und flüssiger Schutzmittel bietet den sichersten Schutz überhaupt. ... Durch Blausäure hervorgerufene Schäden sind bislang nicht bekannt geworden. Zwar verweisen Straub u. Brachert ... darauf, daß ihr Einfluß auf Farbschichten noch nicht erschöpfend untersucht worden ist, so daß bei Holztafelbildern und gefaßten Skulpturen ein Schutzüberzug aus Firnis oder Wachs über Farbschichten und Fassungen ratsam sei. Robel ... beobachtete eine korrodierende Wirkung auf Gold. ... Zusammenfassend kann festgestellt werden, daß auch nach den beschriebenen Schäden Blausäure in Form des Zyklon B® als ideales Bekämpfungsmittel gegen holzzerstörende Insekten auf dem Kunstsektor anzusehen ist und gegenüber öligen, flüssigen Holzschutzmitteln bedeutende Vorteile besitzt. Die in der Pfarrkirche Untergriesbach aufgetretenen Begasungsschäden stellen einen Sonderfall dar; sie können mit absoluter Gewähr zukünftig vermieden werden, wenn die Durchgasung der Restaurierung vorangestellt wird. ... Die Gesamtmenge der in Deutschland oder auch auf der ganzen Welt angewendeten Begasungsmittel ... ist so gering, daß selbst in einem Zeitraum von hundert Jahren die in die Atmosphäre entweichenden Gasreste aller dieser Mittel billionenfach unter der zulässigen Sicherheitsgrenze liegen. ... Blausäure, Methylbromid, Äthylenoxid und Acrylnitril verdampfen restlos und hinterlassen somit keine Rückstände, die eine Umweltgefährdung begründen könnten.

Dieser Beitrag von Grosser und Roßmann war, wie gesagt, die bis dahin informativste und korrekteste Darstellung der Probleme und Chancen der Begasung für die praktische Denkmalpflege und bildete auch die Grundlage für offizielle Stellungnahmen der Fachbehörde. Daß in den folgenden Jahren die Verwendung von Blausäuregas zugunsten der Verwendung von Methylbromid in Bayern nahezu gänzlich zum Erliegen kam, ist durch die Fachliteratur oder auch nur durch Aktenvermerke nicht nachvollziehbar und wohl nur durch die jeweiligen Präferenzen der ausführenden Begasungsbetriebe zu erklären, wenn auch ‚unterschwellig' immer wieder in knappen Notizen ein nicht näher formulierter Vorbehalt gegen die Verwendung von Blausäure bzw. deren vermutete evtl. Nachwirkungen mehr angedeutet als ausgesprochen wird. Entscheidend bei den Grosser/Roßmannschen Darstellungen ist die strikte Trennung zwischen der eigentlichen Wirkung des Gases, die im übrigen im Artikel sehr viel ausführlicher als hier zitiert dargelegt und untersucht wird, und den „Nebenaspekten" wie sie in den jeweils besonders gelagerten Fällen einer Raumbegasung auftreten können. Kaum beachtet und berücksichtigt wurden in der Folgezeit die bereits bei der Begasung des Käfermarkter Altares erwähnten Begleitmaßnahmen, also Klima- und Luftfeuchtemessungen, Wetterbedingungen, besondere in der Kirche oder im Profanbau vorhandene Materialien oder Materialkombinationen und anderes. In der Praxis zur Anwendung kam lediglich die Empfehlung, eine Begasung – wenn schon nicht zu vermeiden – dann vor Beginn der Restaurierung oder einer Neufassung des Raumes durchzuführen. Im Landesamt haben sich keine Notizen über eine Begasung aus jener Zeit – 70er und 80er Jahre – nachweisen lassen, wo detailliert auf die angesprochenen ‚Begleitumstände' eingegangen würde.

1978 veranstaltete die Fa. DEGESCH in Baden bei Wien den sogenannten DEGESCH-Technikertag *Holzschutz*, dessen Tagungsunterlagen unter diesem Titel bekannt und weit verbreitet wurden. Als einzige deutsche Firma war nach den Tagungsunterlagen die Deutsche Gesellschaft für Schädlingsbekämpfung GmbH, Frankfurt vertreten. Zur Begriffsklärung wird aus dem Beitrag von K. Bäumert und G. Wentzel zitiert:[27] „... *Zur Begasung stehen uns mehrere Möglichkeiten zur Verfügung. Einmal die Behandlung in einer DEGESCH-Vakuumsbegasungsanlage, wobei vorzugsweise die Präparate ETOX oder ETOXIAT anzuwenden sind. ETOX setzt sich zusammen aus 90 % Äthylenoxid und 10 % Kohlensäure – ETOXIAT ist eine Mischung aus 45 % Äthylenoxid, 45 % Methylformiat und 10 % Kohlensäure. Beide Präparate zeichnen sich durch ein breites Wirkungsspektrum aus, das auch die Abtötung oder Reduzierung von Mikroorganismen einschließt. Die Dosierung beträgt – sowohl für ETOX als auch für ETOXIAT 150-200 mg/m³ bei einer Einwirkungszeit von 4-6 Stunden. ... Außer dem in diesem Zusammenhang genannten HALTOX (Methylbromid), das mit 50 mg/m³ dosiert wird, ist auch das Präparat ZYKLON (Blausäure) in einer Aufwandmenge von 20 g/m³ bestens geeignet. In beiden Fällen sollte eine Einwirkungszeit von mindestens 24 h eingehalten werden.*

HALTOX ist außerdem das Mittel der Wahl, wenn keine Kammeranlage zur Verfügung steht und eine Begasung unter gasdichten Planen oder in hinreichend gasdichten Räumen mit Massivdecken und -böden möglich ist. Auch PHOSTOXIN ist hier anzuwenden, allerdings muß mit einer Einwirkungszeit von 5-10 Tagen gerechnet werden bei einer Dosierung von 2 g PH_3/m^3.

... möchte ich noch kurz auf die Großprojekte eingehen, ... auf die Durchgasung von Kirchen, Schlössern, Häusern oder auch Gebäudeteilen ... Für die Anwendung kommen alle bereits ge-

nannten Präparate in Frage. An erster Stelle steht hierbei wieder ZYKLON, solo oder in Kombination mit PHOSTOXIN oder HELTOX oder eines der letztgenannten Mittel allein. Welchem Präparat im Einzelfall der Vorzug zu geben ist, muß der Durchgasungsleiter nach der Orts- bzw. Objektbesichtigung entscheiden. Hierbei spielen Lage, Dichtigkeit, Temperatur, Luftfeuchte und Innenausstattung die entscheidenden Rollen. ...“

Manfred Koller hielt auf dieser Tagung einen Vortrag über *Holzschutz in der Denkmalpflege an Beispielen von mittelalterlichen und barocken Altären:*[28] *„... Als Konsequenz für die Denkmalpflege ergibt sich der periodische Einsatz von Begasungen überall dort, wo keine rasche oder umfassende restauratorische Detailbehandlung möglich ist. Ferner ist der routinemäßige Einsatz zur Entwesung der Objekte vor Behandlung in Restaurierungswerkstätten oder Aufnahme in Museen wichtig (z. B. Restaurierwerkstätten des Bundesdenkmalamtes in Wien: Zyanwasserstoff in Normalkammer, Völkerkundemuseum in Wien: Äthylenoxid in Vakuumanlage).“*

Auf der selben Tagung berichtet F. Preusser knapp über die Anforderungen, die an die Dokumentation auch bei Holzschutzmaßnahmen zu stellen sind und verweist auf einen ‚neueren‘ Fall, *„bei dem sich ein neu aufgebrachter Putz (stark eisenhaltig) nach der Begasung mit Blausäure blau verfärbte, da sich in der Putzschicht Berlinerblau bildete. Derartige Fehlschläge sollten nicht zu einer 'Nie-wieder'-Haltung führen, sondern zu sorgfältigeren und überlegteren Planungen, wobei wiederum besonders die Auftraggeber anzusprechen sind ...“*

Der interessanteste Beitrag in dieser DEGESCH-Publikation stammt von H. G. Bachmann, der *Die Einwirkung gasförmiger Blausäure auf Edelmetallüberzüge und einige NE-Metalle*[29] untersucht. Bei einer Dosierung von 20 g HCN/m³ (entspricht der Empfehlung der Anwendungstechniker) und einer Einwirkungszeit von 72 Std., einer rel. Feuchte von 30 % bzw. 90-95 % und einer Temperatur von 20 °C zeigten sämtliche Metalle Verfärbungen, teilweise einen sichtbaren Belag. Bei hoher rel. Feuchte werden teilweise ‚starke Verfärbungen‘ und ‚deutlicher Belag‘ festgestellt. Besonders empfindlich reagieren Kupfer und Bronze, selbst Gold (Pudergold) reagiert und der Autor folgert mit Vorbehalt: *„... daß durch die HCN-Begasung ein im Schrifttum noch unbekanntes Goldcyanid oder eine noch unbekannte Modifikation eines bekannten Goldcyanids entstanden ist. ...“* Um Schäden zu vermeiden empfiehlt der Autor die rel. Feuchtigkeit zu reduzieren und schlägt, auch bei Kirchenbegasungen, eine Aufheizung vor, um einen rel. Feuchtewert von um 30 % zu erzielen. Sehr viel deutlicher kann man die Probleme mit Blausäurebegasung bei Vorhandensein von metallischen Gegenständen oder Vergoldungen oder Schlagmetallauflagen nicht mehr formulieren.

1980 erwähnt Jirina Lehmann[30] zwar Mißerfolge bei Begasungen, nennt jedoch keine Beispiele. Die von ihr ebenfalls genannten Stoffe Tetrachlormethan, Trichloräthylen (Trichlorethen) und Formaldehydlösungen gehören nicht zu den hier zu behandelnden Stoffen, und können bzw. dürfen hier nicht weiter erörtert werden.

Im selben Jahr, 1980, veröffentlichen Robert Kühn[31] und Karl Birett ihr Handbuch *Gefährliche Gase (eine Arbeit im Rahmen der Sicherheitsbestimmungen für die Industrie)* in dem zu Methylbromid (Brommethan) ausgeführt wird: *„... Bei einer Reihe von Kunststoffen muß mit Quellung oder Zerstörung gerechnet werden. ... mit Aluminium bildet es das gefährlich reagierende und zum Teil selbstentzündliche Aluminiumtrimethyl. In Verbindung mit Feuchtigkeit wirkt es zum Teil korrosiv ...“* Auch die Ausführungen zu den anderen hier genannten Gasen klingen wenig vertrauenerweckend und die Sicherheitsempfehlungen lassen erkennen, daß es außerordentlich sorgsamer Vorgehensweisen und umfassender Vorkehrungen bedarf, um unvorhergesehene Reaktionen auszuschließen und gegen die empfohlenen Sicherheitsmaßnahmen beim Transport der Gase nehmen sich auch aufwendige Kunsttransporte relativ harmlos aus.

Anläßlich der anstehenden Gesamtinnenrestaurierung der ehem. Augustinerchorherren-Stiftskirche in Dießen am Ammersee veranlaßte der damalige leitende Restaurator für den Fachbereich Skulpturenrestaurierung am Bayerischen Landesamt für Denkmalpflege, Fritz Buchenrieder, erneut eine Überprüfung der Unschädlichkeit von Methylbromid durch das Doerner-Institut München. Frank Preußer, seinerzeit Leiter der naturwissenschaftlichen Abteilung teilte als Ergebnis seiner Untersuchungen mit, daß keinerlei erkennbare Schäden bei einer Begasung mit Methylbromid auftreten und auch Spätschäden in Folge einer Begasung nicht zu erwarten seien. Uneingeschränkt wird Methylbromid als für die Begasung von Kirchenräumen geeignet angesehen.[32]

1983 erscheinen die Arbeiten von G. Besold[33] und D. Fengel vom Institut für Holzforschung der Universität München über die *Systematische Untersuchung der Wirkung aggressiver Gase auf Fichtenholz,* in der zwar ‚unsere‘ Gase nicht bearbeitet, aber ein interessanter Forschungsansatz beschrieben und mögliche Prüftechniken ausführlich vorgestellt werden. Für unseren Zusammenhang ist interessant, daß auch unter extremen Bedingungen die *„... bisherigen Ergebnisse erkennen lassen, daß Holz durch Formaldehyd und Ammoniak nur geringfügig geschädigt wird; der Abbau bei Schwefeldioxid hielt sich – zumindest bei Raumtemperatur – in Grenzen. Ein starker Abbau der Holzbestandteile konnte nach der Behandlung mit Chlor festgestellt werden ...“*

1984 legten E. J. Bond,[34] T. Dumas und S. Hobbs einen detaillierten Bericht zur *Corrosion of metals by the fumigant Phosphine* vor, in dem vor allem die Korrosion von Kupfer oder von Kupferverbindungen ausführlich geschildert wird. Unter Bedingungen, wie sie normalerweise in Kirchenräumen herrschen, muß geradezu zwangsläufig mit einer Korrosion von Kupfer und auch von anderen Metallen gerechnet werden.

1984 erschien Ulrich Schießls ausführlicher und informativer *Historischer Überblick über die Werkstoffe der schädlingsbekämpfenden und festigkeitserhöhenden Holzkonservierung*[35] in dem das Kapitel *Bekämpfung von tierischen Holzschädlingen mit Gasen* deren Verwendung praxisnah referiert und u. a. auch das Sulfurylfluorid als potentiell geeignetes Gas erwähnt wird. Die dort in Anmerkung 110 erwähnte Arbeit über einen eventuellen prophylaktischen Erfolg einer Begasung mit Methylbromid ist wohl bislang nicht erschienen. In der Arbeit werden die möglichen Gefährdungen von Farbmitteln durch Gase zusammenfassend referiert.

1986 veröffentlichen Achim und Wibke Unger[36] den Beitrag *Begasungsmittel zur Insektenbekämpfung in hölzernem Kulturgut* in dem umfassend auf den bisherigen Einsatz der Begasungsmittel weltweit eingegangen wird und die jeweiligen Möglichkeiten, Vor- und Nachteile der einzelnen Gase referiert werden.

Ebenfalls 1986 veröffentlicht Hans-Peter Sutter[37] seine im Rahmen des Nationalen Forschungsprogramms *Methoden zur Erhaltung von Kulturgütern* erarbeiteten Ergebnisse: *„Während* *in diesen Bereichen [Nährmittelindustrie] die Begasung zur Routineangelegenheit geworden ist, hat sich die Begasung als Mittel des bekämpfenden Holzschutzes, zumindest in der Schweiz, nicht durchsetzen können. Auch im weiteren deutschsprachigen Raum ist die Begasung durch den Holzschutz mit flüssigen Schutzmittel verdrängt worden. Lediglich in Österreich werden ausgewählte Objekte (Museen, Kirchen) noch durch Gasbehandlung von Anobien- und Hausbockbefall befreit. ... Der Grund für die Nichtanwendung von Giftgasen als bekämpfendes Holzschutzmittel liegt zum einen in der Giftgesetzgebung und der hohen Giftigkeit der Gase, zum anderen in der daraus resultierenden Tatsache, daß nur speziell ausgebildetes Fachpersonal solche Behandlungen ausführen darf. Aus den vorliegenden langjährigen Erfahrungen in der Begasung unterschiedlichster Objekte zeigt sich aber die hohe Zuverlässigkeit in der Bekämpfung holzzerstörender Insektenlarven. Allerdings ist zu bedenken, daß die Begasung keinen anhaltenden Schutz vor Wiederbefall bietet. ... Trotz der hohen Zuverlässigkeit in der Entwesung und einer relativen Unbedenklichkeit bezüglich einer Schädigung des Behandlungsgutes, wird die Begasung von Kunstobjekten aus Holz in der Schweiz selten angewendet. Dies wohl vor allem, weil auch diese Begasung nicht vom Restaurator selbst vorgenommen werden kann oder weil sich die Anschaffung einer Begasungskammer für den einzelnen Restaurator nicht lohnt. ...*

Cyanwasserstoff (Blausäure) ... Schäden am Behandlungsgut durch Blausäureeinwirkung sind nicht bekannt, allerdings wurde mehrfach vom Anlaufen polierter Metalloberflächen berichtet. Reaktionen von Blausäure mit Metallen finden vor allem bei hohem Feuchtigkeitsgehalt der Raumluft statt. Auch Verfärbungen von Kalkanstrichen als Resultat der Bildung von Calciumcyanid aus der Reaktion von Blausäure mit nicht karbonisiertem Kalk ... und Blaufärbung stark eisenhaltiger frischer Putze wurde beobachtet.

Bei der Begasung von Holztafelbildern und gefaßten Skulpturen sind, zahlreichen Untersuchungen zufolge, keine Veränderungen an Farbschichten, Fassungen, Leimen und Metallen beobachtet worden.

Methylbromid ... Die Bekämpfung holzzerstörender Insektenlarven in Holzgegenständen ist unproblematisch, solange es sich um ungefaßte Objekte handelt. ... Für gefaßte Holzobjekte und Tafelbilder ist die Methylbromid-Begasung nicht zu empfehlen, da farbliche Veränderungen gewisser Pigmente nicht auszuschließen sind. Nach Willemsen kann eine Schwärzung bleihaltiger Pigmente ... durch Reaktion mit Methylbromid eintreten, sofern diese nicht durch einen Wachs- oder Firnisüberzug geschützt sind. Die moderne Konservierungsethik verbietet es aber grundsätzlich, auf original erhaltene Oberflächen solche Überzüge aufzubringen. Der Konservierungsvorgang darf die optische Erscheinung des Werkes nicht verändern. ...

Phosphorwasserstoff ... Nachteilige Auswirkungen auf Materialien halten sich in Grenzen, d. h. Kupfer und Kupferlegierungen sowie Gold- und Silberauflagen mit geringem Reinheitsgehalt werden geschwärzt, andere Metalle erleiden keine Veränderung.

Sulfurylfluorid ... soll ohne schädliche Auswirkungen auf Metalle, Papier, Leder und Gummi sein.“

1987 berichten Lorna Green[38] und Vincent Daniels über *Investigation of the Residues Formed in the Fumigation of Museum Objects Using Ethylene Oxide* und wenn auch in diesem Beitrag der Schwerpunkt nicht auf der Behandlung von Kunstwerken aus Holz liegt, sind einige Zitate interessant: „*... Ethylene oxide is used in the British Museum as a fumigant for ethnographic objects. It is an effective insecticide and fungicide. It is a highly reactive chemical and reacts with other materials during the fumigation process. This paper describes investigations into the production of some reaction products in fumigated material. ... At present, a mixture of 90 % ethylene oxide (EtO) and 10 % CO_2 is used. Fumigation is carried out in an airtight chamber ...*“ Geschildert werden im Beitrag mögliche Reaktionen mit Chloriden, Aminosäuren und Proteinen sowie „*Potentially Dangerous Reactions during Fumigation.*

On one occasion during fumigation in Paris, explosive sounds were heard from inside the fumigation chamber, and flames were seen. The source of the fire was later located as some Prussian blue pigment (ferro-ferri cyanide). In another incident some dresses were found to be scorched in places, after having been fumigated with EtO.

These two reactions may possibly be explained by the exothermic polymerisation of EtO, being catalysed by iron. In the case of the dress some corroded metal fastenings could have been the source of iron oxide.

In 1979 another explosive reaction occurred during fumigation. After investigation it was thought that the objects had previously been treated with sodium pentachlorophenate, a fungicide, which may have been incorporated in some natural adhesives.

EtO has been shown to increase dramatically the strength of paper pulps, by seven to eight times, in conditions similar to those of museum fumigation. ...“ Desweiteren werden dort Versuche zu den tatsächlichen chemischen Reaktionen beschrieben und die Versuchsergebnisse ausführlich diskutiert. Über die exothermischen Reaktionen bei dem Pariser Beispiel berichtet ausführlich Marie-Odile Kleitz.[39]

Spätestens hier soll darauf aufmerksam gemacht werden, daß Ethylenoxid in der MAK-Liste[40] der Senatskommission der Deutschen Forschungsgemeinschaft zur Prüfung gesundheitsschädlicher Arbeitsstoffe unter den krebserzeugenden oder krebsverdächtigen Stoffen aufgeführt ist. Danach ist Ethylenoxid einer der „*Stoffe, die bislang im Tierversuch sich nach Meinung der Kommission eindeutig als krebserzeugend erwiesen haben, und zwar unter Bedingungen, aus denen eine Vergleichbarkeit zur möglichen Exponierung des Menschen abgeleitet werden kann.*“ In der Schweizer Giftliste wird Ethylenoxid als ‚krebserzeugend‘ geführt. Methylbromid wird in der MAK-Liste unter Brommethan[41] aufgeführt und den Stoffen „*mit begründetem Verdacht auf krebserzeugendes Potential*“ zugerechnet. Auch Brommethan wird in der Schweizer Giftliste als ‚krebserzeugend‘ geführt.

1988 veröffentlichen Achim und Wibke Unger[42] das Standardwerk *Holzkonservierung. Schutz und Festigung von Kulturgut aus Holz* und führen in dem Band mit ausführlichen Literaturhinweisen gebräuchliche Begasungsmittel mit Vor- und Nachteilen sowie Daten zur Verwendung auf. Bei Methylbromid wird auf die Verfärbung bleihaltiger Pigmente verwiesen.

Günter Ognibeni[43] berichtet 1989 über *Die Bekämpfung von Holzschädlingen – gefaßte Holzobjekte unter Einsatz von Gas* und stellt die Ergebnisse einer Versuchsreihe vor, die am Braunschweigischen Landesmuseum zusammen mit der Firma DEGESCH vorgenommen wurde. „Getestet“ wurden in diesem Beitrag:

1. *Ethylenoxid ETOX 800 g/m³, 6 Stunden im Vakuum;*
2. *Blausäure CAYNOSIL 20 g/m³, 96 Stunden unter Normaldruck;*

3. Methylbromid HALTOX 20 g/m³, 48 Stunden unter Normaldruck;
4. Phosphorwasserstoff PHOSTOIN 3 g/m³, 62 Stunden unter Normaldruck. ...
Das Resümee dieser Aktion ist, daß der Einsatz von Gas bei gefaßten Kunstwerken durchaus zu vertreten ist. Lediglich bei Neapelgelb und Bleizinngelb mit Öl als Bindemittel gab es leichte Veränderungen, die sich optisch als kleine schwarze Punkte markierten und unter dem Stereomikroskop wie Ausblühungen aussahen. Doch diese wenigen, geringen Veränderungen sind zu tolerieren, wenn man den Schaden in Relation zum Nutzen setzt."

Der Beitrag teilt im übrigen keine neuen Informationen mit.

Ein inzwischen mehr historisches Interesse verdient das 1989 in der DDR erstellte und veröffentlichte *Verzeichnis der vom Amt für Standardisierung, Meßwesen und Warenprüfung (ASMW) zugelassenen Holzschutzmittel, holzschützenden Anstrichstoffe und holzpflegenden Anstrichstoffen – Holzschutzmittelverzeichnis 1990,*[44] in dem als einziges zugelassenes gasendes Holzschutzmittel Phosphorwasserstoff unter dem Produktnamen ‚Delicia-Gastoxin' aufgeführt wird.

Interessant ist, was in diesem Zusammenhang im *Holzschutzmittelverzeichnis*[45] der BRD steht: *„... Die Prüfzeichenpflicht für Holzschutzmittel steht im Rahmen der bauaufsichtlichen Aufgabe der vorbeugenden Gefahrenabwehr bei baulichen Anlagen. In Verfolg dieser Aufgabe wird bauaufsichtlich nur für Holzbauteile und Bauteile aus Holzwerkstoffen, die tragenden oder aussteifenden Zwecken in baulichen Anlagen dienen, in Abhängigkeit von ihrem Anwendungsbereich ... gegebenenfalls ein vorbeugender chemischer Holzschutz durch dafür geeignete (brauchbare) Mittel, nämlich die Holzschutzmittel, verlangt. Die Prüfzeichenpflicht für Holzschutzmittel bezieht sich also nur darauf.*

Daraus ergibt sich, daß Prüfzeichen nicht zugeteilt werden für:
a) Bekämpfungsmittel (Mittel zur Bekämpfung eines bestehenden Befalls des verbauten Holzes),
b) Heißluft- oder Durchgasungsverfahren (Verfahren zur Bekämpfung eines bestehenden Befalls des verbauten Holzes) und
c) Holzschutzmittel für den nichttragenden und nicht aussteifenden Bereich in baulichen Anlagen ...

Das (bauaufsichtliche) Prüfzeichen wird natürlich auch nicht zugeteilt für Holzschutzmittel für Gegenstände, die nicht Bestandteil einer baulichen Anlage sind. ..."

Eine erfreulich präzise und informative Übersicht zu *Methoden und Probleme der Bekämpfung von Holzschädlingen mittels toxischer Gase* bietet Wilhelm P. Bauer[46] 1989 in den *Restauratorenblättern,* Band 10, zum Thema *Holztechnologie und Holzkonservierung, Möbel und Ausstattungen.* Der Autor, Leiter des chemischen Labors und der Restaurierabteilung des Museums für Völkerkunde in Wien, geht auf die Vor- und Nachteile der Verwendung hochtoxischer Gase ein, informiert über die allgemeine und die toxische Wirkungsweise von Gasen, über praktische Erfahrungen und evtl. auftretende Schäden, Sicherheitsrisiken und toxikologische Aspekte. Im Kapitel V. *Praktische Erfahrungen bei Begasungen – eventuell auftretende Schäden* wird ausgeführt: *„Aus der Praxis wie aus der einschlägigen Literatur existieren über mögliche schädigende Einflüsse der Gase auf Kunstobjekte folgende Erfahrungen:*

a) Blausäure: Bekannt sind bläuliche Verfärbungen stark eisenhaltiger Malpigmente. Ferner ist aus der Praxis ebenso wie aus Versuchsreihen erwiesen, daß besonders bei Begasungen in feuchter Atmosphäre auf Vergoldungen bzw. polierten Metalloberflächen Belagsbildungen auftreten können.
Bei Kalkanstrichen mit nicht karbonatisiertem Kalk kann es zu leichten Farbveränderungen kommen. In ganz seltenen Fällen waren nach Begasung ethnographischer Objekte Geruchsbildungen feststellbar.
b) Methylbromid: Das Hauptproblem bei Methylbromidbegasungen kann in einem Verbleib eines unangenehmen merkaptanähnlichen Geruches bei schwefelhaltigen Materialien, wie Pelzen, Haaren, Federn, Wolle, Viskose etc. bestehen. Höhere Luftfeuchtigkeit bei Begasungen scheint die Geruchsbildung zu begünstigen. Ebenso kann bei Methylbromid die Verfärbung von Malpigmenten nicht ausgeschlossen werden. Als methylierendes Agens kann Methylbromid mit Aminosäuren in proteinhaltigen Stoffen reagieren. Diesbezüglich sind jedoch schädliche Einflüsse an Museumsobjekten bislang nicht bekannt. Auf Metall wurden bei Zn, Sn und Fe schwache Oberflächenreaktionen beobachtet.
c) Phosphorwasserstoff: Kann bei Begasung mit Metall reagieren, besonders mit kupferhaltigen Legierungen. Hohe relative Luftfeuchtigkeit sowie Spuren von Ammoniak können reaktionsverstärkend wirken. Über den Angriff von Phosphorwasserstoff auf bestimmte Proteine liegen bisher keine sicheren Erkenntnisse vor. Bekannt sind jedoch leichte Verblassungen von Gold- und Silberbemalungen, allerdings nur bei sehr hohen Phosphorwasserstoff-Konzentrationen.
d) Äthylenoxid: Ist jenes Begasungsmittel, von dem bis jetzt die geringfügigsten Schadeinflüsse auf Holzobjekte bekannt sind, obwohl das Gas auf Grund seiner chemischen Konstitution außerordentlich reaktionsfreudig ist (z. B. Wasser, alkylierten Phenolen, mit Proteinen sowie natürlichen und künstlichen Zellulosen). Einige dieser Reaktionen werden sogar als Vorteil für die Konservierung der Objekte angesehen. Leichte Adhäsionsverluste von Kasein-Eiweißmalereien in der Buchmalerei sind Gegenstand von Untersuchungen. Reaktionen mit eiweißhaltigen Materialien sind noch nicht erwiesen. ...
Die Gefahren bei der Handhabung von Gasen zur Schädlingsbekämpfung, ihre hohe Giftigkeit einerseits sowie die Explosionsgefahr andererseits, machen es verständlich, daß nach weniger gefährlichen Alternativen gesucht wurde und wird.

Die wichtigsten realen diesbezüglichen Vorschläge sind zum Teil Gegenstand von Forschungsarbeiten und betreffen:
1. Abtötung von Insekten durch Kälteschock und Einfriertechniken,
2. Verwendung verschiedener Strahlenarten (Röntgenstrahlen, Gamma-Strahlung, IR-Hochfrequenzstrahlung),
3. Begasung mit Kohlendioxid bzw. inerter Gasatmosphäre,
4. Einsatz und Züchtung natürlicher Feinde holzzerstörender Insekten (biologische Bekämpfungsmethoden).

In der Praxis konnte jedoch keine dieser Alternativen bisher Bedeutung erlangen. Sie sind technisch noch nicht ausgereift, zu aufwendig, teilweise von ungewisser bzw. mangelnder Wirkung und auch aus Kostengründen nicht durchführbar. Konsequenterweise bedeutet dies, daß auch heute noch zur Bekämpfung von Holzschädlingen auf Begasungsverfahren nicht verzichtet werden kann."

1990 wird in Band 11 der *Restauratorenblätter* zum Thema *Konservierung von Metallobjekten und Metallfassungen* unter der Überschrift *Metallfärbung durch Blausäurebegasung* mitgeteilt: *„Nach einer Kirchenvergasung mit Zyanwasserstoffgas*

1989 in der Pfarrkirche von Klein-Höflein, NÖ. (Fa. Breymesser & Co., Wien 3) sind bei Gold und kupferreichen Schlagmetallfassungen deutliche irreversible Verfärbungen aufgetreten. Sie entstehen durch Bildung von Goldzyanid- und Kupferzyanid-Belägen an den Metalloberflächen. Da diese chemischen Reaktionen stark von der Feuchtigkeit abhängig sind, besteht nur in Fällen von extrem hoher rel. Luftfeuchte und lokaler Kondensation entsprechende Gefährdung."[47]

In dem Band *Konservierung von Gemälden und Holzskulpturen*[48] wird der von Schießl 1984 zitierte Hinweis zur falschen fachlichen Feststellung: *„Neuere Versuche mit Methylbromid brachten Verbesserungen in der Langzeitwirkung."*[49] Der nicht erschienene Beitrag kann selbstredend nicht nachgewiesen werden. Auch die *insektizide Wirkung von Lösemitteldämpfen*[50] wird wieder angeführt.

1991 wurden in den Restaurierungswerkstätten des Bayerischen Landesamtes für Denkmalpflege die monumentalen Holzfiguren aus der Münchener Frauenkirche mit Kohlendioxid begast. Über diese, vom Volumen des zu begasenden Rauminhalts gesehen, seinerzeit in Deutschland wohl die bis dahin umfänglichste Anwendung von Kohlendioxidbegasungen bei Kunstwerken, berichtet eine Informationsschrift der ausführenden Firma (Binker Holzschädlingsbekämpfung), eine ausführliche Diskussion der Maßnahme wird vorbereitet und erscheint zusammen mit dem Arbeitsbericht zur Restaurierung der Figuren. Gerhard Binker referiert über die Maßnahme auch auf S. 77ff. in diesem Tagungsbericht.

Im selben Jahr informiert die Firma RENTOKIL über ihr mobil-stationäres Begasungssystem, vor allem über die Verwendung eines Spezialballons, des sog. ‚bubble'. Im Prinzip handelt es sich um eine gasdicht verschließbare Folienkammer, die in beliebiger Größe an beliebigen Orten eingesetzt werden kann. Auf einer Basisplane werden die zu begasenden Gegenstände aufgestellt, eine zweite Folie wird über die Gegenstände gelegt und dicht mit der Basisplane verbunden. Mit den bekannten Giftgasen kann dann in modifizierter Form und mit vielfältigen Variationen begast werden. Im Zusammenhang mit dieser Reklameschrift[51] wird zur Kohlendioxidbegasung ausgeführt: *„Im Gegensatz zu allen anderen gebräuchlichen Gasen bedeutet CO_2 nahezu kein Gesundheitsrisiko für Menschen und hinterläßt keinerlei Rückstände in behandelten Gütern. ... Leider ersetzt CO_2 nicht die konventionelle Begasung, da es sich bislang als undurchführbar erwiesen hat, die notwendigen Konzentrationen über die geforderten Einwirkungszeiten aufrecht zu erhalten.*

Der Bubble kann Konzentrationen von mehr als 60 % CO_2 über effektive Zeiträume halten. 60 % CO_2 über 14 Tage tötet alle Entwicklungsstadien der wichtigsten Hygiene-, Vorrats- und Materialschädlinge.

Weil CO_2 keinerlei Rückstände hinterläßt und speziell für empfindliche Güter oder Kunstgegenstände kein Risiko bedeutet, bietet die Möglichkeit, dieses Gas anzuwenden, bedeutende Vorteile gegenüber herkömmlichen Techniken.

Über aktuelle Begasungen mit Methylbromid informieren Schriften der Fa. Binker. Mit Methylbromid begast wurden beispielsweise die ehem. Prämonstratenserstiftskirche Geras (Österreich) 1991 und in Bayern z.B. die Klosterkirche Maria Hilf in Cham 1992.[52]

Christoph Reichmuth, Wibke und Achim Unger veröffentlichen 1991 auch ihre Versuche mit *Stickstoff zur Bekämpfung holzzerstörender Insekten in Kunstwerken.*[53] Wohl erstmals in Deutschland wurde von den Autoren an Bildwerken aus den Sammlungen der Staatlichen Museen zu Berlin eine Stickstoffbegasung zur Bekämpfung lebenden Insektenbefalls unter realistischen Bedingungen und unter fachlich akzeptablen Umständen erfolgreich durchgeführt. Auch hier erfolgte die Begasung in einem Foliensack. Im Prinzip erfolgte dabei die Abtötung des lebenden Befalls durch den Entzug bzw. durch die Verdrängung des Sauerstoffs durch Stickstoff. Das Verfahren dauerte vier Wochen, die Kosten waren relativ gering und die Maßnahme konnte (und kann) durch Restauratoren durchgeführt bzw. begleitet werden. Die Verarbeitung von Stickstoff unterliegt nicht den strengen Bestimmungen der Gefahrstoffverordnung. Die Autoren kündigen im Beitrag die weitere Modifizierung und Verbesserung der Methode an und wollen nach Ablauf eines Generationszyklus (ca. drei Jahre) auch die erfolgreiche Abtötung der Eier prüfen. Die Autoren ziehen folgende Schlußfolgerung: *„Die positiven Ergebnisse der unter Praxisbedingungen durchgeführten Insektenbekämpfung berechtigen zu der Annahme, daß bei mobilem Kulturgut in Zukunft auf solche ‚reaktiven' und humantoxischen Begasungsmittel wie Zyan- und Phosphorwasserstoff sowie Brommethan weitgehend verzichtet werden kann. Der indifferente Stickstoff ist insbesondere bei der Behandlung polychromierter Objekte als vorteilhaft anzusehen. Die Gewährleistung der Arbeitssicherheit bringt keine Probleme mit sich, weil sich das Inertgas sehr gut mit Luft mischt. Für die Anwendung des Verfahrens sind keine speziellen Giftprüfungen erforderlich. Restauratoren in kleinen Museen können ohne größeren materiellen Aufwand die Begasungen selbst vornehmen und müssen keine Spezialfirmen dafür beauftragen."*

Ebenfalls 1991 veröffentlichte Mark Gilberg *The effects of low oxygen atmospheres on museum pests.*[54] Gilberg arbeitet seit einigen Jahren an den Möglichkeiten, den Sauerstoffgehalt in gasdichten Kammern schnell und zuverlässig zu reduzieren und mit Inertgasen ein Absterben von Schädlingen herbeizuführen. Gilberg verwendet für seine Arbeiten auch sog. ‚Sauerstoff-Fänger', die unter dem Handelsnamen AGELESS bekannt geworden sind. Es handelt sich dabei um aktivierte Eisenoxide zur Sauerstoffabsorption. Wegen der Bedeutung dieser Arbeiten und der Chancen, die in der Verwendung dieser Materialien und Techniken liegen, wurde einer der aktuellen und wichtigen Beiträge von Mark Gilberg und Alex Roach in diesen Tagungsband aufgenommen.[55] In den Anmerkungen zu diesem Beitrag sind die in den letzten Jahren vor allem in den Vereinigten Staaten bzw. in Australien entstandenen Arbeiten weitgehend vollständig aufgeführt, sie brauchen hier nicht referiert zu werden.

Die Praxis der Denkmalpflege illustriert die Überschrift *Metallfärbung durch Blausäurebegasung*[56] im selben Jahr: *„Nach der Ver[!]gasung mit Zyanwasserstoff 1989 in der niederösterreichischen Pfarrkirche von Klein-Höflein durch die Fa. Breymesser & Co., Wien 3, sind bei Gold und kupferreichen Schlagmetallfassungen deutliche irreversible Verfärbungen aufgetreten. Sie entstehen durch Bildung von Goldzyanid- und Kupferzyanidbelägen an Metalloberflächen. Da diese chemischen Reaktionen stark von Feuchtigkeit abhängig sind, besteht nur in Fällen von extrem hoher relativer Luftfeuchte und lokaler Kondensation Gefahr. ..."*

Schließlich erschien 1991 auch der Beitrag von Helen D. Burgess[57] und Nancy E. Binnie zu *The effect of Vikane on the stability of cellulosic and ligneous materials – measurement of deterioration by chemical and physical methods.* Die Zusammenfassung des Beitrages lautet auszugsweise: *„Vikane (sulphuryl fluoride) is a commercial fumigant which is used for the control of pests in museum collection. This paper summarizes the results obtained through an investigation of the effect of Vikane on* *twenty-five paper and textile samples. ... The data obtained show that commercial grade Vikane degrades cellulosic and ligneous fibres. A second set of experiments on two fibre types using a new experimental grade of Vikane gave significantly less degradation. ...*

From the experiments carried out at CCI [Canadian Conservation Institute], the following conclusions can be drawn concerning the effects of Vikane on paper and textile substrates:

1. *No visible changes in colour or handling properties was noted immediately after fumigation; small instrumental brightening of fibres was detected;*
2. *After accelerated thermal ageing, fumigated samples underwent mor yellowing than unfumigated samples; differences could be detected by eye as well as by instrumental analysis;*
3. *Vikane had less effect on the stability of textiles than it did on the paper samples;*
4. *Alkaline buffered papers retained more fumigant residues (as demonstrated by fluoride analysis) than did neutral pH or acidic samples; during fumigation, the buffer reserve of alkaline samples was reduced;*
5. *Samples containing lignin changed more than samples without lignin;*
6. *The samples fumigated with the experimental grade of Vikane (purified to lower the concentration of impurities) were altered less than those fumigated with commercial grade Vikane; these also retained less fumigant residues (as fluoride). The ability of Vikane to damage cellulosic and ligneous fibres must be interpreted with two thoughts in mind: (a) in all probability, the damage observed by a single correctly carried out fumigation with Vikane would be less than irreversible damage which can be caused by insects; (b) in general, chemical fumigants that will effectively eliminate insect pests, will also tend to damage many organic materials; a fumigant's potential for damage must be evaluated in comparsion to the level of damage caused or expected to be caused by other known chemical fumigants. ...“*

Von denselben Autoren[58] (in Gemeinschaft mit weiteren) erschien bereits in den Preprints des *9th Triennial Meeting, Dresden, German Democratic Republic, 26-31 August 1990* der Beitrag *Laboratory investigation of the fumigant Vikane,* indem ausführliche Untersuchungen zur Eignung von Sulphurylfluorid zur Begasung von Kunstwerken vorgestellt wurden. Im wesentlichen wird das Gas als geeignet für die Begasung von Kunstwerken angesehen; Reaktionen mit Harzen, Wachsen, Pigmenten und Metallen werden bei sachgerechter Anwendung nicht festgestellt. Entscheidend ist allerdings die Verwendung des ‚richtigen‘ Vikane, mit dem seinerzeit handelsüblichen Produkt können durchaus Schäden auftreten. Ferner wird in dem Artikel ausführlich auf die Chemie und die verschiedenen Anwendungsmöglichkeiten des Giftgases eingegangen. Dieser Artikel dürfte wohl der informativste und am leichtesten zu erreichende Beitrag zu Sulfurylfluorid sein. Bemerkenswert noch ein Hinweis zu Phosphorwasserstoff in diesem Beitrag: Phosphin reagiert mit Ultramarin-Pigmenten.

1992 veröffentlichten John E. Dawson und Thomas J. K. Strang im *Technical Bulletin no. 15* des Canadian Conservation Institute[59] den Beitrag *Solving Museum Insect Problems: Chemical Control.* In dieser fachlich hervorragend betreuten und herausgegebenen Reihe werden regelmäßig Fachthemen so umfassend behandelt, daß die jeweiligen Beiträge als Grundlage und Einstieg in ein Thema dienen; die notwendigen Hinweise zu Bezugsquellen und Herstellern sind auf Kanada und den nordamerikanischen Raum begrenzt.

In der Regel werden Giftgase in Kanada im Kammerverfahren angewandt. Im Bulletin werden ausführliche Empfehlungen zur Verfassung von Arbeits- und Ergebnisberichten zu einzelnen Begasungen gegeben, auch mit Hinweisen auf eventuelle gesundheitliche Beschwerden. Die Verwendung von Ethylenoxid und Brommethan wird nur unter sehr strikten Auflagen für außergewöhnliche Einzelfälle für hinnehmbar gehalten, die Verwendung von Phosphorwasserstoff wird abgelehnt und bei Sulfurylfluorid wird auf die fehlende Registrierung in Kanada verwiesen. Die Ausführungen zu Sulfurylfluorid lauten auszugsweise:

„Reactivity with Materials

The results of studies on the effects of sulphuryl fluoride on artifact material are published.[60].

No objectionable colour, odour, or corrosive reaction has been reported from the use of sulphuryl fluoride on photographic supplies, metals, paper, leather, rubbers, plastics, cloth, wallpaper, tapestries, ancient fabric, aged wood, silver, pewter, and gold artifacts. When basement rooms are fumigated, forced air ventilation may be necessary to remove residual sulphuryl fluoride.

When sulphuryl fluoride condenses during atmospheric fumigation, damage to wallpaper and corrosion of brass door handles have been observed.

Although sulphuryl fluoride is relatively nonreactive with most materials, it does react with strong bases and is sligthly soluble in organic solvents, vegetable oils, and Stoddard Solvent (Dow Chemical 1983). A problem of residual fluoride has been found in some proteinaceous foodstuffs such as cheese and meat ... The extent to which this would occur in museum materials such as leather or oiled skins is not known.

Sulphuryl fluoride is stable at ambient temperatures, but electric elements, open flames, and steam can react with the vapur to form toxic and corrosive fumes.

Remarks

Sulphuryl fluoride is a very toxic gas with good penetrating powers and rapid aeration from fumigated material. Dow Chemical, the manufacturer, considers a period of less than 24 hours adequate for aeration following atmospheric fumigation.

Sulphuryl fluoride has been found effective on structural pests (e. g., drywood termites, old house borers, powder post beetles) and household pests (e. g., clothes moths, carpet beetles). It is toxic to all apost-embryonic stages of insects, but the eggs of many are resistant, requiring increased dosages.

Sulphuryl fluoride is not registered for use in Canada. It is registered for use in the United States for structural fumigation and for use in fumigation chambers. Additional information can be obtained from the manufacturer, Dow Chemical, with respect to operating procedures and safety devices, including the necessary monitoring equipment.“

Über den aktuellen Stand der Verwendungsmöglichkeiten von Kohlendioxid auch in großen Räumen – Kirchen – berichtet Binker auf Seite 83 ff.

Im November 1993 fand in Köln ein Symposium des bdr (Bundesverband Deutscher DiplomrestauratorInnen e. V.) zum Thema *Schädlingsbekämpfung mit inerten Gasen in der Konservierung. Theoretische Grundlagen und praktische Anwendung an organischen Materialien* statt. Ob die dort gehaltenen Beiträge veröffentlicht werden, ist noch nicht bekannt.

1993 berichtet Binker[61] auf der *1st International Conference on Insect Pests in the Urban Environment* unter dem Titel *Report on the first Fumigation of a Church in Europe using Sulfuryl Fluoride* über die Erfahrungen mit der Sulfurylfluorid-Begasung der kath. Filialkirche St. Stephan in Oberpindhart (Lkr. Kelheim). Er führt aus: *„Sulphuryl fluoride proves to be an effective structural fumigant. No visible damage was ascertainable. These results make sulphuryl fluoride look promising for use as an artifact fumigant. Since possible reactions may not produce visible changes, more examinations need to be done in future.“* Bereits ein Jahr vorher wurden auf Veranlassung der Fa. Binker Materialschutz GmbH durch Bernd Hering Versuche mit dem Material Altarion Vikane (= Sulfurylfluorid) durchgeführt. In ausführlichen Testreihen mit Hunderten von Probeaufstrichen in verschiedenen Bindemitteln und tage-, wochen- und monatelangen Expositionszeiten wurden von Hering unter Bedingungen, die denen in Kirchenräumen vergleichbar sind, keine nachteiligen Reaktionen auf Pigmente festgestellt. Nach Hering sind bei der praktischen Durchführung von Begasungen mit Sulfurylfluorid bei fachlich einwandfreier Durchführung der Begasung keine negativen Auswirkungen zu erwarten.[62]

Eine jüngst erschienene Studie[63] kommt bei der Beurteilung der Verwendung von Sulfurylfluorid zu wesentlich anderen Ergebnissen. Danach treten bei einer Begasung mit Sulfurylfluorid durchaus bemerkenswerte Farbveränderungen bei Pigmenten auf und auch der Glanzgrad mancher Testaufstriche zeigt Veränderungen, teilweise vergrauten die Aufstriche. Bei insgesamt zehn von elf Probeaufstrichen zeigen die Sulfurylfluorid ausgesetzten Proben Veränderungen. Vergleichsmessungen mit Stickstoff zeigten keine nachteiligen Veränderungen, was nach Meinung der Autoren allerdings nicht mit Sicherheit ausschließen läßt, daß Reaktionen auch mit diesem inerten Gas möglich seien.

„Kohlendioxid ist gegen Insektenbefall wirksamer als Stickstoff, da es bei der Atmungsregulation eine entscheidende Rolle spielt. Es führt zu einer Atmungssimulation und Übersäuerung des Insektenblutes. Der Tötungseffekt der CO_2-Druckkammerbehandlung beruht vermutlich zusätzlich auf dem intensiveren Lösungsvorgang von CO_2 im Insektenblut und der irreversiblen mechanisch-pneumatischen Schädigung des Insektenkörpers beim anschließenden schnellen Druckentspannen. Die Temperatur spielt innerhalb bestimmter Grenzen keine entscheidende Rolle, um so mehr jedoch Druck und Einwirkzeit ...“[64]

Wie einführend erwähnt, ist es immer ein zweifelhaftes Vergnügen über Dinge zu schreiben, die nie eigenhändig durchgeführt und selbst erprobt wurden. Wohl bei den meisten Kollegen hält sich das Wissen über mechanisch-pneumatische Reaktionen des Insektenkörpers bei Kohlendioxid-Druckkammerbehandlung im Unterschied zu einer solchen bei Normaldruck in Grenzen – sehr wohl erkannt werden können allerdings durch Druckbelastung eingebrochene oder veränderte Fraßgänge oder Fassungsschichten. Was bei einer etwas intensiveren Literaturdurchsicht deutlich wird, ist, daß die Zeiten, in der ‚man eine Kirche begasen läßt‘ und sich weiter nicht um die Angelegenheit kümmern braucht, endgültig vorbei sind und diese Zeiten auch nie vorhanden waren. In jedem Einzelfall sind heute auf den aktuellen Fall abgestimmte, sorgfältig konzipierte und organisierte Lösungen erforderlich und man tut gut daran, sich nicht nur auf „jahrzehntelange“ Erfahrungen zu verlassen. Die Lösungen, die tatsächlich einen Erfolg versprechen und eine gewisse Gewähr bieten, daß Fehlschläge ausbleiben, sind entweder erst einige Jahre alt oder unterliegen noch der – sozusagen – täglichen Verbesserung oder müssen erst noch gefunden werden. Bei der ganzen Thematik tatsächlich am auffälligsten und ärgerlichsten ist die Tatsache, daß die größten Fehlschläge und schlimmsten Schäden nicht in den einzelnen Verfahren an sich gelegen haben (oder liegen) sondern offensichtlich in anwendungsbedingten „Schlampigkeiten“, schlechter Organisation und Vorbereitung, sei es aus terminlichen, organisatorischen, klimatischen, finanziellen oder sonstigen Gründen. Nachdem es nicht angeht, daß Restauratoren zu Koleoptereologen, Biologen, Mykologen oder Begasungstechnikern mutieren, wird es allerdings höchste Zeit, daß die ureigensten Aufgabengebiete der Restauratoren, nämlich Kontrolle der Klimawerte, Überprüfung der Empfindlichkeiten der verschiedenen Ausstattungsstücke, evtl. Auswahl einzelner Kunstwerke und separate Holzschädlingsbekämpfung besonders sensibler Gegenstände, Kontrolle der Begasungsvorbereitung bis zum Zeitpunkt des Öffnens der Ventile und sorgfältige Erfolgskontrolle tatsächlich wahrgenommen werden. Niemand schreibt vor, daß eine Kirche samt aller darin enthaltener Gegenstände auf einmal zu begasen ist. Mit den heutigen Techniken ist es durchaus möglich und auch finanziell interessant, gegebenenfalls einzelne Retabel, Beichtstühle oder Gestühlsblöcke in unterschiedlicher Weise oder mit unterschiedlichen Konzentrationen, vielleicht auch nacheinander, zu begasen. Alle Schäden an Wandfassungen oder Stuckvergoldungen sind an Flächen aufgetreten, an denen das Giftgas keinerlei Funktion hat und aus fachlichen Gründen auch nie hätte in Kontakt treten müssen. Zumindest in vielen Fällen wird sich heute unter Berücksichtigung aller Faktoren eine differenzierte Begasung von Einzelstücken gegenüber einer Gesamtraumbegasung in jeder Hinsicht positiv auswirken, vorausgesetzt, eine Reduzierung verbrauchter Giftgasmengen wird als Erfolg gewertet. Daß die Zukunft Begasungstechniken unter Verwendung von Inertgasen gehört, dürfte nach allem Publizierten zweifelsfrei sein. Inwieweit andere Schädlingsbekämpfungstechniken die angesprochenen Begasungstechniken ersetzen können, erscheint zumindest für die nächsten Jahre noch offen und es empfiehlt sich, denkbaren Alternativen kritische Aufmerksamkeit zuzuwenden.

Anmerkungen

Frau Dr. Irene Helmreich-Schoeller sei herzlich gedankt für die kritische Durchsicht des Manuskripts.

1 „Gelbe Seiten“ Branchen-Telefonbuch München, 1993/94.

2 Achim und Wibke Unger, Die Bekämpfung tierischer und pilzlicher Holzschädlinge. In: Holzschutz, Holzfestigung, Holzergänzung (= Tagungsbericht Nr. 1/1992 der Restaurierungswerkstätten des Bayerischen Landesamtes für Denkmalpflege und Arbeitshefte des Bayerischen Landesamtes für Denkmalpflege, Bd. 73, München 1995), S. 42-59, bes. S. 57.

3 Siehe S. 110-130.

4 In: Zeitschrift für Untersuchung der Nahr- und Genußmittel (50) 1925, S. 92-103.

5 R. LISCHKA, Die Konservierung des Bamberger Veit-Stoß-Altars. In: Bericht des Bayerischen Landesamtes für Denkmalpflege 1934/35. Erschienen in: Bayerischer Heimatschutz. Zeitschrift für Volkskunst und Volkskunde, Heimatschutz und Denkmalpflege (31) 1935, S. 16-19.

6 Schreiben im Akt ‚Holzschutzmittel' in der Registratur der Restaurierungswerkstätten des Bayerischen Landesamtes.

7 Wie Anm. 6.

8 Wie Anm. 6.

9 Wie Anm. 6.

10 Wie Anm. 6.

11 In: Österreichische Zeitschrift für Kunst und Denkmalpflege (10) 1956, S. 72-76.

12 In: Maltechnik. Technische Mitteilungen für Malerei und Bildpflege (64) 1958, S. 11-15.

13 Um keine Mißverständnisse aufkommen zu lassen: In der aktuellen Restaurierungspraxis ist selbstverständlich ein – von Willemsen genannter – Schutzüberzug mit Wachs nicht empfehlenswert; ebensowenig akzeptabel sind die von ihm genannten Bohrungen zum leichteren Einfüllen von Holzschutz- bzw. Holzfestigungsmitteln. In der heutigen Terminologie zählen im übrigen Begasungsmittel nicht zu den Holzschutzmitteln.

14 Wie Anm. 6, Schreiben vom 22. April 1960.

15 In: Über die Erhaltung von Gemälden und Skulpturen. Hrsg.: ROLF E. STRAUB, Zürich/Stuttgart 1963, S. 107-171, mit Bibliographie.

16 H. MORI und M. KUMAGAT, Damage to antiquities caused by fumigants. I Metals. Scientific Papers of Japanese Antiques and Art Crafts 8 (1954), 17.

17 Siehe Anm. 12.

18 E. E. KENAGA, Some biological, chemical and physical properties of sulphuryl fluoride as an insecticidal fumigant. Journal of economic Entomology 50 (1957), 1.

19 Siehe zu Pigmentreaktionen mit Sulfurylfluorid S. 55.

20 Schweizerisches Institut für Kunstwissenschaft (Hrsg.), Zürich 1965.

21 Institut für Österreichische Kunstforschung des Bundesdenkmalamtes (Hrsg.), Wien 1968.

22 Siehe Anm. 12.

23 Akt Unterweikertshofen, Bayerisches Landesamt für Denkmalpflege.

24 Deterioration and Treatment of Wood. In: Problems of Conservation in Museums, S. 69-118, speziell das Kapitel 3, Fumigation, S. 90-91 (= ICOM, Travaux et publications (8) Paris, London 1969). Dem Beitrag ist auch eine ausführliche Bibliographie beigegeben, in unserem Zusammenhang interessant (Nr. 23): E. C. Harris, Methyl bromide fumigation & woodboring insects. In: Annual Convention 1963, F.P.R.L. (= British Forest Products Research Laboratory, Princes Risborough, U.K.).

25 Schreiben Nr. 234 des Doerner-Instituts der Bayerischen Staatsgemäldesammlungen vom 3. März 1972 (Hermann Kühn).

26 In: Holz als Roh- und Werkstoff 32 (1974) S. 108-114 (= Mitteilungen aus dem Institut für Holzforschung und Holztechnik der Universität München).

27 Die Autoren sind Mitarbeiter der Deutschen Gesellschaft für Schädlingsbekämpfung mbH. Der Titel des Beitrags lautet: Holzschädlinge und deren Bekämpfung, S. 9-16.

28 Wie Anm. 27, S. 43-51.

29 S. 68-76. Der Autor ist Mitarbeiter der Degussa. Im Beitrag werden die möglichen bzw. die vermuteten chemischen Reaktionen mit Literatur zitiert. Ob zwischenzeitlich eine Klärung der zu dieser Zeit noch unklaren Reaktionen stattgefunden hat, entzieht sich der Kenntnis des Autors.

30 In: Holz. Zum Schutz der Museumsobjekte aus Holz (= Ethnologia Bavarica, Studienhefte zur allgemeinen und regionalen Volkskunde, Heft 8), München/Würzburg 1980, S. 57-59. Tetrachlormethan und Trichlorethen zählen zu den Stoffen mit begründetem Verdacht auf krebserzeugendes Potential, ebenso Formaldehyd in den in diesem Zusammenhang genannten Mengen.

31 München 1980.

32 Schreiben vom 24. Februar 1982 im Akt ‚Holzschutz' in den Restaurierungswerkstätten des Bayerischen Landesamtes.

33 Der Beitrag erschien in vier Teilen in: Holz als Roh- und Werkstoff 41 (1983), S. 227-232, 265-269, 333-337 und 509-513.

34 In: Journal stored Prod. Res. (20) 1984, S. 57-63.

35 In: Restauro (90) 1984, S. 9-40.

36 In: Holztechnologie (27) 1986, S. 232-236 (Die Zeitschrift Holztechnologie hat mit Band 31, 1990, das Erscheinen eingestellt.).

37 Holzschädlinge an Kulturgütern erkennen und bekämpfen. Handbuch für Denkmalpfleger, Restauratoren, Konservatoren, Architekten und Holzfachleute. Bern, Stuttgart 1986, S. 108-111.

38 In: Recent Advances in the Conservation and Analysis of Artifacts, London 1987, S. 309-313 (= University of London, Institute of Archaeology, Jubilee Conservation Conference Papers).

39 L'oxide d'ethylene. Utilisation et limites. Actions secondaires avec un résidu de traitement antérieur. In: Preprints from the 8th Triennial Meeting, Sydney, Australia, 6.-11. September 1987 (= ICOM Committee for Conservation, Preprints 1987 The Getty Conservation Institute, Los Angeles 1987), S. 1175-1181.

40 LUTZ ROTH, Krebserzeugende Stoffe. Stuttgart 1988 (2., völlig neu bearbeitete Auflage). Verfasser hat nicht geprüft, ob zwischenzeitlich eine Neueingruppierung des Stoffes durch die Deutsche Forschungsgemeinschaft erfolgte.

41 Wie Anm. 22.

42 Leipzig 1988; München 1990.

43 Restauro (95) 1989, S. 283-287.

44 HORST KIRK (Bearb.). In: Holztechnologie (30) 1989, 5, S. 251-254.

45 Holzschutzmittelverzeichnis 45. Auflage, Stand: 1. Juli 1992. Institut für Bautechnik (IfBt) Berlin (Hrsg.).

46 Wie Anm. 47, Wien 1989, S. 58-63.

47 Österreichische Sektion des IIC (International Institute for Conservation of historic and artistic works) (Hrsg.), Wien 1990, S. 11.

48 INGO SANDNER, BERND BÜNSCHE, GISELA MEIER, HANS-PETER SCHRAMM, JOHANNES VOSS, München 1990.

49 Wie Anm. 37, S. 297.

50 Wie Anm. 37.

51 Die Anzeige erschien in AdR (Arbeitsgemeinschaft der Restauratoren) aktuell, Heft 3, 1991.

52 GERHARD BINKER, Schädlingsbekämpfung: Hilfe für Maria Hilf. Begasung sichert kunsthistorische Gegenstände. In: Bausubstanz (7) 1992. Interessant der Hinweis in Anm. 3, wo mehr als 80 Kirchenbegasungen allein im Jahr 1989 durch die Fa. Binker genannt werden.

53 In: Restauro (Heft 4) 1991, S. 246-251.

54 In: Studies in Conservation (36) 1991, S. 93-98.

55 Wiederabdruck auf S. 101 ff. Den Herausgebern des *Bulletin of the Australian Institute for the Conservation of Cultural Materials* sind wir für die Erlaubnis zum Wiederabdruck ebenso zu Dank verpflichtet wie den Autoren. Achim Unger vermittelte den Kontakt zu Mark Gilberg, wofür ihm ebenfalls herzlich gedankt sei.

56 In: Restauro (Heft 4) 1991, S. 225.

57 In: Materials Research Society Symposium Procedings, Vol. 185, Pittsburgh, Pennsylvania, 1991, S. 791-798 (= Materials Issues in Art and Archaelogy II).

58 MARY T. BAKER, HELEN D. BURGESS, NANCY E. BINNIE, MICHELE R. DERRICK und JAMES R. DRUZIK, S. 804-811.

59 CCI (Hrsg.), 1030 Innes Road, Ottawa, Ontario, Canada, K1A 0C8.

60 H. D. BURGESS and N. E. BINNIE, The Development of a Research Approach to the Scientific Study of Cellulosic and Ligneous Materials. In: Journal of the American Institute for Conservation, 29 (1990), S. 133-152.

61 In den Kongreßakten. K. B. WILDEY und W. H. ROBINSON (Hrsg.), Cambridge 1993, S- 51-55. Auf derselben Tagung berichtet BRIAN M. SCHNEIDER ausführlich über *Characteristics and Global Potential of the Insecticidal Fumigant, Sulfuryl Fluoride.* S. 193-198.

62 Der ausführliche Bericht vom 27. März 1993 liegt in Abschrift dem Bayerischen Landesamt für Denkmalpflege vor. Eine ausführliche Publikation in geeigneter Form ist vorgesehen. Siehe hierzu auch den Beitrag auf S. 76 ff.

63 ROBERT J. KOESTLER, ENEIDA PARREIRA, EDWARD D. SANTORO und PETRIA NOBLE, Visual effects of selected biocides on easel painting materials. In: Studies in Conservation (38) 1993, S. 265-273.

64 Aus einem Schreiben der Fa. Binker Materialschutz GmbH vom 7. Mai 1993 an das Bayerische Landesamt für Denkmalpflege.

Erwin Emmerling

Fumigation in Wood Pest Control

A Conservator's Critical View of Problems and Needs (Including a Survey on the Changes in Color and in Painting Layer Due to Fumigation)

It is not a particularly satisfying task to have to discuss something one has not experienced first hand, neither carried out oneself, nor investigated, nor sought own alternatives or variations and modifications for, that is to be forced to rely solely on research of literary sources and interviews. I assume that all those gathered here at the 2. Tagung der Restaurierungswerkstätten des Bayerischen Landesamtes für Denkmalpflege zum Thema "Holzschutz, Schädlingsbekämpfung" (2nd Convention of the Restoration Studios of the Bavarian State Conservation Office on the Topic "Wood Protection, Pest Control") feel the same. Naturally, with the exception of professional exterminators, the so-called licence holders in compliance with section 25, paragraph 3 of the German Hazardous Materials Ordinance.

One can obtain a license if one is, 18 years of age or older, trustworthy, has a doctor's certificate stating that one is physically and mentally fit, has the expertise and sufficient experience based on the attendance of state-accredited training courses and has passed the respective examinations. If the exterminator has met these requirements, he can, but only in collaboration with a responsible fumigator, fumigate works of art or cultural property. The fumigator is not required to know anything about art or about its conservation or preservation. And in practice, this is the crux of the problem.

In Bavaria, enforcement of the Hazardous Material Ordinance (on toxic materials) falls under the jurisdiction of the Bavarian Ministry of the Interior or the Offices of the District Administration or the local governments. During fumigation, for safety reasons, the fumigator has total authority, and all not immediately participating parties, including the conservators, have to leave the premises; an added problem for naturally curious people.

If one has questions concerning an aspect of the fumigation of cultural property, one can consult, e.g., the responsible Directors of Pharmacy in the respective local government, but here, too, one can not assume any expertise regarding the details of conservation. The expertise available in the responsible government offices such as the State Building Commission or the Supreme Building Commission in questions of preservation of cultural property involving fumigation is either non-existent or negligible, for instance in some institutes of botany and forestry. This presents another problem, because in practice the license holder (the fumigator) has sole, almost autonomous authority and is the sole source of all information: the decision-maker, the executor all rolled in one. At the same time, he exercises sole control over the progress of the task and is the sole judge of success or failure of a project although, with regard to the subject matter and its specific problems, he actually has neither the training nor the qualifications because they are not dealt with in the pertinent regulations and legislation.

I assume that no civil servant or state employee is in possession of such a licence, at least none of those working in the field of conservation and preservation of cultural property. Thus, we all have to rely on the information given to us by those conducting the work. We can at best guess what is happening or not happening during fumigation. At worst we can suspect the results from telltale signs and traces after fumigation or reconstruct what happened from effects that come to light at a later date, if they are recognized as related. Another problem, at least, for the staff of a conservation office is that no one has an overwhelming desire to work in a fumigation chamber with a gas mask and a protective suit.

The tasks of an exterminator can pose a problem in themselves. From the advertisements in the Yellow Pages[1] we know that "There is a Rentokil-Technician Living Even Near You" and that at the Institute of Hygiene Brummer – "With Brummer Bugs Don't Have a Chance" – an "individual systematical service" is garanteed. It may be reassuring, that "neutral vehicles" are used. Nonetheless, "mice, flies, moths, ants, bugs, silverfish, Niptus hololeucus, lice, fleas, bedbugs, cockroaches, mites, termites even pigeons and rats" are rather unwelcome houseguests and their eradication is the exterminator's major job, respectively the licensed desinfector's. At least for some professional exterminators who are also involved in the conservation of cultural property, conventional pest control in homes, restaurants, warehouses or ships is the main business, and the conservation of cultural property is only peripheral.

Within the framework of the work in the studios of the Bavarian State Conservation Office in Munich, we have had contact with only relatively few companies in this field. As professionals capable of carrying out large-scale fumigation in Bavaria, we can only name:

- Deutsche Gesellschaft für Schädlingsbekämpfung (DEGESCH),
- Fa. Biebl & Söhne,
- Fa. Binker,
- Fa. Rentokil.

Even with this small selection of expert companies working in Bavaria, respectively even far beyond its borders, considerable limitations can be found with regard to capacity and technical possibilities. This means there is no difficulty in finding the best bid for tenders. However, there are also no guidelines for setting the price, which can result in difficulties.

Fumigation, e.g., of churches requires the use of relatively large amounts of extremely toxic materials. Naturally, most people are reluctant to employ these materials, respectively to come into contact, even in theory, with fumigation. Almost without exception, additional "irrational" und understandable hesitation and reservation, that deserve being taken seriously, crop up in consultations with clergy and church authorities. This demands that the companies possess a higher than usual degree of respectability and expertise. This too can quickly turn into a source of problems.

"Conventional" toxic gases are still considered undisposable, they are therefore "disposed of" into the air. Even if it may be scientifically valid that the reduction of toxicity is so drastic in such a brief time that there is no danger to man or animal, nonetheless this procedure rouses considerable misgivings, because, for instance, the decomposition product resulting from the use of hydrogen phosphide, phosphoric acid, is not found in a free state in nature. What it actually means is that the long-term consequences of permitting hydrogen phosphide, hydrogen cyanide or methyl bromide to escape into the atmosphere has, to my knowledge, not been investigated nor have safety precautions been developed. Nonetheless, it must be pointed out that the present relevant laws and regulations explicitly prescribe or permit this mode of "disposal". The amount of toxic gas actually processed annually is unknown, but no doubt it is hundreds of tons. Not to foresee problems here is difficult.

Hitherto, with little exception, there are no tried and tested alternatives to fumigating large church interiors with hydrogen cyanide, hydrogen phosphide or methyl bromide.

Hydrogen phosphide should no longer be employed inside churches (under the jurisdiction of the Bavarian State Conservation Office) nor in secular buildings or closed rooms. The possible attack of the other two gases has been known for decades and has recently been reviewed once more by Achim and Wibke Unger.[2] Fundamentally, it can be assumed that there is always a chance that the materials used in church interiors may cause problems and considerable risk cannot be excluded when these gases are involved. When considering such factors as extreme infestation at unreachable places for example wood construction under stucco marbling, and which gas to choose, the challenge lies in the application and conduction of the fumigation. Just as easily as some gases disperse in a room, as extremely difficult is obtaining and maintaining a homogeneous concentration of gas in a complicated interior construction over an extended period of time. Even harder to obtain is an adequately high and long enough concentration of gas in the cell construction of wood. As the actually necessary or attained concentration in the cited examples cannot be measured in the works of art, hair-raising overconcentrations often occur following the motto "if there is enough gas, nothing can fail". Finally, it is impossible to check the success during a fumigation and to proof the actual dispersion of the gas inside the piece of art (retable, sculpture, organ) or is technically so complicated that the expense rules it out.

Survey of the Literature on Changes in Color and in the Painting Layer Due to Fumigation

The question of possible damage to the work of art due to the influence of the gases is as old as fumigation of the art objects itself. In the past, the focus of all study on this topic has been on the possible influence of the gases on the appearance of the piece of art, in particular, possible reactions of the pigments and changes in color. Probably the most detailed, published description on the comprehensive preparations, control and research connected with fumigation of an art object and simultaneously representing an exemplary account even to this day is the fumigation report on the Kefermarkt altar by Oskar Oberwalder, et al., published in 1930 in a special report in the "Zeitschrift für Denkmalpflege" (Journal for the Conservation and Preservation of Cultural Property). As renown as this account of a fumigation is, as rarely it appears to have actually been read. How else can it be explained that hardly a single detail of the measures described in this report found contemplation later, at least not written. Many of the considerations and precautions mentioned by Oberwalder still apply today without reservations. For this reason, we have decided to include these papers unabbreviated in the supplement.[3]

A series of essays on the relatively new method of pest control using hydrocyanic acid appeared in the 1920's. For instance, P. Buttenberg,[4] W. Deckert and G. Gahrtz, all employees of the Hygienisches Staatsinstitut Hamburg, report in 1925 on "Weitere Erfahrungen bei der Blausäuredurchgasung" (Further Experience Using Hydrocyanic Acid as a Fumigant). They point out: "*In the development of using hydrocyanic acid as a fumigant the following processes presently are considered in Germany:*

1. *The vat process. At the application site, sodium cyanide charged with diluted sulfuric acid is thrown into a wooden bucket. The vat process works with no addition of an irritant as well as with the addition of an irritant.*
2. *Zyklon in powder form, called Zyklon B. The present Zyklon B consists of liquid hydrocyanic acid and an irritant absorbed in diatomite (kieselgur). This mass is poured onto paper at the site of application and evaporates down to the kieselgur residue. Moreover, Zyklon B has recently also been utilized without irritants. The latter Zyklon B is primarily used in fumigation chambers.*

Hydrocyanic acid itself has no particularly noticeable or even noxious smell. The information that hydrocyanic acid has a bitter almond odor is not true; it owes its bitter almond odor to benzaldehyde. This irritant has the purpose of announcing the presence of hydrocyanic acid by warning the senses (irritating the eyes and mucous membranes of the nose). Used as irritants are carbon dioxide chloride ester in addition to a whole series of other organic halogen compounds. Ships and buildings that have been completely evacuated of people do not require the addition of irritants ...

In Hamburg there are two companys that are permitted to fumigate with hydrocyanic acid, noteably, Degesch (Deutsche Gesellschaft für Schädlingsbekämpfung mbH) and Testa (Tesch & Stabenow, Internationale Gesellschaft für Schädlingsbekämpfung). Moreover, the state desinfection institute has the equipment, the chemicals and the staff needed for carrying out hydrocyanic acid fumigation ...

The significance attained by hydrocyanic acid fumigation is indicated by the fact that in Germany as well as in the neighboring countries about 800 mills have hitherto been fumigated, some of them for the 4th and 5th time ..."

The report also mentions the fumigation of two furniture warehouses with the Zyklon B process, most likely the earliest fumigation of wooden objects using this technique.

In the 1935 annual report[5] of the Bavarian State Conservation Office, is an account of the conservation of the altar by Veit Stoß in Bamberg "*As the altar was brought dismantled to our workshop in the autumn of 1933 from Nürnberg, where it had been in the Germanic National Museum for the Veit Stoß Exhibition that summer, large parts of it, in particular, the figures had disintegrated down to powdered wood. Actually only a shell filled with powdered wood held the figures together. Every morning before starting to work, one could see for oneself from the many large and small heaps of powdered wood the restless, devastating activity of the woodworm, the biggest foe of wooden sculptures. Eventually, this would have to lead to the partial destruction of one of the most beautiful examples of early 16th century German carvings. We applied the method of getting rid of the worm that we routinely applied with success: fumigating with carbon tetrachloride, with the usual success. The worm ceased boring immediately ...*"

Apparently, in Munich one was not familiar with the latest state of knowledge as a contribution to the column "Fortschritte der Technik" (Progress in Technology) in the April 1932 issue of the "Münchner Neuesten Nachrichten" indicates, in which an anonymous person writes on "Die Bekämpfung des Holzwurms" (Woodworm Control)"... *hydrocyanic-acid vapors. As is shown, the advice of experts given on how to really get rid of woodworms are colorful and manifold. And it actually is not surprising that it never occurred to anyone to use something else besides hydrocyanic acid vapors. It is well known that exterminators use such vapors as the best means of eradicating pests. It must, however, be pointed out that this remedy must be applied with extreme caution (hermetically sealing the rooms during application, etc., and subsequently airing the rooms for days).*

We stress that this experiment is extremely dangerous and that recently there were some fatalities in inns, because the rooms were permitted to be moved into too soon so that death due to poison set in a few days later.

The "Zentral-Desinfektions-Anstalt GmbH" in Munich works in the same manner, which also informs that woodworm in all its stages is totally eradicated using hydrocyanic acid. The process (Zyklon) permits the poison to penetrate all the cracks, holes and joints without in the least attacking colours, gloss, polish, etc. Damage and alterations are ruled out.

This institute has the sole right to work with this process in Bavaria, has its own fumigation chambers and can desinfest objects of any kind. The process can be applied outdoors if the chamber is sealed airtight. Thus, in the same manner as a licensed exterminator ..."

In 1947, Chief Conservator Blatner[6] reports to the Hessian State Ministry: "*The simplest way to eradicate worms, which however can generally only be used for small objects, is fumigating with hydrocyanic acid, Tritox and Mentox. The living worms are primarily killed by this means; whether the eggs are also destroyed appears uncertain. There is at least a delay. Repetition of fumigation may prove to be necessary after a period of time. Fumigation can only be conducted in own gas tanks by licensed desinfectors."*

After the Second World War, Fa. Heerdt-Lingler GmbH, Frankfurt becomes the main representative of the DEGESCH and informs the State Office in a letter[7] of August 1948 concerning "pest control using ZYKLON hydrocyanic acid": "*So many collections were destroyed during the war that today every piece is precious and everything must be undertaken to preserve it. For this reason, our commitment to the task of controlling museum pests has first priority. Our experienced technical staff will continue to fumigate with ZYKLON hydrocyanic acid which permits total eradication of woodworm, clothes moths, Niptus holoeucus, and similar museum pests and, in particular, not only the full-grown insect but also the eggs, larvae and pupae, of course, also rats and mice. ZYKLON is completely harmless for even the most sensitive colors, fabrics, leather, metals, etc., so that truely, precious objects can be exposed to the gas without hesitation ..."*

In other correspondence,[8] Fa. Heerdt-Lingler GmbH writes in 1950: "... *The preservation of art objects by means of fumigation using a highly effective gaseous medium has been known for some time, and we can rightfully say that we have done an important service by introducing this method of preserving art objects. Unfortunately, the many assessments and publications on our pre-war work have nearly all been lost, and we are able to only send you more recent assessments ...*

The chief advantage of ZYKLON hydrocyanic acid is its certain action on the infestation inside the wood and the complete safety of the hydrocyanic acid developed from ZYKLON for colors, fabrics, metals of any type, etc. Thus, even the most precious objects can be treated with this method without any risk of alteration and without any residue remaining on the objects, which could cause changes at a later date. The gas disperses completely after a short time.

Applying the ZYKLON process to eradicate woodworm, house longhorn-beetles and museum pests is not limited to the treatment of objects in fumigation chambers, but rather entire buildings or parts of buildings can be fumigated using this process without difficulty. This has the advantage that possible reinfestation can be ruled out. We have a staff of the best trained technicians to carry out building fumigation. ... This processes can, for example, be employed for altars. The famous Kefermarkter Altar was fumigated with this method ..."

In 1951, using hydrocyanic acid as a fumigant is general practice in Bavaria. Even large objects we desinfested by the Munich firm "Zentraldesinfektionsanstalt" (Fa. Biebl & Söhne).

Also in 1951, Fa. Heerdt-Lingler GmbH informs[9] the State Conservation Office that the Creglinger Altar had recently been fumigated using ZYKLON hydrocyanic acid. "... *We were not able to fumigate the entire church as originally planned, because this was rejected for cost reasons at this time. The manner of fumigation was that the dismantled altar was locked in the sacristy and fumigated there. The altar pieces are now being treated by a conservator with an impregnation medium to consolidate them and protect them against reinfestation. As the church also shows signs of woodworm infestation, the parsonage is aware that the entire church will have to be fumigated in one to two years at the latest for the present measures to have any lasting effect.*

Fumigation was conducted using a gas concentration high enough to ensure that the gas penetrated inside all the pieces and that success is 100 %.

As you surely know from the literature this is not the first job of this kind to be carried out ... The permeability of hydrocyanic acid is extraordinarily high primarily in dry objects. A prerequisite is, of course, thorough sealing off. In this respect, however, great progress has been achieved. Using plastic and absolutely airtight foils one can today, under circumstances, totally seal off the openings that used to make the use of fumigation questionable. ..."

About 1950, Fa. Heerdt-Lingler already installs a special chamber in the State Zoological Collection in Munich, in which boxes of insects are "completely automatically" fumigated with methyl bromide and aired.

In 1954, the restorer Josef Auer from the studios of the State Conservation Office finally gets in touch with Fa. Heerdt-Lingler and receives the following reply:[10] "*As to the question of fumigation occasionally causing paints to alter, we can inform you that neither in our thirty-year practice nor in our enumerous laboratory tests has there been any indication that there is any influence due to the action of hydrocyanic acid. In all our years of fumigation experience there has only been one lawsuit concerning color change. It concerned paint made of "ersatz" (alternative) lacquers from the First World War which had turned very dull due to extreme weathering conditions (high humidity and drastic drops in temperature). The change, therefore, was caused by physical influences and not treatment with hydrocyanic acid."*

In 1956, S. Hartwagner[11] writes a report on "Die Restaurierung des Gurker Hochaltars" (The Restoration of the High Altar of Gurk), which was completely dismantled and brought to various workshops and also fumigated with hydrocyanic acid. This altar, however, went into the history of restoration, because 1400 liters of Lignal and 1500 liters of shellac were used "*which it absorbed*". The accompanying photographs showed the number of holes bored into the back of the figures for the afore-mentioned materials to be able to penetrate into the altar.

Ernst Willemsen,[12] restorer with the State Conservator of Rheinland, publishes in 1958, his observations on "Holzschutz durch Begasung mit 'Rabasan'" (Wood Protection Using "Rabasan"). This is probably one of the earliest expert articles in German on the use of methyl bromide (although this term does not appear in the text, only the trade name is mentioned). Willemsen writes: "*The dye factories Bayer AG, Leverkusen, have developed a gas for wood preservation called "Rabasan" and offer with it a method of eradicating Anobia. The striking thing about this method is that it can be used without stationary, difficult-to-transport equipment. The fumigation, noteably, does not have to be carried out in chambers or boxes, but rather can be conducted in Durethan foil, the edges of the foil are sealed by pouring on sand.*

The objects to be fumigated and the prescribed number of cans of "Rabasan" are enclosed airtight after having just previously initiated gas development by lighting an ignition strip inside the can. During the eight hours of the treatment period, the gas spreads out and penetrates the wood through the wormholes and other openings, such as cracks and crevices. Treatment depth is supposed to be 30 cm. ...

During a trial fumigation in October 1956, that the manufacturer conducted in my workshop based on the reference of his positive experience in a museum, I discovered on the painting layer of an 18th century sculpture some black discoloring of a red (from all appearances red lead). The appearance of the blackening indicated that this was a chemical reaction that altered the painting. ... After this experience, I applied a coat of paraffin to a figure which belonged to the first sculpture and had the same red area ... and also fumigated it. This figure revealed no change at all! Effective protection against side effects of the gas is, therefore, fundamentally possible." Willemsen then also tested other colors and found evidence of change in Cremnitz white, Naples yellow and chrome yellow. In conclusion he comments: "*It seems to me that fumigation with 'Rabasan' really is an improvement in the possibile methods of protecting wood, in particular, in the conservation of cultural property. There are cases where all the pieces of an especially lavish church interior is infested, but total restoration is not possible for financial or personnel reasons. In such a case, fumigation is a quick solution to stop rapidly progressing deterioration. When working with liquid preservation agents, if immediate follow-up restoration measures are not implemented, disfiguring traces, such as boreholes, often remain which then will necessitate another restoration. Practice has shown over and over again that prevention of hasty restorations is just as important as careful, well-considered restoration.*"[13]

In 1960, the pilgrimage church Violau (the district of Augsburg) is to be fumigated. The State Conservation Office requests an opinion from the Material Research Office of the Civil Engineering Department of the Technical University of Munich, which comes to the following conclusions:[14] "*Eradication of wood pests and other animal pests using hydrocyanic acid gas.*

For many years now, hydrocyanic acid has been used in pest control as a fumigant for art objects, in particular, precious wooden carvings. If safety precautions have been taken, fumigation using hydrocyanic acid is the best method of eradicating all animal pests. The use of hydrocyanic acid has the additional advantage that it does not damage the art object. Hitherto there has been no known instance in which the painting, be it murals or panel paintings, was damaged by hydrocyanic acid. Chemical damage is also not to be expected. We are, therefore, of the opinion that hydrocyanic acid can be employed for pest control in any room that is decorated with valuable art objects and there is no risk that this process will have a negative influence on the art work. Sig."

In his 1963 essay "Über die Erhaltung von Holztafelbildern" (On the Preservation of Wooden Panel Paintings), Straub[15] describes the actual technical state briefly and concisely. And it seems the correcter and clearer the information is, the more it is ignored. Straub explains: "*Using gas in pest control is only worthwhile if infestation is really bad. Success depends on the duration and the ambient temperature. Mainly employed are hydrogen cyanide and methyl bromide, whose effect when applied professionally is quick and thorough. ... As gases disperse rapidly, they do not prevent reinfestation. For this reason, fumigation must be followed by treatment with a suited wood preservation medium.*

Hydrogen cyanide; hydrocyanic acid
... Treatment with this agent can only be carried out in regulation gas chambers. According to Mori's and Kumagat's[16] *experiments, exposure to hydrogen cyanide for a duration of forty-eight hours attacks various polished metals considerably with the exception of gold. Therefore, it is vital that tests are conducted to determine if a negative influence on the paint media can occur, in particular, if they are not protected by a finishing coat.*

Methyl bromide
(e.g. Rabasan from Bayer, Leverkusen, or S-gas from Fa. Dr. Benz & Co., Zurich) has the advantage that it can be used in airtight wooden crates and plastic (polyamide) foils. Willemsen,[17] *however, discovered in experiments that Rabasan blackens exposed lead pigments, such as Cremnitz white, Naples yellow, chrome yellow and probably red lead. A thin coat of varnish or wax can prevent the discoloring. Paintings that are not protected by a coat of varnish must, therefore, not be fumigated with this agent.*

Sulfuryl fluoride
penetrates the wood more easily than methyl bromide according to Kenaga's[18] *experiments and is more lethal for many types of insects while being safe for paper, metal, leather and plastic. Its effect on paintings has, however, hitherto not been tested.*[19]

Carbonic disulphide
... warning against the use of this compound, because its vapors can attack the varnish and paint layers of paintings. ...

Formaldehyde and sulfur dioxide
are not effective enough for pest control."

Straub almost copies these comments verbatim in the index he compiled with Thomas Brachert "Konservierung und Denkmalpflege"[20] (Conservation and Preservation of Cultural Property), whereas Brachert goes a step further: "... *As the chemical effect of gases on the painted surfaces has not been adequately investigated and tests have shown that lead pigments blacken, fumigation should for the time being only be conducted on unpainted objects. For the treatment of painted figures, today filtering in liquid insecticides is recommended, in particular, because it ensures permanent protection ...*"

„Konservierung von Holzskulpturen, Probleme und Methoden" (The Conservation of Wooden Sculpture, Problems and Methods) is what Brigitte Aberle[21] and Manfred Koller entitled a 1968 compilation by the restoration workshops of the Bundesdenkmalamt (National Conservation Office) in Vienna, which discusses the current state of the art in the conservation of wooden sculptures and is accompanied by extensive footnotes. With regard to possible damage to lead pigments, attention is called to the work done by Willemsen.[22]

Typical for the handling of gas (and the handling of art objects) in conservation practice is expressed in an estimate made by the Zentral-Desinfektions-Anstalt in 1968:[23] "*Re.: Woodworm control in figures, etc. Dear Mr. Priest, on the basis of the examination in the church in Unterweikertshofen, we can make you the following offer: treatment of all the church figures, etc. using Zyklon hydrocyanic acid gas in our gas chambers in Munich, total costs DM 450.00 plus 11 % value added tax. You must bring the figures, etc. to our premises, and one of our men will help unload.*"

Blunt is Johannes Taubert's reply in 1969, to an inquiry made by a reputable Bavarian church painting workshop concerning fumigation with Rabasan: "... *our state workshops have had no experience with fumigating wood-infested sculptures. We recommend that you get in touch with Fa. Biebl & Söhne. Mr. Ernst Willemsen, restorer at the State Conservator in Rheinland once pointed out that under certain circumstances alteration of individual pigments was determined when using Rabasan as a fumigant.*"

In 1969, N. S. Bromelle and A. E. A. Werner call attention to possible problems with methyl bromide:[24] "... *Methyl bromide is ... highly effective. ... and can be regarded as one of the most effective fumigants for furniture, with a considerable history of successful treatment. Its disadvantage is that it cannot safely be used with upholstered furniture owing to its tendency to leave a persistent unpleasant odor in some organic materials. In such cases, ethylene oxide can be substituted. ...*"

In 1970, the Bavarian State Ministry for Education and Culture, presumably not completely disinterested, concerns itself with the question of "Bekämpfung des Messingkäfers in Kirchen" (Eradication of Niptus hololeucus in Churches). "*The State Ministry is interested in connection with the upkeep of the building substance of churches with the question of whether the eradication of Niptus hololeucus belonging to the species of Ptinidae belongs to the obligations of keeping up the building substance of the state. Therefore, we request a reply as soon as possible whether the State Conservation Office is aware of cases from its practice in which Niptus hololeucus damaged the building substance requiring construction measures to be carried out ...*" Competent as always, the State Conservation Office answers: "*According to our inquiries, the Niptus hololeucus mainly feeds on grain and straw. The latter plays an important role in building materials in old buildings: straw mats are often the support for plaster on ceilings, stucco is often worked around straw molds and false floors are often filled with straw or chaff as thermal insulation. If Niptus hololeucus occurs in great number it can lead to the destruction of these building elements. The plaster and stucco work can become loose, cracks in which dust collects can occur in ceilings under false floor fillings that are no longer compact. We recommend pest control in order to prevent further damage to the building substance ...*" We can be sure that the subsequent fumigations also eradicated the Niptus hololeucus.

In 1972, Fa. Biebl & Söhne requests that the Doerner Institute[25] give an expert opinion on two samples of gilding. "*One of them had been exposed to Zyklon hydrocyanic acid (14 g/m³; 15-20°C; approx. 50 % relative humidity) for 36 hours. The treated sample shows no signs of change compared to the untreated one. Both samples have 22 and 23 carat gold leaf applied as glossy gilding and mat gilding. The samples are in the safekeeping of the Doerner Institute and can be viewed upon request.*"

The most informative paper on fumigation at this time is published under the title "Blausäuregas als bekämpfendes Holzschutzmittel für Kunstobjekte" (Hydrocyanic Acid Gas as Protective Wood Pest Control for Art Objects) in 1974 by D. Grosser[26] and E. Roßmann. The subject of this report was the damage to the parish church in Untergriesbach near Passau. The parish church had been restored a few months prior to fumigation. Grosser and Roßmann describe: "... *As a result of high humidity due to heavy rain that set in during the fumigation, precipitation formed on the not carbonated whitewash. The hydrocyanic acid gas dissolved in this water and polymerized under the influence of calcium hydroxide into brown-black azulmin acid. These polymerization products are probably responsible for the discoloring and the stains. The high lustre gold turning into antique gold is due to the dust containing calcium cyanide starting to dissolve the moist surface. Calcium cyanide forms from calcium hydroxide and hydrocyanic acid in the presence of water. In order to prevent fumigation damage, in future, Zyklon fumigation should always be carried out prior to restoration that includes painting.*" Further on the article reports on "Historische Entwicklung und allgemeine Bedeutung der Blausäure-Durchgasung" (The Historical Development and Overall Significance of Hydrocyanic Acid Fumigation), of which these are some important passages: "... *Hydrocyanic acid was first used in pest control in America where in the mid-1880's it was initially employed to eradicate agricultural and economic pests. ... In Germany, the first important experiments on the effect of hydrogen cyanide on body lice, dreaded as transmitters of typhus, and on the grain and flour pest, the meal moth (Ephestia kuehniaella), were conducted in 1916. ... With the development of Zyklon B in 1922 by the Deutsche Gesellschaft für Schädlingsbekämpfung (DEGESCH), an application of hydrocyanic acid was found which succeeded in moving the production of hydrocyanic acid from the application site to the factory making fumigation absolutely safe in keeping with the regulations prescribed by law. ... Despite the development of several new gases, such as ethylene oxide, acrylonitrile, methyl bromide or hydrogen phosphide, hydrocyanic acid remains until today the standard medium for large-scale desinfestation of mills, warehouses and similar objects. ... The fumigation of the carved Gothic altar in the parish church of Kefermarkt (Austria) in 1929, was the first attempt at large-scale eradication of Anobia larvae with the hydrogen cyanide product Zyklon B. ... The success of this attempt paved the way for the use of Zyklon B in wood-pest control, and up to the Second World War numerous churches, castles and museums were successfully fumigated to eradicate Anobia. ... Inquiries at several fumigating firms, of which there are about six in Germany with the necessary licence ..., revealed that at this time in Ba-*

varia only a Munich firm (Fa. Biebl & Sons) is fumigating on a large scale, church and secular buildings as well as museums and libraries, ... However, in the last twelve years more than thirty objects have been treated using the Zyklon method, e.g., the Benedictine Abbey in Ottobeuren, the School Church in Passau, the State Library in Eichstätt, Burg Trausnitz in Landshut (prayer box of St. George's Chapel), the Chapter House in Regensburg, Castle Schleißheim near Munich (room 43), Castle Linderhof, the Moorish Kiosk, the pilgrimage church St. Bartholomew's/Königsee and the sculpture department of the National Museum in Munich. ... There is no information concerning recent fumigation of art work from other states of the Federal German Republic. ... Very little has been published on the fumigation of art work. ... Zyklon B is a liquid hydrocyanic acid that is absorbed in kieselgur in modern formulas, however, in highly porous cellulose in the form of cardboard disks or strips. The strips release the gas more rapidly and are selected for large objects, whereas the cardboard disks are preferred for the more precise dosage of smaller amounts. ... Sulfur dioxide serves as a stabilizer and irritant and as an additional stabilizer phosphoric acid. ... Also used as irritants for better preception of the poison are bromoethanoic acid, nitrochloroform and chloroformic carbon dioxide methyl ester. ... Essential for wood-pest control is the fact that Zyklon B quickly penetrates deep into the wood without any pressure so that all the larvae in the wood are reached. According to tests ... the penetration depth of the gas is at least 6 cm horizontal to and more than 100 cm longitudinal to the wood fiber. ...

Description and causes of the hydrocyanic acid damage in the parish church of Untergriesbach near Passau. The parish church was restored in 1971 ... the altars were regilded and the oil paintings were revarnished. The church was fumigated in July 1972 with Zykon B. Employed were a total of 112 kg of hydrocyanic acid, corresponding to a volume of about 6000 m^3, 14 g/m^3 or about 1.2-vol % gas. ... Afterwards considerable damage to the hues and painting became apparent. ... The frescoes on the ceiling revelaed discoloring and stains. ... Similar damage, although less extensive, had occurred three months earlier in the parish church of Kochel am See following fumigation. In addition, the high-gloss gilding on the altars in the parish church of Untergriesbach had turned antique gold in some places. Parts of the freshly varnished oil paintings were covered with a bluish haze. A fine layer of dust covering the varnish could only be partly removed with benzene or oil of turpentine. ... The heavy rain setting in during the fumigation, resulting in relatively high humidity probably caused precipitation to form on the whitewashed walls so that an aqueous hydrocyanic acid solution was able to form on the wall surface. The alkaline reactive calcium hydroxide still present in the whitewashed walls probably acted as a catalyst for the formation of the hard-soluble, dark azulmin acid. As a secondary reaction calcium cyanide was also formed from $Ca(OH)_2$ and HCN. Having, however, little stability, it slowly disintegrated into calcium carbonate ($CaCO_3$) and HCN under the influence of the CO_2 in the air. Discoloring, staining and decreasing the covering ability of the whitewash were all tresults of the described reactions. The cause of the damage to the whitewash was the presence of not yet carbonated calcium in the painting combined with the high humidity due to the rainy weather. Assumedly responsible for the high-gloss gilding turning antique gold was the dust containing calcium cyanide whirled up by fans during ventilation. The diluted calcium cyanide solution combined with the oxygen in the air began to dissolve the gold surface. ... The bluish haze on the freshly varnished paintings was, however, probably not caused by the hydrocyanic acid but rather by the strong draft from the fans for, as is known, haze often forms when lacquer dries in a draft.

Discussion: Hydrocyanic acid gas in the form of Zyklon B besides being (acrylonitrile) recognized as the sole gaseous wood-protection agent by the official wood preservative index is unquestionably a highly effective wood-pest control product. ... When applied by an expert, Zyklon B not only guarantees one hundred per cent successful eradication, but is also very quick and easy to use compared to the liquid wood-preservation products. ... In church and secular buildings, there is a much greater danger of reinfestation. In such cases, fumigation should be, if possible, followed by treatment with a preventive-acting wood preservative. The combined action of gaseous and liquid preservatives offers the best protection. ... Hitherto, there has been no incident of damage caused by hydrocyanic acid. Although Straub and Brachert do point out ... that its influence on painting has not been fully investigated. Consequently, it is advisible to apply a protective coat of varnish or wax over the painting on wooden panel paintings and painted sculptures. Robel ... observed a corroding effect on gold. ... In conclusion, it can be said that despite the described damage, hydrocyanic acid in the form of Zyklon B is an ideal pest-control medium for art objects against wood-destroying insects and has significant advantages over oily, liquid wood-protection products. The fumigation damage that occurred in the parish church of Untergriesbach is not the norm; in the future, such damage can be completely avoided if fumigation precedes restoration. ... The total amount of the fumigating medium employed in Germany or even all over the world is so minimal that all the gas residue escaping into the atmosphere in a hundred years is a trillion times less than the permissible limit. ... Hydrocyanic acid, methyl bromide, ethylene oxide and acrylonitrile vaporize completely without leaving any residue that might be hazardous to the environment."

This paper by Grosser and Roßmann has hitherto, as mentioned, been the most informative and most accurate presentation of the problems and possibilities of fumigation in conservation and preservation practice of cultural property. It presents the basis of the official position of conservation authorities. An explanation for the predominance of methyl bromide in subsequent years to the extent that use of hydrocyanic acid almost disappears in Bavaria can neither be found in the literary sources nor in the official files. Probably it is just the preference of the respective fumigating firm, although the notes on fumigations always contain subtle, implied, never explicit hints of reservations about the use of hydrocyanic acid or its possible drawbacks. Decisive in the Grosser/Roßmann paper is the strict separation of the actual effect of the gas, which is described in much more detail than the quotes are able to reveal, and the "side effects" that may occur in special fumigation situations. In the following years, hardly any one pays attention to or takes into consideration the accompanying measures already mentioned in connection with the fumigation of the Kefermarkter Altar, such as atmospheric and humidity measurements, weather conditions, in particular, the materials or combination of materials, etc., present in the church or secular building. In practice, the only recommendation is if fumigation is unavoidable then to perform it prior to commencing restoration or refurbishing. In the Bavarian State Conservation Office no notes can be found on fumigations for the time of the 70's and 80's, containing detailed information about the mentioned "accompanying circumstances".

In 1978, Fa. DEGESCH holds a so-called DEGESCH Technician Day "Wood Protection" in Baden near Vienna. The convention papers are known under this title and found wide distribution. According to the convention documents, the only German company represented is the Deutsche Gesellschaft für Schädlingsbekämpfung GmbH, Frankfurt. For clarification of the terms, I quote from the paper by K. Bäumert and G. Wentzel:[27] "*... For fumigation, we have several possible courses at disposal. One is treatment in a DEGESCH vacuum fumigation chamber, preferably using the products ETOX or ETOXIAT. ETOX is composed of 90 % ethylene oxide and 10 % carbon dioxide; ETOXIAT is a mixture of 45 % ethylene oxide, 45 % methyl formiate and 10 % carbon dioxide. Both products are distinguished by having a wide range of effectivity including the eradication or reduction of microorganisms. Dosage is for both ETOX and ETOXIAT 150-200 mg/m³ with an exposure time of 4-6 hours. ... In addition to HALTOX (methyl bromide) mentioned in this context, dosed 50 mg/m³, ZYKLON (hydrocyanic acid), dosed 20 g/m³, is best suited. In both cases an exposure time of at least 24 hrs should be maintained.*

HALTOX is, in addition, the choice if no fumigation chamber is available and treatment can be conducted under an airtight covering or in sufficiently airtight rooms with massive ceilings and floors. In this case, PHOSTOXIN can also be used, however, with an exposure time of 5-10 days with a dosage of 2 g PH_3/m^3.

... I would like to briefly touch upon large-scale projects, ... fumigation of churches, castles, houses or even parts of buildings ... All the mentioned products can be employed. ZYKLON alone or in combination with PHOSTOXIN or HELTOX or one of the latter products alone again rank first. Which product is most suited in the indivdual case must be decided by the fumigator upon examining the site or the object. Decisive are location, airtightness, temperature, humidity and the interior. ..."

At this same convention, Manfred Koller reads a paper entitled "Holzschutz in der Denkmalpflege an Beispielen von mittelalterlichen und barocken Altären"[28] (Wood Preservation in the Conservation of Cultural Property Using As Examples Medieval and Baroque Altars): "*... Of consequence for the conservation of cultural property is the periodical use of fumigation whenever no quick or comprehensive, detailed restoration is possible. Furthermore, the routine use of desinfestation of objects prior to treatment in restoration workshops or acceptance in museums is important (e. g., restoration workshops of the Federal Conservation Office in Vienna: hydrogen cyanide in a normal chamber, the Museum of Anthropology in Vienna: ethlyene oxide in a vacuum chamber). ...*"

F. Presser also reports briefly at this convention on what criteria documentation of wood preservation measures should be met and refers to a 'recent' case, "*in which a freshly applied plaster (high iron content) discolored turning blue following fumigation with hydrocyanic acid, because Prussian blue formed in the plaster layer. Such mishaps should not lead to a 'never again' attitude, but rather to better thought through and more careful planning, in particular, involving whoever is commissioning the work ...*"

The most interesting contribution in this DEGESCH publication is by H. G. Bachmann who investigates "Die Einwirkung gasförmiger Blausäure auf Edelmetallüberzüge und einige NE-Metalle"[29] (The Influence of Gaseous Hydrocyanic Acid on Coats of Precious Metal and on Some Nonferrous Metals). With a dosage of 20 g HCN/m^3 (corresponds to the recommendation of the responsible technicians) and an exposure time of 72 hrs, a relative humidity of 30 %, respectively 90-95 % and a temperature of about 20°C, all the metals discolored, some had a visible layer. If the relative humidity is high, sometimes the discoloring is 'strong' and the coating is 'distinct'. Especially sensitive are copper and bronze, even gold (powdered gold) reacts and the author concludes with reservations: "*... that due to the HCN fumigation a gold cyanide still unkown in the literature or a still unknown modification of a known gold cyanide was formed. ...*" In order to avoid damage, the author recommends reducing the relative humidity and suggests preheating, even in church fumigations, in order to obtain a relative humidity of about 30 %.

The problems connected with the fumigant hydrocyanic acid when metal objects, gilding or hammered metal coats are involved cannot be stated more clearly.

In 1980, Jirina Lehman[30] refers to unsuccessful fumigations but fails to give examples. The materials she mentions, tetrachloromethane, trichlorethylene (trichloroethane) and formaldehyde solutions are not among the materials being discussed here and cannot, therefore, respectively may not, be dealt with here in more detail.

In the same year, 1980, Robert Kühn[31] and Karl Birett publish their manual "Gefährliche Gase" (Dangerous Gases; a study within the range of the safety regulations for industry) which says with regard to methyl bromide: "*... Swelling or destruction must be expected in a number of synthetic materials. ... with aluminum it forms the dangerous reactive and partly spontaneous combustive aluminum trimethyl. In combination with moisture it has a partly corrosive effect ...*" What they have to say about the other gases cited here hardly inspires confidence and safety recommendations indicate that extreme care and extensive precautions are necessary in order to exclude unforeseen reactions. The safety measures recommended for transporting the gases make expensive art transport look relatively harmless.

On the occasion of the restoration of the entire interior of the former Augustinian Canon – Collegiate Church in Dießen am Ammersee, the head conservator at that time for sculpture restoration at the Bavarian State Conservation Office, Fritz Buchenrieder, requested the Doerner Institute Munich to reexamine the safety of methyl bromide. Frank Preußer, at that time the head of Department of Natural Science, said as the result of his examination that no noticeable damage occurred during fumigation with methyl bromide and that delayed damage resulting from fumigating was not to be expected. Methyl bromide is considered suited for fumigating church interiors without reservation.[32]

In 1983, G. Besold[33] and D. Fengel from the Institute for Wood Research of the University of Munich publish their findings in "Systematische Untersuchung der Wirkung aggressiver Gase auf Fichtenholz" (Systematic Examination of the Effect of Aggressive Gases on Pinewood), which does not discuss 'our' gases, but does describe an interesting research aspect and introduces possible testing techniques. For us, it is interesting that even under extreme conditions the "*research has hitherto revealed that formaldehyde and ammonia only minimally damage wood; decomposition due to exposure to sulfur dioxide was limited, at least at room temperature. Marked decomposition of the wood components was detected following treatment with chlorine ...*"

In 1984, E. J. Bond,[34] T. Dumas and S. Hobbs present a detailed report on "The Corrosion of Metals by the Fumigant

Phosphine", describing, in particular, the corrosion of copper or copper compounds. By the very nature of the conditions inside churches, the corrosion of copper and other metals is programmed.

Also in 1984, Ulrich Schießl's detailed and informative "Historischer Überblick über die Werkstoffe der schädlingsbekämpfenden und festigkeitserhöhenden Holzkonservierung"[35] (Historical Survey of the Materials in Pest Control and Enhancing Wood Consolidation in Wood Conservation) in which the chapter "Bekämpfung von tierischen Holzschädlingen mit Gasen" (Eradication of Animal Wood Pests With Gas) explained their use in practice and, i.a., mentioned the use of sulfuryl fluoride as a possibly suited gas. The paper referred to in reference no. 110 of Schiessl's account about possible, prophylactic success of methyl bromide fumigation has apparently not been published yet. This paper is to discuss the possibility of the gases posing a peril to colors.

In 1986, Achim and Wibke Unger[36] publish their work on "Begasungsmittel zur Insektenbekämpfung in hölzernem Kulturgut" (Fumigation as a Means of Insect Pest Control in Wooden Cultural Property), a comprehensive account of the hitherto worldwide use of fumigants and the respective possibilities, advantages and disadvantages of the individual gases. Due to the plethora of information on the use of toxic gases in the various countries and their effect, this paper is included on page .

Also in 1986, Hans-Peter Sutter[37] announces the results of his work in the national research program "Methoden zur Erhaltung von Kulturgütern" (Methods of Preserving Cultural Property): "*In these areas (food industry) fumigation has become routine, whereas as a means of pest control in wood, at least in Switzerland, it has not prevailed. In the other German-speaking regions as well, fumigation has lost ground to preserving wood with liquid agents. Only in Austria is gas use to eradicate Anobia and Hylotrupes bajulus infestation in selected objects (churches, museums). ... The reason that toxic gases are not employed in wood-pest control is, on the one hand, the legislation and the high toxicity of the gases and on the other hand, that as a consequence only especially trained experts are permitted to carry out such treatment. However, the many years of experience in fumigating enumerous different objects show the high degree of reliability it has in eradication of wood-destroying insect larvae. Still it must be kept in mind that fumigation does not rule out reinfestation. ... Despite the high degree of reliability in desinfestation and the relative slim chances of harming the treated object, wooden art objects are rarely fumigated in Switzerland. This is, in particular, due to the fact that fumigation cannot be conducted by the restorer himself and the aquisition of a fumigation chamber is too expensive for a single restorer. ...*

Hydrogen cyanide (hydrocyanic acid) ... Damage to the treated object due to the influence of hydrocyanic acid is not known although there have been several reports on the tarnishing of polished metal surfaces. Hydrocyanic acid reacting with metals occurs, in particular, when the humidity is high. Discoloring of whitewash due to the formation of calcium cyanide resulting from the reaction of hydrocyanide with uncarbonated calcium ... and fresh plaster with a high iron content turning blue has been observed.

In the fumigation of wooden panel paintings and painted sculptures, according to enumerous studies, no changes in the painting, polychrome, glues or metals were observed.

Methyl bromide ... Eradication of wood-destroying insect larvae in wooden objects poses no problems as long as the objects are not painted. ... Methyl bromide fumigation is not recommended for painted wooden objects and panel paintings, because it cannot be ruled out that certain pigments may change color. According to Willemsen, pigments containing lead may blacken ... as a result of reacting with methyl bromide if they have not been protected by a coat of wax or varnish. Modern conservation ethics, however, fundamentally forbid applying such coats to original, preserved surfaces. The conservation must not change the appearance of an object. ...

Hydrogen phosphide ... Disadvantageous influence on materials are limited, i. e. copper and copper alloys, as well as gold and silver plating of low degree purity turn black, other metals do not alter.

Sulfuryl fluoride ... is said to have no negative effect on metal, paper, leather and rubber."

Lorna Green[38] and Vincent Daniels report in 1987 on "Investigation of the Residues Formed in the Fumigation of Museum Objects Using Ethylene Oxide". Although the focus here is not on the treatment of wooden art objects, some points are interesting: "*... Ethylene oxide is used in the British Museum as a fumigant for ethnographic objects. It is an effective insecticide and fungicide. It is a highly reactive chemical and reacts with other materials during the fumigation process. This paper describes investigation into the production of some reaction products in fumigated material. ... At present, a mixture of 90 % ethylene oxide (EtO) and 10 % CO_2 is used. Fumigation is carried out in an airtight chamber ...*" Described are possible reactions with chlorides, amino acids and proteins as well as "*Potentially Dangerous Reactions During Fumigation.*

On one occasion during fumigation in Paris, explosive sounds were heard from inside the fumigation chamber, and flames were seen. The source of the fire was later located as some Prussian blue pigment (ferro/ferri cyanide). In another incident some dresses were found to be scorched in places, after having been fumigated with EtO.

These two reactions may possibly be explained by the exothermic polymerisation of EtO, being catalysed by iron. In the case of the dress some corroded metal fastenings could have been the source of iron oxide.

In 1979 another explosive reaction occurs during fumigation. After investigation it was thought that the objects had previously been treated with sodium pentachlorophenate, a fungicide, which may have been incorporated in some natural adhesives.

EtO has been shown to increase dramatically the strength of paper pulps, by seven to eight times, in conditions similar to those of museum fumigation. ..." In addition, tests with actual chemical reactions are described and the results discussed in detail.

Marie-Odile Kleitz[39] gives a detailed account of the exothermic reactions of the Paris example.

At this point it should be noted, ut here that ethylene oxide is classified in the TLV list[40] of the Senatskommission der Deutschen Forschungsgemeinschaft zur Prüfung gesundheitsschädlicher Arbeitsstoffe (Senate Commission of the German Research Association for the Examination of Hazardous Materials) as a carcinogenetic or suspected carcinogenetic material. According to it, ethylene oxide is one of the "*materials, which in the Commission's opinion, have unequivocally been proven to be carcinogenetic in experiments with animals under conditions which permit comparison to possible human exposure.*" In the

Swiss toxic list, ethlyene oxide is classified 'carcinogenetic'. In the TLV list, methyl bromide is noted as brom-methan[41] and classified as belonging to the materials *"for which there is a founded suspicion that they are potentially carcinogenetic"*. The Swiss toxic list also classifies brom-methan as 'carcinogenetic'.

In 1988, Achim and Wibke Unger[42] publish the all time classic "Holzkonservierung. Schutz und Festigung von Kulturgut aus Holz" (Wood Conservation Preservation and Consolidation of Cultural Property Made of Wood) and list common fumigants with their advantages and disadvantages including data on application giving detailed literary references. With regard to methyl bromide, discoloring of lead pigments is mentioned.

Günter Ognibeni[43] reports in 1989 on "Die Bekämpfung von Holzschädlingen – gefaßte Holzobjekte unter Einsatz von Gas" (Wood-Pest Control – Painted Wooden Objects Using Gas) and presents the results of a series of tests that the Braunschweigische Landesmuseum conducted in collaboration with the DEGESCH. 'Tested' were:

"1. Ethylene oxide ETOX 800 g/m³, 6 hours in vacuum;
2. Hydrocyanic acid CYANOSIL 20 g/m³, 96 hours under normal pressure:
3. Methyl bromide HALTOX 20 g/m³, 48 hours under normal pressure;
4. Hydrogen phosphide PHOSTOIN 3 g/m³, 62 hours under normal pressure. ...

The conclusion of this testing was that using gas for painted objects of art is quite justifiable. Only in the case of Naples yellow and red lead with oil as a binding medium did occur slight changes which looked like little black dots and under stereomicroscope like efflorescence. However, these few, negligible changes are tolerable if one weighs the damage against the profit."

Other than that the article did not reveal any new information.

Of interest meanwhile more for historical reasons is the "Verzeichnis der vom Amt für Standardisierung, Meßwesen und Warenprüfung (ASMW) zugelassenen Holzschutzmittel, holzschützenden Anstrichstoffe und holzpflegenden Anstrichstoffen – Holzschutzmittelverzeichnis 1990" (List of Approved Wood Preservatives, Wood Preservative Painting Materials, Wood Care Painting Materials from the Office of Standardization, Measurement and Product Control (ASMW) – Index of Wood Preservatives 1990)[44], compiled and published in the German Democratic Republic in 1989. Here hydrogen phosphide is listed under its trade name 'Delicia-Gastoxin' and is the only approved wood preservation fumigant.

Interesting is what the "Holzschutzmittelverzeichnis"[45] (Index of Wood Preservatives) of the German Federal Republic has to say in this connection: "*... Granting seals of approval for wood preservatives falls under the jurisdiction of the building supervisory board as a preventive and precautionary measure for building complexes. Pursuit of this duty is required in accordance with building supervision only for timber construction parts and parts made of derived timber products that have a bearing or supporting function in building complexes dependent on their application ... if need be, preventive chemical wood preservation by means of suitable (suited) means, noteably wood preservatives. Granting seals of approval for wood preservatives therefore only relates hereto.*

Consequently, seals of approval are not granted for:
a) Eradication means (means for infestation eradication in construction timber of buildings).
b) Hot air or fumigation processes (processes of infestation eradication in construction timber of buildings).
c) Wood preservatives for the non-bearing and non- supporting parts in buildings. ...

The (building supervisory board) seal of approval is, of course, not granted for wood preservatives for objects that are not part of a building. ..."

Wilhelm P. Bauer[46] offers a precise, informative outline "Methoden und Probleme der Bekämpfung von Holzschädlingen mittels toxischer Gase" (Methods and Problems in Eradicating Wood Pests by Means of Toxic Gases) in 1989 in the "Restauratorenblätter", vol. 10, on the subject of "Holztechnologie und Holzkonservierung, Möbel und Ausstattungen" (Wood Technology and Wood Conservation, Furniture and Interiors). The author, head of the chemical laboratory and the restoration department of the Museum für Völkerkunde (Museum of Anthropology) in Vienna, discusses the advantages and disadvantages of the use of highly toxic gases, gives information about the general and toxic effects of the gases, about experiences in practice and possible damage, safety risks and toxicological aspects. In chapter V "Praktische Erfahrungen bei Begasungen – eventuell auftretende Schäden" (Fumigation Practice Experiences – Possible Damage), he writes: "*Not only in practice the pertinent literature, the following experience was made with regard to possible damaging influences of the gases on art objects:*

a) Hydrocyanic acid: Known is bluish discoloring of painting pigments with a high iron content. Furthermore, practice as well as tests have proven that, in particular, in fumigation in humid atmospheres coating may form on gilding, respectively, polished metal surfaces. In coats of whitewash with uncarbonated calcium, slight color changes may occur. In very rare cases, ethnographic objects developed an odor following fumigation.
b) Methyl bromide: The main problem in methyl bromide fumigation may be the lingering of an unpleasant mercaptan-like odor on materials with a sulfur content, such as fur, hair, feathers, wool, viscose, etc. High humidity during fumigation seems to favor the development of odor. In the case of methyl bromide as well, discoloring of paint pigments cannot be excluded. As a methylating agent, methyl bromide may react with amino acids in materials with a protein content. With regard to this, however, there is hitherto no knowledge of damaging influences on museum objects. As for metals, a weak surface reaction was observed in the case of Zn, Sn and Fe.
c). Hydrogen phosphide: May react with metal in fumigation, especially with alloys containing copper. High relative humidity and traces of ammonia may intensify the reaction. Hitherto there is no knowledge of cases of hydrogen phosphide attacking certain proteins. Although there are known cases of slight paling of gold and silver painting, however, only in very high concentrations of hydrogen phosphide.
d) Ethylene oxide: The fumigant with the least known damaging influence on wooden objects, although the gas, due to its chemical composition, is extremely reactive (e. g., with water, alkylated phenols, with proteins as well as natural and synthetic cellulose). Some of these reactions are even considered advantageous for the conservation of the objects. Slight loss of adhesion in the case of casein-egg white painting in illuminations is subject of investigation. Reactions with materials with a protein content have not been proven. ... The hazards in the handling of pest control gases, their high degree of toxicity on the one hand and the danger of explosion on the other make it understandable that less dangerous alternatives have been and are being sought.

The most important realistic proposals are the contents of resarch and concern:

1. *Killing insects using cold shock and freezing techniques,*
2. *Use of various types of radiation (X-rays, gamma radiaton, IR-high frequency radiation).*
3. *Fumigation using carbon dioxide, respectively inert gas atmospheres,*
4. *Use and breeding of the natural enemies of wood-destroying insects (biological control methods).*

In practice, these alternatives, however have not made much headway. They are technically immature, too complicated, partially of uncertain, respectively insufficient effect and also not implementable for reasons of cost.

As result, even today fumigation processes are essential in wood pest control. ..."

In 1990, the "Restauratorenblätter", vol. 11, informs on the subject of "Konservierung von Metallobjekten und Metallfassungen" (Conservation of Metal Objects and Metal Polychrome) in an article entitled "Metallfärbung durch Blausäurebegasung" (Metal Discoloring Due To Hydrogen Cyanic Acid Fumigation):[47] "*Following the fumigation of a church using hydrogen cyanide gas in 1989, in the parish church of Klein-Höflein, NÖ. (Fa. Breymesser & Co., Vienna 3), distinct irreversible discoloring occurred to gold and copper-rich hammered metal polychrome. They are the result of the formation of layers of gold cyanide and copper cyanide on the surface of the metal. As these chemical reactions are strongly influenced by moisture, such danger occurs only in cases of extremely high relative humidity and local condensation."*

In the book "Konservierung von Gemälden und Holzskulpturen"[48] (Conservation of Paintings and Wooden Sculptures) the remark quoted by Schießl in 1984 becomes an erroneous statement: "*Recent tests with methyl bromide resulted in long-term improvements"*.[49] The unpublished report cannot be proven. And the "*insecticidal effect of solvent vapors"*[50] is mentioned again.

In 1991, the monumental wooden figures from the Cathedral of Our Lady in Munich were fumigated with carbon dioxide in the restoration studios of the Bavarian State Conservation Office. This is probably the largest application of carbon dioxide fumigation of art objects in Germany in its time. There is a report on it by the fumigator (Binker Holzschädlingsbekämpfung). A comprehensive discussion is in the making and will be published in the report on the restoration of the figures. Gerhard Binker gives an account of it on page 90 ff. of this convention report.

That same year the firm RENTOKIL informs about its mobile-stationary fumigation system, in particular about its special balloon, the so-called 'bubble'. Basically this is an airtight, sealable foil chamber that can be utilized as any size anywhere. The objects to be fumigated are placed on the base cover, a second foil is placed over the objects and sealed with the base cover. Using known gases, fumigation can be carried out in a modified form and with manifold variations. In connection with this advertisement,[51] it says about carbon dioxide fumigation: "*Contrary to all other gases in use, CO_2 constitutes practically no health hazard to humans and leaves no residue in the treated objects. ... Unfortunately, CO_2 does not replace conventional fumigation, because hitherto it has been impossible to maintain the required concentration over the required exposure time.*

The bubble can maintain concentrations of more than 60 % CO_2 over an effective period of time. 60 % CO_2 for 14 days is lethal to all the stages of development of the most important hygienic, storage and material pests.

As CO_2 leaves no residue and, in particular, is no risk for sensitive objects or art objects, using this gas offers significant advantages over conventional techniques."

Fa. Binker's publications inform about recent fumigations using methyl bromide. Fumigated with methyl bromide, was e. g., the former Premonstratensian Collegiate Church in Geras, Austria, in 1991 and in Bavaria, e. g., the convent church Maria Hilf in Cham in 1992.[52]

Christoph Reichmuth, Wibke and Achim Unger also publish their findings in 1991, in "Stickstoff zur Bekämpfung holzzerstörender Insekten in Kunstwerken"[53] (The Use of Nitrogen in Eradicating Wood-destroying Insects in Works of Art). The authors probably conducted the first successful nitrogen fumigation to eradicate live insect infestation in paintings from the collections of the state museums in Berlin under realistic conditions and under conservationally acceptable conditions in Germany. Here again fumigation was carried out in a foil bag. In principle, eradication of the live infestation was achieved by withdrawing, respectively by displacing with nitrogen the oxygen. The process took four weeks, the costs were relatively low and the measures could (and can) be carried out by restorers, respectively accompanied by them. Working with nitrogen is not subject to the strict regulations of the Hazardous Materials Ordinance. The authors announce they will further modify and improve the method and want to check after the end of a generation cycle (approximately three years) whether the eggs have been successfully killed. The authors come to the following conclusions: "*The positive results of the insect eradication under practice conditions justify the assumption that in the future in the case of moveable cultural property such 'reactive' and toxic fumigants as hydrogen cyanide, hydrogen phosphide and methyl bromide will no longer be needed. The indifferent nitrogen is to be considered advantageous, in particular, for polychromed objects. Guaranteeing safety is no problem, because the inert gas mixes well with air. No special toxicity tests are required in order to use this process. Restorers in small museums can do the job themselves without requiring any expensive materials or special firms. ..."*

"The Effects of Low Oxygen Atmospheres on Museum Pests"[54] by Mark Gilberg is published in 1991 as well. Gilberg has been working for some years on the possiblity of quickly and reliably reducing oxygen in airtight chambers and in this way eradicating pests with inert gases. Gilberg also uses the so-called 'oxygen catchers' known under the tradename AGELESS, which are iron oxides activated for oxygen absorption.

Due to the significance of this research and its possibilities because of the materials and techniques involved, one of the most recent and important papers by Mark Gilberg and Alex Roach is included in this convention edition.[55] The footnotes to this paper contain all the work done in recent years, in particular, in the United States, respectively in Australia, so that it is not necessary to report on them here.

"Metallfärbung durch Blausäurebegasung"[56] (Metal Discoloring Due To Hydrocyanic Acid Fumigation) published in the same year illustrates conservation practice: "*Following fumigation using hydrogen cyanide in the parish church of Klein-Höflein in Lower Austria by Fa. Breymesser & Co., Vienna 3, in 1989, distinct irreversible discoloring appeared on the gold and copper-rich hammered metal polychrome. It was caused by the formation of layers of gold cyanide and copper cyanide on the surface of the metal. As such chemical reactions are greatly influenced by moisture, danger is only in the case of extremely high relative humidity and local condensation. ..."*

Finally in 1991, Helen D. Burgess's[57] and Nancy E. Binnies's paper "The Effect of Vikane on the Stability of Cellulosic and Ligneous Materials – Measurement of Deterioration by Chemical and Physical Methods" also appeared. Here are excerpts from the summary: "*Vikane (sulphuryl fluoride) is a commercial fumigant which is used for the control of pests in museum collections. This paper summarizes the results obtained through an investigation of the effect of Vikane on twenty-five paper and textile samples.*

... The data obtained show that commercial grade Vikane degrades cellulosic and ligneous fibres. A second set of experiments on two fibre types using a new experimental grade of Vikane gave significantly less degradation.

...From the experiments carried out at CCI (Canadian Consertvation Institute), the following conclusions can be drawn concerning the effects of Vikane on paper and textile substrates:

1. *No visible changes in colour or handling properties was noted immediately after fumigation; small instrumental brightening of fibres was detected;*
2. *After accelerated thermal ageing, fumigated samples underwent more yellowing than unfumigated samples, differences could be detected by eye as well as by instrumental analysis;*
3. *Vikane had less effect on the stability of textiles than it did on the paper samples;*
4. *Alkaline buffered papers retained more fumigant residues (as demonstrated by fluoride analysis) than did neutral pH or acidic samples; during fumigation, the buffer reserve of alkaline samples was reduced;*
5. *Samples containing lignin changed more than samples without lignin;*
6. *The samples fumigated with the experimental grade of Vikane (purified to lower the concentration of impurities) were altered less than those fumigated with commercial grade Vikane; these also retained less fumigant residues (as fluoride).*

The ability of Vikane to damage cellulosic and ligneous fibres must be interpreted with two thoughts in mind: (a) in all probability, the damage observed by a single correctly carried out fumigation with Vikane would be less than irreversible damage which can be caused by insects; (b) in general, chemical fumigants that will effectively eliminate insect pests, will also tend to damage many organic materials; a fumigant's potential for damage must be evaluated in comparison to the level of damage caused or expected to be caused by other known chemical fumigants. ..."

A paper by the same authors[58] (in collaboration with others), presenting comprehensive research on the suitability of sulfuryl fluoride as a fumigant for works of art is entitled "Laboratory Investigation of the Fumigant Vikane" and appeared in the preprints of the "9th Triennial Meeting, Dresden, German Democratic Republic, 26-31 August 1990". The gas is essentially regarded as suited for fumigating works of art; reactions with resins, waxes, pigments and metals were not detected when properly applied. Decisive, however, is the use of the 'right' Vikane, with the, in its day common, commercial product damage is likely to occur. Moreover, the article discusses in detail the chemistry and the various possible applications of the toxic gas. It is probably the most informative and most understandable account on sulfuryl fluoride. Noteworthy is a reference to hydrogen phosphide: Phosphin reacts with ultramarine pigments.

In 1992, John E. Dawson and Thomas J. K. Strang publish in "Technical Bulletin No. 15" of the Canadian Conservation Institute[59] the paper "Solving Museum Insect Problems: Chemical Control". In this excellently advised and edited series, topics in the field are regularly so comprehensively dealt with that the respective papers serve as an introduction and establish principles of a subject references and sources including manufacturers are restricted to Canada and North America.

Generally, in Canada toxic gases are employed in chambers. The bulletin gives detailed advice on how to write research reports on the individual fumigation also calling attention to possible symptoms of health problems. Ethylene and methyl bromide are only considered for use in special, unique cases and under very strict conditions, use of hydrogen phosphide is rejected and in the case of sulfuryl fluoride, it is pointed out that it is not registered in Canada. Here are excerpts on comments on sulfuryl fluoride:

"Reactivity with Materials

The results of studies on the effects of sulphuryl fluoride on artifact material are published.[60]

No objectionable colour, odour, or corrosive reaction has been reported from the use of sulphuryl fluoride on photographic supplies, metals, paper, leather, rubbers, plastics, cloth, wallpaper, tapestries, ancient fabric, aged wood, silver, pewter, and gold artifacts. When basement rooms are fumigated, forced air ventilation may be necessary to remove residual sulphuryl fluoride.

When sulphuryl fluoride condenses during atmospheric fumigation, damage to wallpaper and corrosion of brass door handles have been observed.

Although sulphuryl fluoride is relatively nonreactive with most materials, it does react with strong bases and is slightly soluble in organic solvents, vegetable oils and Stoddard Solvent (Dow Chemical 1983). A problem of residual fluoride has been found in some proteinaceous foodstuffs such as cheese and meat ... The extent to which this could occur in museum materials such as leather or oiled skins is not known.

Sulphuryl fluoride is stable at ambient temperatures, but electric elements, open flames and steam can react with the vapor to form toxic and corrosive fumes.

Remarks

Sulphuryl fluoride is a very toxic gas with good penetrating powers and rapid aeration from fumigated material. Dow Chemical, the manufacturer, considers a period of less than 24 hours adequate for aeration following atmospheric fumigation.

Sulphuryl fluoride has been found effective on structural pests (e.g., drywood termites, old house borers, powder post beetles) and household pests (e.g., clothes moths, carpet beetles). It is toxic to all post-embryonic stages of insects, but the eggs of many are resistant, requiring increased dosages.

Sulphuryl fluoride is not registered for use in Canada. It is registered for use in the United States for structural fumigation and for use in fumigation chambers. Additional information can be obtained from the manufacturer, Dow Chemical, with respect to operating procedures and safety devices, including the necessary monitoring equipment."

Binker reports on the actual state for the utilization of carbon dioxide in large rooms, – churches, – on page 95 ff.

In November 1993, the bdr (Bundesverband Deutscher DiplomrestauratorInnen e. V.) holds a symposium in Cologne on the topic "Schädlingsbekämpfung mit inerten Gasen in der Konservierung. Theoretische Grundlagen und praktische Anwendung an organischen Materialien" (Using Inert Gases in Pest Control in Conservation. Theoretical Principles and Practical Use On Organic Materials). Whether these papers will be published is not yet known.

In 1993, Binker[61] gives an account of his experience using sulfuryl fluoride in the fumigation of the Catholic Filial Church of St. Stephan in Oberpindhart (district of Kelheim) entitled "Report on the First Fumigation of a Church in Europe Using Sulfuryl Flouride" at the "1st International Conference on Insect Pests in the Urban Environment". He explains: "... *Sulfuryl fluoride proves to be an effective structural fumigant. No visible damage was ascertainable. These results made sulfuryl fluoride look promising for use as an artifact fumigant. Since possible reactions may not produce visible changes, more examinations need to be done in future."* A year earlier Fa. Binker Materialschutz GmbH had already asked Bernd Hering to conduct tests with the material Altarion Vikane (sulfuryl fluoride). In a comprehensive series of tests, Bernd Hering exposed hundreds of paint samples in various binding media for days, weeks and months under conditions similar to those in churches and detected no disadvantageous reactions with pigments. According to Hering, no negative effects are to be expected if the fumigation with sulfuryl fluoride is carried out professionally.[62]

A recently published study[63] comes to very different results in assessing the use of sulfuryl fluoride. According to it, there are discernable changes in the color of pigments and visible changes in the degree of gloss of some samples, such as graying when sulfuryl fluoride is employed. 10 of 11 paint samples exposed to sulfuryl fluoride reveal alterations. Reference measurements with nitrogen indicated no disadvantageous changes, which in the opinion of the authors does not necessarily exclude reactions with this inert gas.

"... Carbon dioxide is more effective against insect infestation than nitrogen, because it plays a greater role in regulating breathing. It simulates breathing and over acidifies the blood of the insect. The lethal effect of CO_2 vacuum chamber treatment is probably also based on the more intensive dissolving of CO_2 in the blood of the insect and the irreversible mechanical-pneumatical damage to the body of the insect when the pressure is subsequently quickly released. The temperature plays no decisive role within certain limits, the more so however pressure and exposure time..."[64]

As mentioned in the introduction, it is a dubious pleasure to write about second-hand knowledge and second-hand experience. The extent of most of my colleagues' knowledge on mechanical-pneumatic reactions of insect bodies when exposed to treatment in carbon dioxide vacuum chambers compared to treatment at normal pressure is probably limited. Very recognizable, however, are collapsed or altered boreholes or layers of polychrome due to applied pressure. A closer look at the literature makes it clear that the era of having churches fumigated and not having to worry about anything is over and that as a matter of fact it never existed. Every single case today requires carefully conceived and organized solutions, fine-tuned to the case at hand. Moreover, it is prudent not to solely rely on 'decades' of experience. Solutions that really promise success and offer some guarantee against failure are either just a few years old or are subject to – so to say – daily improvement or still wait to be discovered.

What is most apparent and grievous is the fact that the biggest failures and worst damage were not due to the individual procedure, but rather to 'carelessness', poor organisation and preparation, be it because of deadlines, climate, finances or other reasons. No one expects restorers to mutate into coleopterists, biologists, mycologists or expert fumigators. However, it is high time that there is an actual perception of what a restorer's inherent job is, noteably, controlling environmental factors, monitoring the sensitivity of different exhibition pieces, possibly selecting individual works of art with separate wood-pest control of especially sensitive objects, controlling fumigation preparation up to the moment the valves are turned on and careful monitoring of the success. No one says a church has to be fumigated all at once with all the objects it contains inside. Present technology permits fumigating, if need be of single retables, confessionals or blocks of pews using different chemical concentrations. Fumigation of single objects can also be applied in succession, which may also have interesting financial aspects. All the damage to painted walls or stucco gilding occurred on areas where the toxic gas was superfluous and would never have needed to be implemented for professional reasons. At least in many instances today, when all factors have been considered, compared to wholesale fumigation, selective fumigation of single pieces will yield positive results provided that a reduction of the amount of toxic gas employed is deemed a success. There is no question, in light of all the publications, that the future belongs to fumigation using inert gases. To what extent other pest-control techniques will be able to replace the discussed fumigation methods seems to be open, at least for the next few years, and possible alternatives should be followed with critical attention.

References

I owe special thanks to Dr. Irene Helmreich-Schoeller for reviewing the manuscript.

1 Yellow Pages – Telephone Book Munich, 1993/94.
2 ACHIM and WIBKE UNGER: "Die Bekämpfung tierischer und pilzlicher Holzschädlinge", *Holzschutz, Holzfestigung, Holzergänzung* (Convention Report No. 1/1992 of the Restoration Workshops of the Bavarian State Conservation Office) pp. 42-59, esp. p. 57.
3 See page 110-130.
4 Zeitschrift für Untersuchung der Nahr- und Genußmittel (50) 1025, pp. 92-103.
5 R. LISCHKA: "Die Konservierung des Bamberger Veit-Stoß-Altars", Report of the Bavarian State Conservation Office 1934/35, *Bayerischer Heimatschutz. Zeitschrift für Volkskunst und Volkskunde, Heimatschutz und Denkmalpflege* (31), pp. 16-19.
6 Correspondence in the file "Holzschutzmittel" in the files of the Restoration Workshops of the Bavarian State Conservation Office.
7 Ibid.
8 Ibid.
9 Ibid.
10 Ibid.
11 *Österreichische Zeitschrift für Kunst und Denkmalpflege* (10) 1956, pp. 72-76.
12 Maltechnik. Technische Mitteilung für Malerei und Bildpflege (64) 1958, pp 11-15.
13 To avoid any misunderstanding: In daily restoration practice, a protective wax coat, as mentioned by Willemsen, is of course not recommended; equally unacceptable are his borings for easier infusion of wood-protection and wood consolidation agents. Moreover, in current terminology, fumigants are not classified as wood protection agents.
14 See footnote 6, correspondence of 22 April 1960.
15 *Über die Erhaltung von Gemälden und Skulpturen,* ed., ROLF E. STRAUB, Zurich/Stuttgart, 1963, pp. 107-171, including bibliography.
16 H. MORI and M. KUMAGAT, "Damage to antiquities caused by fumigants, I Metals", Scientific Papers of Japanese Antiques and Art Crafts 8, 1954, p. 17.
17 See footnote 12.
18 E. E. KENAGA, "Some biological, chemical and physical properties of sulphuryl fluoride as an insecticidal fumigant", Journal of Economic Entomology 50, 1957, 1.
19 See Pigment Reactions with Sulfuryl fluoride.
20 Ed., Schweizerisches Institut für Kunstwissenschaft, Zurich, 1965.
21 Ed., Institut für Österreichische Kunstforschung des Bundesdenkmalamtes, Vienna, 1968.
22 See footnote 12.
23 File Unterweikertshofen, Bavarian State Conservation Office.
24 "Deterioration and Treatment of Wood", *Problems of Conservation in Museums,* pp. 69-118, esp. chapt. 3, "Fumigation", pp. 90-91 (ICOM, Travaus et publications (8) Paris, London, 1969), The article is accompanied by a comprehensive bibliography. Interesting for us is No. 23, E. C. HARRIS, "Methyl bromide fumigation & woodboring insects", Annual Convention, 1963, F.P.R.L. (British Forest Products Research Laboratory, Princes Risboroug, U.K.). 25. Correspondence No. 234 of Doerner Institute of the Staatsgemäldesammlungen of 3 March 1972 (Hermann Kühn).
26 Holz als Roh- und Werkstoff 32, 1974, pp. 108-114 (Mitteilungen aus dem Institut für Holzforschung und Holztechnik der Universität München).
27 The name of the paper is "Holzschädlinge und deren Bekämpfung" and the authors are on the staff of the Deutschen Gesellschaft für Schädlingsbekämpfung mbH, pp. 9-16.
28 See footnote 27, pp. 43-51.
29 pp. 68-76, The author is on the staff of Degussa. The article cites literature for the possible or presumable chemical reactions. The author is not aware to what extent the reactions that were at that time still unclear have meanwhile been explained.
30 "Holz, Zum Schutz der Museumsobjekte aus Holz", *Ethnologia Bavarica, Studienhefte zur allgemeinen und regionalen Volkskunde,* Heft 8, München/Würzburg, 1980, pp. 57-59. Tetrachloromethane and trichloroethylene are among the materials which are suspected with reason to possess carcinogenic potential, as is formaldehyde in the amounts mentioned here.
31 Munich 1980.
32 Correspondence of 24 February 1982 in the file "Holzschutz" in the Restoration Workshops of the Bavarian State Conservation Office.
33 The article appeared in fours parts in *Holz als Roh- und Werkstoff,* 41, 1983, pp. 227-232, 265-269, 333-337 and 509-513.
34 *Journal Stored Prod. Res.,* 20, 1984, pp. 57-63.
35 *Restauro,* 90, 1984, pp. 9-40.
36 *Holztechnologie,* 27, 1986, pp. 232-236,. (Volume 31, 1990, was the last one published.)
37 *Holzschädlinge an Kulturgütern erkennen und bekämpfen. Handbuch für Denkmalpfleger, Restauratoren, Konservatoren, Architekten und Holzfachleute,* Bern/Stuttgart, 1986, pp. 108-111.
38 *Recent Advances in the Conservation and Analysis of Artifacts,* London, 1987, pp. 309-313 (University of London, Institute of Archaeology, Jubilee Conservation Conference Papers), ed. Black, James.
39 "L'oxide d'ethylene et limites. Actions secondaires avec un residu de traitement anterieu", Preprints from the 8th Triennial Meeting, Sydney, Australia, 6-11 September 1987 (ICOM Committee for Conservation, Preprints 1987, The Getty Conservation Institute, Los Angeles, 1987), pp. 1175-1181.
40 LUTZ ROTH, *Krebserzeugende Stoffe,* Stuttgart, 1988 (2nd completely revised edition). The author did not check whether the Deutsche Forschungsgemeinschaft has meanwhile altered the classification of the materials.
41 See footnote 22.
42 Leipzig, 1988; Munich, 1990.
43 *Restauro,* 95, 1989, pp. 283-287.
44 HORST KIRK, *Holztechnologie,* 30, 1989, pp. 251-254.
45 *Holzmittelverzeichnis,* 45th ed., State 1 July 1992, ed. Institut für Bautechnik (IftBt) Berlin.
46 See footnote 47, Vienna, 1989, pp. 58-63.
47 Österreichische Sektion des IIC (International Institute for Conservation of Historic and Artistic Works) ed., Vienna, 1990, p. 11.
48 INGO SANDNER, BERND BÜNSCHE, GISELA MEIER, HANS-PETER SCHRAMM, JOHANNES VOSS, München, 1990.
49 See footnote 37, p. 297.
50 Ibid.
51 The advertisement appeared in AdR (Arbeitsgemeinschaft der Restauratoren) *aktuell,* Heft 3, 1991.
52 GERHARD BINKER, "Schädlingsbekämpfung: Hilfe für Maria Hilf. Begasung sichert kunsthistorische Gegenstände", *Bausubstanz,* 7, 1992. Interesting is footnote 3 which says that Fa. Binker carried out more than 80 church fumigations just in 1989.
53 *Restauro,* Heft 4, 1991, pp. 246-251.
54 *Studies in Conservation,* 36, 1991, pp. 93-98.
55 Reprinted on pp. 105-108. We are grateful to the authors as well as the editors of *Bulletin of the Australian Institute for the Conservation of Cultural Materials* for permission to reprint. We also thank Achim Unger for helping us in contacting Mark Gilberg.
56 Restauro, Heft 4, 1991, p. 225.
57 *Materials Research Society Symposium Proceedings,* vol. 185, Pittsburgh, Pennsylvania, 1991, pp. 791-798 (Materials Issues in Art and Archaeology II).
58 MARY T. BAKER, T., HELEN D. BURGESS., NANCY E. BINNIE, MICHELE R. DERRICK and JAMES R. DRUZIK, pp. 804-811.
59 Ed., CCI, 1030 Innes Road, Ottawa, Ontario, Canada, K1A 0C8.
60 H. D. BURGESS and N. E. BINNIE, "The Development of a Research Approach to the Scientific Study of Cellulosic and Ligneous Materials", Journal of the American Institute for Conservation, 29, 1990, pp. 133-152.
61 Congress papers. ed., K. B. WILDEY and W. H. ROBINSON, Cambridge, 1993, pp. 51-55. At the same congress, BRIAN M. SCHNEIDER, gave a comprehensive report "Characteristics and Global Potential of the Insecticidal Fumigant, Sulfuryl Fluoride", pp. 193-198.
62 The Bavarian State Conservation Office has the detailed report of 27 March 1993. Publication is pending. Also see pp. 90-99.
63 ROBERT J. KOESTLER, ENEIDA PARREIRA, EDWARD D. SANTORO and PETRIA NOBLE, "Visual effects of selected biocides on easel painting materials". Studies in Conservation 38, 1993, pp. 265-273.
64 Correspondence of Binker Materialschutz GmbH of 7 May 1993 to the Bavarian State Conservation Office.

Werner Biebl

Erfahrungsbericht über die Langzeitwirkung von Begasungen in Bayern

Aus der Sicht des praktischen Anwender nachfolgend ein Kurzbericht über Erfahrungen bei Begasungen in Bayern, sozusagen ein Streifzug durch die letzten drei Jahrzehnte. Schrifttum über Untersuchungen liegt bezüglich der Wirksamkeit von Gasen auf lange Dauer nicht vor, jedoch hat sich gezeigt, daß die Begasung von Kunstwerken eine einwandfreie und wirksame Methode darstellt.

An Begasungsmitteln wurden in Bayern T-Gas (Trichlorethylenoxid), Zyklon-Blausäure und Brommethan zum Einsatz gebracht, und zwar bis 1979 durch unsere Firmen ausschließlich Zyklon-Blausäure, ab ca. 1980 fast ausschließlich Brommethan. Es wurde bei allen Gasen eine 100%-ige Abtötung aller Stadien der Holzschädlinge noch während der Ausführungszeit erreicht. Die Einwirkungszeiten betrugen bei T-Gas 48 Stunden, bei Blausäure anfänglich 48, später 72 Stunden, bei Brommethan 72 Stunden. Die Mindesttemperaturen bei Begasung in geschlossenen Räumen betrugen bei T-Gas +20 °C, bei Blausäure +5 °C und bei Brommethan +15 °C.

Begast wurden in Bayern ab etwa 1950 Museen, Kirchen, Bibliotheken, Schlösser, Burgen, Wohnhäuser und andere Baulichkeiten. Die einzige bisher bekannte Nachuntersuchung von Objekten fand im Jahre 1987 durch Dr. Dietger Grosser vom Institut für Holzforschung und Holztechnik der Universität München und von uns statt.

Nachuntersucht wurden folgende Baudenkmäler:

Raitenhaslach (Lkr. Altötting), Kath. Pfarrkirche
Ausführungszeit: 1982, Material: Brommethan

Passau, Studienkirche
Ausführungszeit: 1963, Material: Zyklon-Blausäure

Niederaltaich (Lkr. Deggendorf), Klosterkirche
Ausführungszeit: 1970, Material: Zyklon-Blausäure

Weiden, Kath. Kirche St. Michael
Ausführungszeit: 1979, Material: Zyklon-Blausäure

Bamberg, Kath. Kirche St. Getreu
Ausführungszeit: 1982, Material: Brommethan

Kaisheim, Ehem. Zisterzienserklosterkirche
Ausführungszeit: 1980, Material: Zyklon-Blausäure

Ingolstadt, Kath. Kirche Maria de Victoria
Ausführungszeit: 1970, Material: Zyklon-Blausäure

Hierbei handelt es sich nur um einen Bruchteil der seit etwa 1960 begasten Projekte. Weitere nicht unbedeutende Begasungsmaßnahmen waren u. a.:
- die Kath. Kirche St. Bartholomä am Königssee (Lkr. Berchtesgadener Land), begast 1972 mit Zyklon-Blausäure,
- die Pfarrkirche von Steingaden (Lkr. Weilheim-Schongau), begast 1977 mit Zyklon-Blausäure,
- in der Evang.-Luth. Kirche St. Martin in Memmingen wurden das Chorgestühl, die Kanzel und das Gestühl unter Folie mit Zyklon-Blausäure begast.

Als Praktiker halte ich es aufgrund meiner persönlichen Erfahrung nicht für nötig, nach einer Begasung einen vorbeugenden Schutz gegen Holzschädlinge durchzuführen. Die lange Entwicklungszeit von Holzschädlingen erfordert lediglich eine Kontrolle im Fünfjahresrhythmus. Zu prüfen ist vor der Begasung, ob die Maßnahme ohne Schäden durchgeführt werden kann.

Brommethan wird in Deutschland seit Jahrzehnten eingesetzt. Seit etwa 1959 werden jährlich etwa 2 Millionen cbm begast. Hierbei werden ca. 100 bis 150 Tonnen Brommethan verbraucht. Der Verbrauch von Brommethan beträgt weltweit ca. 70 000 Tonnen, davon werden etwa 3500 Tonnen für Raumbegasung und rund 66 500 Tonnen für Bodenentseuchung benötigt. Im Vergleich dazu: von den Weltmeeren werden jährlich ca. 300 000 Tonnen an die Atmosphäre abgegeben.

Der Einsatz von Brommethan war auf jeden Fall im Bereich der Denkmalpflege zum Schutz unserer Kulturgüter eine bis heute gute Lösung, und es kann festgestellt werden, daß für die in den letzten drei Jahrzehnten angewandten Gase – T-Gas, Blausäure und Brommethan – eine Langzeitwirkung gegeben ist.

Diskussion

Dr. Kühlenthal: Es sind im Beitrag von Herrn Biebl ausschließlich mit Blausäure begaste Kirchenräume vorgestellt worden. Wenn nach 7 bis 14 Jahren kein Wiederbefall festgestellt werden konnte, muß man sich doch fragen, ob dies nicht auf Rückstände zurückgeführt werden kann, die in den verschiedenen Materialien zurückbleiben und gar nicht mehr kontrolliert werden oder auch nicht kontrolliert werden können.

Dr. A. Unger: Wir sind auch auf diese Rückstandsfrage gekommen, und zwar bei unseren Versuchsbegasungen mit Ethylenoxid. Zudem stellten wir fest, daß sich mit den Salzen im Mauerwerk toxische Verbindungen mit dem Ethylenoxid gebildet haben, das sog. Ethylenchlorhydrin, das noch viel giftiger als das Ethylenoxid selbst ist. Diese Substanzen bleiben auf Dauer im Mauerwerk. Wenn bei allen Begasungen kein Wiederbefall mehr aufgetreten ist, wäre tatsächlich zu fragen, ob nicht ähnliche Phänomene auch bei Blausäure bzw. bei Brommethan denkbar sind.

Dr. Binker: In der Literatur gibt es Hinweise, daß Cyanidreste im Holz bleiben. Und es wird diskutiert, ob nicht diese Cyanidreste, Cyanidionen, die vielleicht irgendwie an Glykoside gebunden sind, verantwortlich für den vorbeugenden Schutzeffekt sind.

Dr. Kühlenthal: Was spricht gegen eine Teilbegasung?

Dr. Binker: Man muß sich immer wieder vor Augen halten, daß Anobienkäfer fliegen können. Wir haben erst neulich ein aktuelles Beispiel bei einer Kirche gehabt, die mit Kohlendioxyd begast worden ist. Da waren an der Außenseite der Folie überall flugfähige Anobienkäfer, die aus dem Turm geschlüpft sind, der nicht mit der Kirche mitbegast worden ist. Im Turm stand ein Sakristeischrank, aus dem flugfähige Käfer herausgekommen sind und mittlerweile an der Türe saßen, welche innen mit der Schutzfolie abgeklebt gewesen ist. Wenn nach der Begasung die Türe geöffnet wird, kann der Käfer sofort wieder in die Kirche fliegen. Ob er dann seine Eier dort ablegt oder nicht, kann ich nicht sagen.

Schropp: Wenn dem so ist, daß nach der Begasung Rückstände im Holz verbleiben, dann wäre doch anzunehmen, daß ein Käfer, der wieder in eine Kirche einfliegt, sich ein anderes Holz sucht und nicht dasjenige, das begast worden ist. Somit hätte auch eine Teilbegasung einen nachweislichen Erfolg. Wenn die Tiere begaste Teile nicht mehr aufsuchen, dürfte auch nichts gegen eine Teilbegasung sprechen.

Emmerling: Aus vielen Gründen würde ich die Vertreter der beiden für Begasungen zugelassenen Firmen bitten, auch wenn es sehr viel Arbeit macht, die Kirchen, die bislang in Bayern begast worden sind, zusammenzustellen und die verwendeten Materialien zu benennen, weil, soweit ich die Diskussion verstanden habe, niemand beantworten kann, ob Rückstände verblieben sind und weitere Probleme auftreten können.

Zur Frage der Begasung und des vorbeugenden Schutzes möchte ich sagen, daß aus meiner Kenntnis mindestens die Hälfte der Objekte, die bisher genannt worden sind, aus meiner eigenen Erfahrung nachträglich prophylaktisch mit chemischen Holzschutzmitteln behandelt worden sind. Und ich möchte vermuten, daß 100% der Objekte, die nach einer abgeschlossenen Begasung restauriert wurden, ebenfalls prophylaktisch behandelt worden sind. Die Frage ist nun, was wirklich der entscheidende Faktor ist, die frühere Begasung oder die prophylaktische Behandlung mit Chemikalien.

Ich habe noch eine Frage: Nach wie vor ist es in Bayern Stand der Technik, daß prophylaktische Holzschutzmaßnahmen an ungefaßten Rückseitenoberflächen, insbesondere an Altären, empfohlen werden. Falls es da von seiten der Naturwissenschaft Vorbehalte gibt, würde ich bitten, sich dazu zu äußern.

Dr. W. Unger: Es ist schon eine Weile her, daß wir auf Holzproben, die mit Methylbromid und Blausäure begast und ausgedunstet worden sind, nach einem Vierteljahr Insekten und Eilarven von Hausbock und Anobien angesetzt haben. Es ist alles angefressen worden. Das war ein Laborversuch. Eine vorbeugende Wirkung konnten wir damals jedenfalls nicht nachweisen.

Dr. A. Unger: Eine Zwischenfrage an Herrn Emmerling: Sind in den von Ihnen benannten Kirchen vielleicht in der Zwischenzeit auch noch Heizungen eingebaut worden? Das käme als zusätzlicher vorbeugender Faktor hinzu. Wenn ich das Klima eines Raumes verändere, verändere ich ja auch, wie schon gesagt worden ist, die Existenzbedingungen für die Insekten.

Emmerling: Ich würde die Frage bejahen, aber mit dem Vorbehalt, daß ich damit nicht automatisch Kirchenheizungen als vorbeugende Maßnahme akzeptieren möchte.

Prof. Trübswetter: Herr Biebl, Sie haben sehr provokativ gesagt: Soll mir doch einer mal nachweisen, daß in einem von mir begasten Gebäude wieder Anobien sind. Jetzt möchte ich wissen: Woher wissen Sie denn, wann Sie begast haben? In der DIN 68800 Teil 3 und Teil 4 steht, daß jede Arbeit mit einem an sichtbarer Stelle angebrachten Schild zu dokumentieren ist, mit verwendetem Mittel, Jahr, Ausführenden usw. Ich muß ehrlich sagen, daß das neueste Schild, das ich bei meiner nun wirklich nicht ganz geringfügigen Tätigkeit beobachtet habe, von 1943 war. Warum wird das eigentlich nicht gemacht? Dann wäre nämlich die Frage Wiederbefall oder nicht beseitigt. Ein Blick auf das Schild würde jeden darüber belehren, ob es sich um die Wiederholung einer Maßnahme handelt oder nicht.

Dr. Kühlenthal: Bei einer Erfolgskontrolle von Begasungen müßte man also in jedem Falle in das Protokoll aufnehmen, ob in der Zwischenzeit eine Heizung eingebaut oder eine rückseitige Behandlung von Kunstwerken mit Chemikalien durchgeführt worden ist. Nur wenn all diese Angaben vollständig sind, könnten wir vielleicht definitivere Aussagen treffen.

Dr. Binker: Herr Biebl weiß genausogut wie ich, daß wir eine Niederschrift über die Begasungen, die verwendeten Materialien, Konzentrationen usw. anfertigen müssen, die 30 Jahre aufbewahrt und auf Verlangen der Behörde vorzulegen ist. Eine Abschrift muß sogar an das Landratsamt verschickt werden.

Emmerling: Das ist vollkommen richtig. Die Praxis allerdings ist, daß die Bauämter die Niederschriften in der Regel nur teilweise in den Akten haben, der Fachbehörde die Informationen aber nicht zugeleitet werden. In der Praxis wird ein festgestellter Schädlingsbefall begast. Die Restaurierung folgt dann oft einige Jahre später und schon nach dieser Zeit weiß niemand mehr genau, wann und mit welchen Mitteln begast worden ist. Deswegen lautet die Empfehlung der Restaurierungswerkstätten in der Regel, prophylaktisch zumindestens schwer erreichbare Holzflächen zu behandeln. Wenn Herr Siegmund recht hat, daß sich eine Population erst über 50 Jahre wesentlich aufbaut, dann handelt es sich natürlich um eine ganz andere Dimension und dann wäre auch die Argumentation einer prophylaktischen Behandlung zu überlegen.

Rothe: Ich bin der Meinung, daß die Blausäure sich, wenn überhaupt, nur sehr langsam abbaut. Ich habe in einem Schloß in Mecklenburg-Vorpommern, welches 1982 begast worden ist, erlebt, daß 1985 noch ein deutlicher Bittermandelgeruch zurückgeblieben war.

Klarner: Ich frage mich immer, wie genau eigentlich der Gasrestnachweis ist. Ich habe jedenfalls verschiedentlich festgestellt, daß uns in einer Kirche, in der wir gearbeitet haben, nachdem sie von den Begasern freigegeben worden ist, schlecht geworden ist. Wir phantasieren nicht alle. Ist von dem Gas noch etwas im Raum oder diffundiert es aus dem Holz oder aus dem Mauerwerk langsam aus? Ist das giftig oder nicht? Ich weiß nur, daß uns schlecht dabei wird.

Dr. A. Unger: Das hängt mit der Holzfeuchte zusammen. Wenn eine hohe Holzfeuchte vorhanden ist, dann löst sich natürlich auch relativ viel von dem Cyanwasserstoff oder von der Blausäure im Wasser. Dieser gelöste Cyanwasserstoff wird erst über einen längeren Zeitraum wieder abgegeben. Auch wenn anhaltend niedrige Temperaturen vorliegen, geht der rückläufige Prozeß des Ausgasens sehr, sehr langsam vor sich.

Dr. Kühlenthal: Sind die Rückstände giftig?

Dr. A. Unger: Das können wir jetzt nicht 100%ig sagen. Zumindest sollte dann, wenn der Verdacht besteht, eine Nachkontrolle erfolgen.

Diskussionsteilnehmer: Ich komme von der Erzdiözese Bamberg und möchte aus eigener Erfahrung betonen, daß es sehr wichtig ist, ein Nachweisblatt über eine Begasung zu führen. Wenn nämlich in einer kurzen Zeit der Pfarrer, der Kirchenpfleger oder auch die zuständigen Bearbeiter im Bauamt wechseln, weiß überhaupt niemand mehr, was in den vergangenen Jahren passiert ist.

Werner Biebl

A Report on the Long-Term Effect of Fumigations in Bavaria

This brief report surveys, from a user's point of view, fumigations carried out in Bavaria over the last thirty years. There is no recorded data available on the long-term effect of the gases. Nonetheless, fumigating works of art has proven to be successful and effective.
The fumigants utilized in Bavaria were: T-gas (trichlor ethylene oxide), Zyklon hydrocyanic acid and methyl bromide. Until 1979, our firms worked exclusively with Zyklon hydrocyanic acid and from about 1980 on, methyl bromide was almost exclusively used. 100 % eradication at all stages of the wood pests was obtained with all the gases even during application. The action period with T-gas was about 24 hours, with hydrocyanic acid initially 48 and then 72 hours, and with methyl bromide 72 hours. Minimum fumigation temperatures in enclosed spaces was +20 °C with T-gas, +5 °C with hydrocyanic acid and +15 °C with methyl bromide.

From about 1950 on, museums, churches, libraries, palaces, castles, dwellings and other buildings were fumigated in Bavaria. The only hitherto known follow-up examinations of the objects were conducted in 1987, by Dr. Dietger Grosser of the Institute of Wood Research and Wood Technology of the University of Munich and by us.

Follow-up examinations were conducted on the following buildings:

Raitenhaslach (Lkr. Altötting), Cath. parish church
Time: 1982, Fumigant: methyl bromide

Passau, Studien Church
Time: 1963, Fumigant: Zyklon hydrocyanic acid

Niederaltaich (Lkr. Deggendorf), Monastery Church
Time: 1970, Fumigant: Zyklon hydrocyanic acid

Weiden, Cath. Church, St. Michael
Time: 1979, Fumigant: methyl bromide

Bamberg, Cath. Church, St. Getreu
Time: 1982, Fumigant: methyl bromide

Kaisheim, former Cistercian monastery church
Time: 1982, Fumigant: Zyklon hydrocyanic acid

Ingolstadt, Cath. church Maria de Victoria
Time: 1970, Fumigant: Zyklon hydrocyanic acid

These are just a fraction of the fumigation projects since about 1960. Other important fumigations were, i.a.:
- the Cath. church St. Batholomew on the Königsee (Lkr. Berchtesgadener Land), fumigated in 1972 using Zyklon hydrocyanic acid,
- the parish church in Steingaden (Lkr. Weilheim-Schongau), fumigated in 1977 using Zyklon hydrocyanic acid,
- the Protestant Lutheran Church St. Martin in Memmingen, the choir stalls, the pulpit and the stalls were fumigated sealed under a foil using Zyklon hydrocyanic acid.

Based on my practical experience, I do not consider preventive measures against wood pests following fumigation necessary. The long development period of wood pests only calls for controls at five-year intervals. What, however, is essential is to investigate prior to fumigation whether the measures can be carried out safely.

Methyl bromide has been used in Germany for decades. Since about 1959, approximately 2,000,000 cbm have been fumigated annually consuming approximately 100 to 150 tons of methyl bromide. Worldwide consumption of methyl bromide is about 70,000 tons, approximately 3,500 tons of which is used for fumigating rooms and about 66,500 tons for desinfesting the ground. In comparison, oceans release approximately 300,000 annually into the atmosphere.

In every instance, methyl bromide has hitherto been a good solution in protecting our cultural property. Moreover, it can be said that the gases, T-gas, hydrocyanic acid and methyl bromide, employed for the last thirty years have provided a long-term protective effect.

Discussion

Dr. Kühlenthal: Mr. Biebl's paper presented solely church interiors that had been fumigated with prussic acid. If after seven to fourteen years no reinfestation occurs, one has to ask if this is not the result of residues left in the various materials, something that has not been checked and cannot be checked.

Dr. A. Unger: We, too, have encountered this residue problem, in particular, in connection with our trial fumigations with ethylene oxide. We discovered that salt in masonry forms toxic compounds with ethylene oxide, socalled ethylene chlorohydrine, which is even more toxic than ethylene oxide. These substances remain in the masonry permanently. If there really is no reinfestation in any of the fumigations, indeed, one must ask if this would not also be the case with prussic acid or methyl bromide.

Dr. Binker: The pertinent literature indicates that cyanide residue remains in the wood. Under discussion is whether this cyanide residue, the cyanide ions, which may somehow be linked to glycoside are responsible for the prophylactic protective effect.

Dr. Kühlenthal: What speaks against partial fumigation?

Dr. Binker: One must keep in mind that adult Anobia can fly. We just recently had a living example in a church which had been fumigated with carbon dioxide. The outside of the foil was covered with flying Anobia which had came from the tower which had been omitted from the fumigation. In the tower stood a vestry cabinet from which the flying bugs had crawled out and were now sitting on the church door sealed from the inside with a protective foil. When the door is opened, the bugs will fly into the church. Whether or not they will immediately lay eggs is a question I cannot answer.

Schropp: If it is true that residue remains in the wood following fumigation, it could be assumed that a bug that reenters a church will seek other wood and not the fumigated wood. Thus, partial fumigation would also have proven successful. If the bugs do not attack fumigated parts, there is nothing to oppose a partial fumigation.

Emmerling: For many reasons, I would request that the representatives of the two approved fumigation firms even if it is a lot of work to compile a list of churches that have been fumigated in Bavaria so far and list the materials involved, because as far as I have understood from this discussion, no one is able to say, whether or not there is residue and what happens to it.

As to the points fumigation and the prophylactic protection, I would like to say to my knowledge at least half the fumigated objects that have been mentioned were subsequently treated prophylactically with chemical wood protection products. And I would assume that 100 of the objects that were restored following being fumigated in an enclosed area were also prophylactically treated. The question now is, what is actually the decisive factor, the earlier fumigation or the prophylactic treatment with chemicals. Thus, the question of the preventive effect is actually left open.

I have another question: In Bavaria it is still state of the art to recommend applying prophylactic wood protection measures to the unpainted rear surfaces, in particular in the case of altars, which are not reached even every few years. If there are scientific reservations about this, I would appreciate some comments.

Dr. W. Unger: A while back in a laboratory test, we exposed samples of wood that had been fumigated with methyl bromide and prussic acid and aired for three months to insect and Anobia and Hylotrupes eggs-larvae attack. At any rate, we could not prove a preventive effect.

Dr. A. Unger: A question to Mr. Emmerling: Have heating systems been meanwhile installed in the churches you mentioned? That would be another preventive factor. If I change the environment of a room, I alter the living conditions of the insects.

Emmerling: I would say yes, but with the reservation that I do not wish to automatically accept church heating systems as preventive measures.

Prof. Trübswetter: Mr. Biebl, you have very provocatively said: I want to see the person who can prove that Anobia have reinfested a building that I have fumigated. Now I would like to know: How do you know when you have fumigated? In DIN 68800 parts 3 and 4, it says that all work has to be documented with a sign at a visible place stating the materials used, the year and the measures. I honestly must say that the most recent sign that I have come across in my not exactly limited work was from 1943.

Why is this not being done? If this were done, namely, the question of reinfestation or not could be settled for once and for all. A glance at the sign would inform anyone whether or not it was a case of repetition of a measure or not.

Dr. Kühlenthal: The success control of fumigations would at any event require that if meanwhile a heating system has been installed or the rear side of the art objects has been treated chemically be included in the documentation notes. Explicit statements can only be made if we have all the information at our disposal.

Dr. Binker: Mr. Biebl knows just as well as I do that we have to write reports on fumigations, the employed materials, concentrations, etc. which have to be kept for thirty years and shown to the authorities upon demand. A copy even has to be sent to the Office of the Landrat.

Emmerling: That is quite true. Practice is, however, that the building commissions have only a part of the reports on file and that the information is not passed on to the Office of Conservation. In practice, pest infestation is fumigated. Restoration then frequently follows years later and at this time no one really knows exactly if and with what was fumigated. For this reason, the restoration workshops as a rule recommend at least treating the difficult to reach wooden surfaces prophylactically. If what Mr. Siegmund said is right, that a population takes more than fifty years to develop before it becomes substantial, then, of course, we are facing totally different dimensions and need to review prophylactic treatment.

Rothe: In my opinion, prussic acid decomposes very slowly if at all. I have experienced in a castle in Mecklenburg-Vorpommern that in 1985, there was still a lingering distinct bitter almond smell although the castle had been fumigated as far back as in 1982.

Klarner: I always wonder how precise the proof of gas residue is. At any rate, I have discovered in various cases that we became sick in churches after they had been released as safe by the fumigators. We cannot all be imagining things. Is there still some gas left in the room or does it slowly creep out of the wood or the masonry? Is it toxic or not? I only know that we became sick.

Dr. A. Unger: That depends on the moisture content of the wood. If there is a high moisture content, naturally a relatively large amount of hydrogen cyanide or prussic acid is dissolved in the water. This dissolved hydrogen cyanide is released over a longer period of time. Even if the temperatures have been low for quite a while, the reverse process of gas exhalation takes a very, very long time.

Dr. Kühlenthal: Is the residue toxic?

Dr. A. Unger: We cannot be 100% sure. At least if there are valid reasons, a follow-up check should be made.

A participant: I am from the Archdiocese of Bamberg and would like to emphasize from my own experience that it is essential to keep a record of proof on a fumigation. Noteably, if shortly later the priest, the church warden, or the relevant clerk in the building commission leave and are replaced, nobody knows what happened the year before.

Anhang / Appendix

Durchgeführte Begasungsmaßnahmen der Firma Biebl & Söhne Schädlingsbekämpfung und Desinfektion GmbH, Bergstraße 8, 82024 Taufkirchen (Auszug)

Fumigations carried out by the firm Biebl & Söhne Schädlingsbekämpfung und Desinfektion GmbH, Bergstraße 8, 82024 Taufkirchen (extract)

Folgende Liste, die freundlicherweise von der Firma Biebl & Söhne zur Verfügung gestellt wurde, bietet eine erste Übersicht bisher durchgeführter Begasungsmaßnahmen in Bayern.

The following list, by courtesy of the firm Biebl & Söhne, gives a first survey over fumigations carried out hitherto in Bavaria.

1963-1977
Aigen a. Inn, Kath. Wallfahrtskirche St. Leonhard
Asbach, Kath. Pfarrkirche St. Matthäus; Kath. Pfarrkirche St. Salvator
Kaisheim, Klosterkirche Mariae Himmelfahrt
Passau, Studienkirche St. Michael
St. Bartholomä a. Königssee, Kath. Wallfahrtskirche St. Bartholomä
Triftern, Kath. Pfarrkirche St. Stephan
Untergriesbach, Kath. Kirche St. Johannes d. Täufer
Vilshofen, Kath. Stadtpfarrkirche St. Johannes d. Täufer

1978
Kaufbeuren, Kath. Stadtpfarrkirche St. Martin
Niederaltaich, Abtei- und Pfarrkirche St. Mauritius

1979
Buchau, Evang.-Luth. Pfarrkirche St. Michael
Hebertshausen, Alte Kath. Pfarrkirche St. Georg
Höglwörth, Ehem. Augustiner-Chorherrenkirche St. Peter und Paul; Kath. Pfarrkirche St. Mariae Himmelfahrt
Hopferau, Kath. Pfarrkirche St. Martin und Sebastian

1980
Dießen a. Ammersee, Kath. Filialkirche St. Georg
Hechendorf, Kath. Filialkirche St. Anna
München, Schloß Nymphenburg, Pagodenburg

1981
Bernried, Wallfahrtskapelle
Lindau, Evang.-Luth. Pfarrkirche St. Stephan (nur Kirchenbänke)
Unterbiberg, Kath. Filialkirche St. Georg

1982
Altstädten, Kath. Kirche St. Peter und Paul
Bamberg, Kath. Kirche St. Getreu
Behringersdorf, Evang.-Luth. Pfarrkirche St. Maria Magdalena
Flotzheim, Kath. Pfarrkirche Beatae Mariae Virginis
Lanzing, Kath. Pfarrkirche St. Peter und Paul
Pleß, Kath. Pfarrkirche St. Gordian und Epimachus
Regensburg, Bischöfliche Zentralbibliothek
Unlingen, Kath. Kirche und Kapelle

1983
Aach, Kath. Pfarrkirche Maria Schnee
Bamberg, Ehem. Spitalkirche St. Sebastian
Berchtesgaden, Schloß
Deggendorf, Stadtmuseum
Untereberfing, Kath. Filialkirche Unsere liebe Frau
Feldkirchen, Kath. Pfarrkirche St. Jakob
Floß, Evang.-Luth. Pfarrkirche St. Johannes Baptist
Frauenaurach, Evang.-Luth. Pfarrkirche St. Matthäus
Kelheim, Archäologisches Museum
Kößlarn, Ehem. Wallfahrts- jetzt Kath. Pfarrkirche Hl. Dreifaltigkeit
Michelau/Ofr., Deutsches Korbmuseum
Neunburg v. Wald, Schwarzachtaler Heimatmuseum
Passau, Maria-Hilf-Kirche
Raitenhaslach, Kath. Pfarrkirche St. Georg
Siegertsbrunn, Kath. Pfarrkirche St. Peter
Sulzbach-Rosenberg, Heimatmuseum
Thurnau, Evang.-Luth. Friedhofskirche
Passau, Maria-Hilf-Kirche

1984
Augsburg, Dom St. Maria; Kreuzgang
Deggendorf, Stadtmuseum
Dickenreishausen, Evang.-Luth. Pfarrkirche St. Agatha
Etting/Lkr. Weilheim-Schongau, Kath. Filialkirche St. Andrä
Herrenchiemsee, Ehem. Dom- und Augustiner-Chorherren-Stiftskirche St. Sixtus und St. Sebastian
Hörbach, Kath. Pfarrkirche St. Andreas
Hohenaltheim, Evang.-Luth. Pfarrkirche St. Johannes
München, Pippinger Straße, Kath. Kirche St. Wolfgang
Nabburg/Opf., Heimatmuseum
Oberpfaffenhofen, Alte Kath. Pfarrkirche St. Georg
Oberthürheim, Kath. Pfarrkirche St. Nikolaus
Töllern bei Weilheim, Kath. Filialkirche St. Johannes
Waldreichenbach, Kath. Wallfahrtskapelle St. Leonhard

1985
Bamberg, Ehem. Domherrenhof Curia St. Elisabethae
Eching a. Ammersee, Kath. Pfarrkirche St. Peter und Paul
Ergersheim, Evang.-Luth. Pfarrkirche St. Ursula; Evang.-Luth. Kapelle St. Stephan
Eyrichshof, Evang.-Luth. Pfarr- und Schloßkirche
Gachenbach, Kath. Pfarrkirche St. Georg
Hanfeld, Kath. Filialkirche St. Michael
Herrsching, Kath. Filialkirche St. Martin
Kirchheim b. München, Kath. Pfarrkirche St. Andreas
Landsham, Kath. Filialkirche St. Stephan
Lichtenstein, Burg Lichtenstein, Schloßkapelle
Martinszell, Kath. Pfarrkirche St. Martin
München, Stadelbergstraße 8
Neukirch, Kath. Filialkirche
Pförring, Pfarrhof
Raitenbuch, Kath. Pfarrkirche St. Blasius
Regen, landw. Exponate
Regensburg, Ehem. Benediktinerklosterkirche, heutige Kath. Pfarrkirche St. Georg (Prüfening)
Schäfstall, Kath. Pfarrkirche St. Felicitas
Stammbach, Evang.-Luth. Friedhofskirche
Tulling, Kath. Filialkirche St. Stephan
Utting a. Ammersee, Kath. Pfarrkirche Mariae Heimsuchung
Wang, Kath. Filialkirche St. Johannes d. Täufer
Weißenberg, Evang.-Luth. Kirche St. Vitus
Windach, Kath. Kirche St. Johannes

1986
Allershausen, Evang.-Luth. Pfarrkirche
Altenthann, div. Exponate
Asbach, (Lkr. Rottal-Inn), Bauernmöbel
Bubach, Kath. Filialkirche St. Petrus
Freihalden, div. Gegenstände
Garmisch-Partenkirchen, Franziskanerklosterkirche
Grafrath, Kath. Wallfahrtskirche St. Rasso
Haunshofen, Kath. Pfarrkirche St. Gallus
Hergensweiler, Kath. Pfarrkirche St. Ambrosius
Holz (Lkr. Miesbach), Meisterhof
Kronach, Frankenwald-Museum
Kronach, Fränkische Galerie
Mantel, Evang.-Luth. Pfarrkirche St. Peter und Paul
Neuburg a. d. Donau, Bibliothek, Depot-Raum
Neumarkt i. d. Opf., Kolpinghaus
Neumarkt i. d. Opf., div. Möbel in Garage
Niedersonthofen, Kath. Pfarrkirche St. Alexander
Passau, Feste Oberhaus, Schloßkapelle St. Georg
Pöcking, div. Möbel
Prittriching, Kath. Pfarrkirche St. Peter und Paul
Rain, div. Exponate
Schleißheim, Altes Schloß
Schmähingen, Evang.-Luth. Pfarrkirche
Schönbach, (Lkr. Aichach-Friedberg), Kath. Filialkirche St. Ulrich
Schwabach, Werkstatt und Inventarräume

Seehausen a. Staffelsee, Kath. Pfarrkirche St. Michael
Straubing, ehem. Franziskanerkloster, Kath. Schutzengelkirche
Taufkirchen, Heimatmuseum
Walderbach, Kath. Pfarrkirche St. Nikolaus und St. Maria
Wallerstein, Wallersteinsche Sammlungen
Weilheim, Kath. Stadtpfarrkirche St. Pölten
Wilzhofen, Kath. Filialkirche St. Valentin
Zusum, Kath. Kapelle St. Sebastian

1987
Baumgärtle, Kath. Wallfahrtskirche Mariae Opferung
Kaltenbrunn (Lkr. Miesbach), Gutshof Kaltenbrunn
Lindenberg i. Allgäu, Alte Kath. Pfarrkirche St. Peter und Paul (Aureliuskirche)
Miltenberg, Museums- und Brahmsgebäude
Mindelheim, Franziskanerinnenkloster Hl. Kreuz
München, Museumsinsel 1
Osterberg, Kath. Pfarrkirche St. Maria
Ramsach/Murnau, Kath. Kapelle St. Georg
Roggenstein, Ehem. Burgkapelle St. Georg
Sands, Evang.-Luth. Kirche
Schleißheim, Altes Schloß
Schongau, Stadtmuseum
Schwabmünchen, Rathaus
Unterknöringen, Kath. Pfarrkirche St. Martin

1988
Aschbach, Evang.-Luth. Pfarrkirche
Bad Wiessee, Ringseeweg 7, ehem. Bauernhaus „Beim Baur"
Böhmischbruck, Kath. Pfarrkirche Mariae Himmelfahrt
Burggrub, Evang.-Luth. Pfarrkirche St. Laurentius
Dachau, Lagerscheune
Deggendorf, Handwerksmuseum
Dischingen, Schloß Taxis
Eggersham-Pocking, Kath. Filialkirche St. Margareta
Gersthofen, Alte Kath. Pfarrkirche St. Jakobus d. Ä.
Gundihausen, Kath. Kirche St. Maria
Harthausen, Kath. Kirche St. Andreas
Immenstadt, Kath. Stadtpfarrkirche St. Nikolaus; Heimatmuseum
Junkersdorf, Evang.-Luth. Pfarrvikariatskirche
Krumbach, Evang.-Luth. Apostelkirche
Lindenberg/Allg., Kath. Marienkapelle
Mainburg, Museum
Markt Scheidegg, Heimatmuseum
Neufahrn b. Freising, Alte Kath. Pfarrkirche Hl. Geist und Wilgefortis
Oberbrunn, Kath. Kirche St. Peter und Paul
Oberschleißheim, Bauhof
Purfing, Kath. Filialkirche St. Laurentius
Siegertshofen, Kath. Kapelle St. Elisabeth
Schatzbach (Gde. Birnbach), Haus Nr. 117, Holzhaus
Schnodsenbach, Evang.-Luth. Pfarrkirche
Triefenstein, Schloß, ehem. Augustinerchorherrenstift, Klosterkirche
Tüßling, Burgkirchen, Kath. Pfarramt, Pfarrsaal
Unterschneitbach, Kath. Kirche St. Emmeran

Wechingen, Evang.-Luth. Pfarrkirche St. Mauritius
Zorneding, Kath. Pfarrkirche St. Martin

1989
Baierbrunn, Kath. Filialkirche St. Peter und Paul
Baldham, Brunnenstraße 39 a
Breitenhausen, Kath. Filialkirche
Ellwangen/Jagst, Marienkirche; Nikolauskapelle
Grüngiebing, Kath. Kirche St. Margaretha
Harburg, Schloß Harburg, Archiv
Landsberg/Lech, Neues Stadtmuseum
Naichen, Hammerschmiede
Holzheim/Neumarkt i. d. Opf., Kapelle Mariahilf
Neustadt a. d. Waldnaab, Kath. Friedhofkapelle Hl. Dreifaltigkeit
Reisach, Lkr. Rosenheim, Kamelitenkloster, Rekreationssaal
Schleißheim, Altes Schloß
Steinberg, Lkr. Dingolfing-Landau, Kath. Pfarrkirche Mariae Himmelfahrt
Weidenthal, Lkr. Schwandorf, Kath. Pfarrkirche St. Michael
Weißenhorn, Heimatmuseum
Windach, Kath. (alte) Pfarrkirche St. Petrus und Paulus
Zaitzkofen, Kath. Kirche St. Stephan

1990
Altötting, Kreszentiaheim (Hl. Kreuz), Herz-Jesu-Anbetungskirche
Angerbach, Kath. Wallfahrtskapelle Mariae Heimsuchung
Ast, Kath. Kirche St. Georg
Aunkofen, Kath. Kirche Mariae Himmelfahrt
Bergstetten, Kath. Filialkirche
Buxheim, ehem. freie Reichskartause Maria Saal, Klosterkirche
Eismannsberg, Kath. Kirche St. Castulus
Erggertshofen, Kath. Filialkirche St. Johann Baptist
Eschlbach, Lkr. Erding, Kath. Pfarrkirche Mariae Geburt
Gempfing, Kath. Frauenkapelle im Friedhof
Grönenbach, Stiftsberg 15, Pfarramt, Bibliothek
Großhartpenning, Bauernhaus
Holzharlanden, Kath. Kirche St. Katharina
Illerbeuren, Bauernhofmuseum, Museumsdepot
Johannesbrunn, Kath. Kirche Mariae Empfängnis
Karlsfeld, Münchner Straße 160, Kapelle St. Maria und Joseph
Mühlberg bei Waging a. See, Kath. Wallfahrtskirche Mariae Heimsuchung, obere Sakristei
München, Schloß Nymphenburg, Magdalenenklause
München, Wehnerstraße 19, Wohnhaus
Niedernkirchen, Kath. Pfarrkirche St. Phillipus und Jakobus
Obermauerbach, Kath. Kirche St. Agatha
Paar, Kath. Kirche St. Lorenz und Stephan
Polling, ehem. Stiftskirche Hl. Kreuz, jetzt Pfarrkirche, Sakristei
Reichersbeuern, Schloß Sigriz, Schloßkapelle
Rötz/b. Cham, Kath. Friedhofskirche Schmerzhafte Muttergottes
Sallach, Kath. Filialkirche St. Ulrich
Tittmoning, Heimatmuseum
Tödtenried, Kath. Pfarrkirche St. Katharina
Weidenbach, Kath. Filialkirche St. Peter
Wendelskirchen, Kath. Filialkirche St. Jakobus
Westerholzhausen, Kath. Pfarrkirche St. Korbinian

Abb. 1. Salmdorf, kath. Pfarrkirche während der Begasung

Gerhard Binker

Umweltschutzkonzepte und Neuentwicklungen bei Kulturgutbegasungen

Einleitung

Zur Schädlingsbekämpfung am Inventar von Museen und an der Ausstattung von Kircheninnenräumen hat sich die Begasung mit hochwirksamen Gasen bewährt. In den letzten 10-15 Jahren wurde in der BRD hierzu fast ausschließlich Brommethan (Methylbromid, CH_3Br) eingesetzt. Sein günstiger Preis, seine hohe Wirksamkeit (sehr gutes Ovizid), aber auch seine moderate Reaktivität gegenüber den Kunstobjekten bei sachgemäßer Anwendung waren hierfür ausschlaggebend. Alternative Begasungsmittel wurden stark in den Hintergrund gedrängt: Ethylenoxid (C_2H_4O) erwies sich als krebserregend (1), Phosphorwasserstoff (PH_3) wirkte zu stark korrodierend auf Metalle (2) und Cyanwasserstoff erforderte Lüftungsphasen von zum Teil Wochen und veränderte ebenfalls Metalloberflächen nachteilig (3, 4). Größere Schadensfälle an begasten Kunstwerken sind von Brommethan erst kürzlich bekannt geworden (5). Brommethan-Begasungen von z. B. Kircheninnenräumen liefen in der Praxis größtenteils nach einem sehr einfachen Schema ab:

- Abdichtung von Fenstern, Türen und sonstiger Gebäudeöffnungen
- Öffnen der Brommethan-Flaschenventile unter Atemschutz zum Ausbringen des Gases
- Fluchtartiges Verlassen des Begasungsraumes und anschließendes Abdichten der Fluchttür
- Brommethan ca. 3 Tage „einwirken lassen", meist ohne Luftumwälzung mittels Ventilatoren
- Lüften des begasten Raumes durch Öffnen von Türen und Fenstern
- Freigabe der begasten Räume zum Wiederbetreten.

Die Aufwandmenge des Brommethans ergab sich hierbei durch Multiplikation der Raumkubatur (Volumen des zu begasenden Raums) mit der bewährten Gaskonzentration. Bei Brommethan liegen aber keine systematischen, labormäßigen Untersuchungen vor, welche Konzentrationen (g/m^3) wielange (Std.) auf Holzschädlinge und deren Stadien (Eier, Larven, Puppen, Käfer) bei welchen Temperaturen (°C) mindestens einwirken müssen bis eine 100%ige Abtötung (LD_{100} bzw. LC_{100}) erreicht ist.

Wohl aus der Erfahrung heraus wurde deshalb eine Universalanfangskonzentration von 50 g CH_3Br/m^3 bei Holzschädlingen empfohlen (6). Diese sehr hohe Anfangskonzentration garantierte, auch bei großen Gebäudeundichtigkeiten eine noch ausreichende Endkonzentration, um den Bekämpfungserfolg sicherzustellen. Dem Autor sind Fälle bekannt geworden, wo es Praxis war, geringeren Abdichtaufwand (und damit höhere Gebäudeundichtigkeit) durch höheres anfängliches Dosieren auszugleichen. Hohe Gaskonzentrationen bringen jedoch aufgrund z. B. einer verstärkten Diffusion (Fick'sche Diffusionsgesetze) ein größeres Emissions- und damit Imissionsrisiko mit sich.

Das Ziel von Kulturgutbegasungen muß deshalb zukünftig sein, die einzusetzende und in die Umwelt entweichende Gasmenge auf ein Minimum zu reduzieren bei gleichzeitiger Zusicherung des Bekämpfungserfolgs und der Unversehrtheit der Kunstgegenstände.

Im folgenden soll nun – nach einem Rückblick auf Brommethan-Begasungen – gezeigt werden, inwieweit sich dieses Ziel durch den Einsatz neuer Gase, innovativer, ausgefeilter Begasungstechnologien und moderner Filter und Entsorgungssysteme verwirklichen läßt.

Kulturgutbegasungen mit Brommethan

Das Ausbringen des Brommethans bei z. B. Kirchenbegasungen erfolgte bisher wie eingangs erwähnt durch Öffnen der Ventile der entsprechend erforderlichen Anzahl Gasflaschen durch das Begasungspersonal. Dieser Vorgang muß innerhalb von maximal 10 Minuten beendet sein, um die Verweilzeit der Begasungstechniker in der Gasatmosphäre zu begrenzen. Diese Ausbringtechnik hat den Nachteil, daß das Ausströmen des Brommethans nicht mehr gestoppt werden kann und ein sukzessives, kontrolliertes Eindosieren nicht möglich ist. Da sich das genaue Begasungsvolumen vor dem Einleiten des Brommethans (zukünftig abgekürzt als MeBr) durch Ausmessen der Kubatur oft nur sehr schwer genau bestimmen läßt (vor allem bei Kircheninnenräumen mit gotischem Rippengewölbe), können aus dieser Ausbringtechnik Überdosierungen resultieren, besonders dann, wenn das effektive Volumen kleiner als das berechnete ist. Wegen des vergleichsweise niedrigen Dampfdrucks des MeBr (1.610 hPa bei 25 °C) dauert es relativ lange bis das teilweise flüssig ausgeströmte MeBr verdampft. Beim Verdampfungsprozeß kühlt sich die Raumluft durch Wärmeentzug ab und die Abkühlung kann lokal so groß sein, daß sich Wasserdampf aus der Luft bildet („Fog-out"). In diesem Wassernebel lösen sich sowohl beträchtliche Mengen MeBr (13.400 ppm bei 25 °C und 1.013 hPa) als auch vor allem Bromwasserstoff, der neben Methanol in Spuren im MeBr enthalten sein kann (0,005% bis maximal 0,02%). Durch Hydrolyse im Wassernebel wird aus dem Bromwasserstoff Bromwasserstoffsäure gebildet, die z. B. sehr korrodierend auf Metalloberflächen wirkt, aber auch mit Pigmenten, Papier, Leder, Textilien etc. reagieren kann. Der „Fog-out"-Effekt tritt besonders bei unsachgemäßer Gasausbringung in kleinen Räumen (z. B. Kapellen, kleinvolumigen Kirchen etc.) bei niedrigen Raumtemperaturen (Herbst, Frühjahr) auf.

Durch Wärmetauscher, die das flüssige MeBr vor dem Einleiten in den zu begasenden Raum verdampfen und aufwärmen, kann der „Fog-out" vermieden werden. Bei großen Mengen auszubringenden MeBr eignen sich hochkapazitive Verdampfer, die allerdings Starkstrom oder Dieselbenzin als Energiequelle benötigen (7). Bromwasserstoff-Spuren lassen sich durch nachgeschaltete, spezielle, aufwendige Filtersysteme den Kunstwerken zuliebe entfernen (8).

Nach MeBr-Begasungen ist oft trotz intensiver Lüftungsmaßnahmen immer noch ein lang anhaltender, z. T. ekelhafter Geruch wahrnehmbar, obwohl sich in der Raumluft kein MeBr mehr nachweisen läßt. Bei Anwesenheit bestimmter schwefelhaltiger Naturprodukte, wie Leder, Wolle, Felle und Federn intensiviert sich der Geruch (9). Für den Geruch verantwortlich dürften die in diesen Naturprodukten enthaltenen Schwefelverbindungen (Aminosäuren, Gerbstoffe, Eiweißstoffe etc.) sein, die durch MeBr unter Bildung von Methylthioether oder Methyldisulfiden methyliert werden. Durch diese Reaktionen kann z. B. Leder brüchig und letztlich in bestimmten Fällen zerstört werden. Methylierungsreaktionen treten besonders bei hoher Luftfeuchte auf, wie Untersuchungen zeigen (10). Schwefelhaltige Materialien sollten deshalb vor der Begasung aus dem zu begasenden Raum möglichst entfernt werden (11).

Intensive Lüftungsmaßnahmen sind zukünftig vor der Freigabe zum gefahrlosen Wiederbetreten MeBr-begaster Räume (Grenzwert derzeit 1 ppm) notwendig, um auch geringste, adsorptiv gebundene MeBr-Spuren möglichst vollständig zu entfernen, da sich MeBr im Tierversuch als begründet krebsverdächtig erwiesen hat (Einstufung III B: MAK-Wert-Liste, krebserzeugende Arbeitsstoffe, „Stoffe mit begründetem Verdacht auf krebserzeugendes Potential"(1)). Bei krebserregenden Stoffen gilt, daß jede noch so geringe Konzentration schädigend ist. In den USA ist deshalb derzeit regional vorgeschrieben, nach Begasungen mindestens 72 h zu lüften, bevor die begasten Räume freigegeben werden. In der BRD sind derzeit nur mindestens 12 h vorgeschrieben. MeBr ist seit Novellierung der Gefahrstoffverordnung als Begasungmittel hierin nicht mehr aufgeführt und darf nur noch mit spezieller behördlicher Genehmigung angewendet werden.

Zusätzlich bedrohen zugeschriebene Ozonschicht-schädigende Eigenschaften des MeBr seinen weiteren Einsatz und seine Produktion. Einem uneingeschränkten Anwendungsverbot könnte zwar mit Filtertechniken begegnet werden, mit denen am Ende der Einwirkzeit das MeBr gebunden wird, doch soll die industrielle Produktion bereits bis zum Jahre 2000 eingestellt werden. Ob sich somit aufwendige, teure Filtersysteme noch wirtschaftlich gesehen rechnen und bis dahin amortisieren, sei dahingestellt. Im übrigen wird mit Filtern in der Lüftungsphase nur das im Begasungsraum noch vorhandene MeBr erfaßt, nicht aber das während der Einwirkphase entweichende MeBr, das sogar den Hauptanteil (teilweise bis über 90%) ausmachen kann. Die ozonschädigende Wirkung des MeBr beruht auf einem Ozonabbau in der Stratosphäre (20-40 km Höhe) durch Brom- und Chlorkatalyse wie folgt:

$$CH_3Br + h\nu \text{ ------> } CH_3 + Br$$
$$Br + O_3 \text{ ------> } BrO + O_2$$
$$Cl + O_3 \text{ ------> } ClO + O_2$$
$$ClO + BrO + h\nu \text{ ------> } Cl + Br + O_2$$

$$CH_3Br + 2O_3 \text{ ------> } 3O_2 + Br + CH_3$$

Die katalytisch wirkenden Chloratome stammen dabei überwiegend aus anthropogen erzeugten Substanzen, Fluorchlorkohlenwasserstoffen (FCKW) und Halonen (Fluorchlorbromkohlenwasserstoffe). Man sieht auffällig aus o. g. Reaktionsgleichungen, daß Fluoratome in die Ozonschädigung nicht eingreifen und an den Abbaureaktionen nicht beteiligt sind. Die Chemie erklärt dieses Phänomen mit der geringeren Stabilität des Fluorradikals (Fluor liegt nach Abbaureaktionen eher als Fluorid-Anion vor).

Reines MeBr ist zwar 3,2 mal schwerer als Luft und sollte sich eigentlich in Bodennähe ansammeln. Es wird jedoch mit Luft verdünnt und diffundiert durch z. B. Brown'sche Molekularbewegung, Konvektion und Turbulenzen von der Troposphäre (0-10 km Höhe) durch die Tropopause (dünne Übergangsschicht mit sehr niedriger Temperatur bis ca. -60 °C) in die Stratosphäre, wo sich die Ozonschicht befindet.

70% des anthropogen erzeugten MeBr resultieren aus Bodenbegasungen (z. B. gegen Nematoden) und lediglich wenige Prozent aus Gebäudebegasungen (12). Die Schädigung des Ozons ergibt sich vermutlich aber aus der Summation aller anthropogenen MeBr-Emissionen. Angemerkt sei noch, daß der Großteil des in die Atmosphäre abgegebenen MeBr jedoch aus der Natur stammt. Eruptive Vulkane emittieren große Mengen MeBr. Auch Blaualgen im Meer synthetisieren Methyljodid, das sich im bromidhaltigen Meerwasser zu MeBr umsetzt. Dieses natürlich vorkommende MeBr dient vermutlich zur Aufrechterhaltung der Homöostase (Gleichgewicht) und reguliert das Anwachsen der Ozonschicht. Es wird spekuliert, daß dieses Gleichgewicht vermutlich durch die intensiv betriebenen anthropogenen MeBr-Emissionen gestört wird; inwieweit ist jedoch immer noch unter Wissenschaftlern umstritten. Auf der UNO-Vertragsstaatenkonferenz von Kopenhagen im November 1992 einigte man sich, die MeBr-Produktion bis zum Jahr 2000 vollständig einzustellen. Seit Oktober 1993 ist, wie schon erwähnt, MeBr im Pharagraph 15 d der Gefahrstoffverordnung nicht mehr aufgeführt und darf in der BRD z. Zt. nur noch in Einzelfällen mit Zustimmung der zuständigen Landesbehörde angewendet werden. Zulassungen im Holzschutz und somit für Kirchenbegasungen liegen derzeit nur noch befristet vor (13).

Da MeBr zukünftig nicht mehr als Begasungsmittel im Kunstsektor zur Verfügung stehen wird, mußte nach einer geeigneten Alternative gesucht werden.

Sulfurylfluorid als neue Alternative zu Brommethan

Die systematische Überprüfung aller in Frage kommenden Gase führte schließlich zu Sulfurylfluorid (SO_2F_2), zukünftig abgekürzt als SF. Obwohl SF bisher in Europa nicht angewendet wurde, setzte man es schon seit 1957 in den USA als Termitenbegasungsmittel erfolgreich ein (14). Erst 1992 wurde das erstemal ein Gebäude (Kirche) in Europa mit diesem Gas (Handelsmarke Altarion® Vikane) desinsektiert, nachdem Versuche an Pigmenten und Vergoldungen etc. im Labor sehr vielversprechend verliefen (15). Altarion® Vikane ist die gereinigte Form von Vikane. Die Vorbereitungen zur Zulassung in der BRD und die Zulassung selbst hatten ca. 4 Jahre (!) in Anspruch genommen. Dies war in Deutschland die erste Neuzulassung eines toxischen Gases zur Holzschädlingsbekämpfung seit ca. 40 Jahren.

SF ist eine farb- und geruchlose, nicht brennbare anorganische und chemisch sehr inerte Verbindung. Sie kann mit Wasser sogar im geschlossenen Rohr auf 150 °C erhitzt werden, ohne sich zu zersetzen (16). Durch Laugen wird SF nur sehr langsam angegriffen, durch Säuren praktisch nicht. Natriummetall läßt sich in ihm schmelzen, ohne seinen Metallglanz zu verlieren. Dies zeigt die enorme Stabilität von SF, was es als Kulturgut-Begasungsmittel hervorragen läßt. Es bildet mit Luft keine explosiven Gemische (im Gegensatz zu MeBr). Nachfolgend sind die wichtigsten physikalischen Eigenschaften tabellarisch angegeben:

Molekulargewicht	102,07 g/mol
Dichte (20 °C)	1,36 kg/l
Siedepunkt (1013 hPa)	-55,2 °C
Dampfdruck (20 °C)	13440 hPa
Schmelzpunkt	-135,8 °C

Relative Gasdichte (Luft = 1)	3,52
Wasserlöslichkeit (25 °C, 1013 hPa)	0,075 g/100 ml (= 750 ppm)
Verdampfungswärme (-55 °C)	19,26 kJ/mol

Im Zusammenhang mit Holzbegasungen muß das hohe Eindringvermögen von SF ins Holz bemerkt werden. Untersuchungen zeigen, daß SF wesentlich schneller in Laub- und Nadelholz eindringt als MeBr. Es diffundiert auch viel rascher durch Farbanstriche auf z. B. Kiefernholzscheiben als MeBr. Begasungen mit SF gegen Holzschädlinge sind innerhalb von 2 Stunden (!!) aufgrund dieses Eindringvermögens durchführbar (17). SF ist im Gegensatz zu Cyanwasserstoff (Blausäure) praktisch unlöslich in Wasser (750 ppm bei 25 °C/1013 hPa) und sammelt sich deshalb in feuchten Wänden durch physikalische Adsorption nicht nennenswert an. Ob in alkalischem Putz eine geringe Hydrolyse des SF stattfindet, wird derzeit noch näher untersucht.

Wesentlich für seine Eignung im Kunstsektor ist das ausgeprägte chemisch inerte Verhalten des SF, das durch Entfernung der in Spuren enthaltenen Fluor- und Chlorverbindungen durch geeignete Filtersysteme noch gesteigert werden kann (18). Pigmentversuche in Begasungskammern im Labormaßstab untermauern diesen Inertcharakter. So zeigten lediglich die Pigment-Langzeitversuche mit 9 Monaten Dauerexposition in einer 100 Vol%igen SF-Gasatmosphäre (!!) bei hoher relativer Luftfeuchte geringe Veränderungen an den ungeschützt aufgetragenen und bekannt empfindlichen Pigmenten Azurit ($2\,CuCO_3$ x $Cu(OH)_2$) und Malachit ($CuCO_3$ x $Cu(OH)_2$) (19). Dieses chemische Verhalten läßt sich durch die in diesen Pigmenten enthaltenen Hydroxid-Ionen erklären. Die genannten Versuchsbedingungen stellen den „worst-case“ dar. Bei einer Begasung in der Praxis wirkt das SF jedoch nur ca. 3 Tage mit der im Vergleich zum Langzeitversuch sehr niedrigen SF-Konzentration von ca. 0,3 bis 1 Vol% ein. Dadurch ist die Reaktionsgeschwindigkeit zusätzlich kinetisch gesehen verzögert, da sie wesentlich von der Gaskonzentration abhängt. In der Praxis muß aber unbedingt beachtet werden, daß flüssiges SF beim Einleiten nicht auf Oberflächen von Kunstgegenständen gelangt. Dies gilt für alle flüssig gelagerten Begasungsmittel, da sie in flüssiger Phase sehr aggressiv sind und Löseeigenschaften entwickeln, die im gasförmigen Zustand nicht vorhanden sind. Oft genügen Spritzer beim unsachgemäßen Ausbringen des Begasungsmittels, um Oberflächen von Kunstgegenständen zu beschädigen. Im übrigen muß sichergestellt werden, daß heiße Metallflächen und offenes Licht aus dem zu begasenden Raum rechtzeitig vor der Eingasung entfernt oder gelöscht werden. Metallkatalysierte Pyrolyse oder Thermolyse des SF wären die Folge. So würde sich aus SF aggressives Schwelfeldioxid und ätzender Fluorwasserstoff bilden. Metallkorrosion, Glasätzung und andere Schäden wären großflächig möglich. Diese Reaktionen wären auch bei MeBr möglich. Bei MeBr besteht im übrigen die zusätzliche Gefahr, daß sich durch Thermolyse an z. B. eingeschalteten Bankheizungen Bromwasserstoffsäure in großen Mengen bildet, die sich thermisch zu Wasserstoff und elementarem Brom zersetzen kann. Brom würde sich seinerseits in Feuchtigkeit unter Bildung von Bromwasserstoffsäure und Hypobromiger Säure (HOBr) lösen. Diese Flüssigkeit (Bromwasser) ist so aggressiv, daß sie sogar Vergoldungen unter Bildung von rot-braunem Gold (III)-Bromid ($AuBr_3$) angreifen würde. Dieses reagiert dann zu gelber Tribromo-monohydroxo-gold-(III)-Säure ($H[Au(OH)(Br)_3]$). Im übrigen würde das im Schwitzwasser gelöste Bromwasser durch Streifenbildung an Wänden und Oberflächen „sichtbar werden“ („staining“).

Unter SF-Gasatmosphäre stehende Räume können im Notfall mit geeignetem Atemschutz ohne zeitliche Beschränkung betreten werden , da SF nicht nenneswert durch die menschliche Haut diffundiert (im Gegensatz zu MeBr; die zeitlichen Beschränkungen sind hier in TRGS 512, 10.1 angegeben (20)). Als Atemschutz muß jedoch ein Außenluft-unabhängiger Preßluftatmer mit Vollmaske angelegt werden, da Adsorptionsfilter (z. B auf Aktivkohlebasis) nicht wirksam sind. Dies bestätigt die geringe Adsorptionsneigung des SF. Sie erweist sich aber gerade beim Lüftungsvorgang nach der Begasung als vorteilhaft, da SF (im Gegensatz zu MeBr) rasch aus den begasten Materialien, insbesondere Holz und Textilien ausgast. Während SF innerhalb weniger Stunden (in der Regel 4-6 Std.) desorbiert wird, sind nach MeBr-Begasungen mindestens 12 Std. Nachlüftphase vorgeschrieben, bei Cyanwasserstoff können sogar Wochen notwendig werden (21). Die Gefahr giftiger Rückstände ist bei SF ziemlich ausgeschlossen.

Laut Untersuchungen ist die Toxizität von SF gegenüber Warmblütern um 1/2 bis 1/3 niedriger als die von MeBr (22). Aus der Sicht des Umwelt- und Arbeitsschutzes ist wesentlich, daß sich bei SF noch keinerlei Hinweise auf krebserregende oder ozonschädigende Wirkung ergeben haben. Der Ersatz des MeBr durch SF stellt somit schon einen wesentlichen Beitrag zum Umweltschutz und zur Arbeitssicherheit dar.

Der Schwefel in SF liegt in seiner höchsten Oxidationsstufe (+VI) vor. Dies dürfte zusätzlich dafür verantwortlich sein, daß SF das Ozon vorteilhafterweise nicht angreift (23). Durch UV-induzierte Photolyse bzw. teilweise durch Hydrolyse in der Atmosphäre kann SF jedoch gering zum „Sauren Regen“ durch entstehendes Schwefeldioxid beitragen (ähnlich wie MeBr durch Bildung von Bromwasserstoffsäure). Hinweise zur Heterogen-Katalyse des Ozonzerfalls gibt es noch nicht. Da aber SF ja nur zur Gebäudebegasung eingesetzt wird (also weder in der Industrie zur Produktion anderer Stoffe noch zur Boden- oder Vorratsbegasung) ist der Beitrag zum „Sauren Regen“ sehr gering. Eine aktuelle Umweltstudie (23) kommt zum Ergebnis, daß die insgesamt freigesetzten Mengen an SF global gesehen keinen Einfluß auf die Atmosphäre und die Umwelt ausüben. Nichtsdestotrotz muß auch bei SF-Einsätzen zukünftig das anspruchsvolle Ziel gelten: einzubringende SF-Menge so niedrig wie möglich halten und entweichendes SF neutralisieren.

Die günstigen toxikologischen Eigenschaften von SF wurden bereits erwähnt. Sie bringen jedoch für den Begasungstechniker bezüglich der Sicherung des Begasungserfolgs Probleme mit sich: SF wirkt gegen Insekteneier weniger ovizid als MeBr. SF durchdringt die Insekteneihülle (vor allem die der verschiedenen Teppichkäferarten) ziemlich langsam. Um den Begasungserfolg dennoch zu sichern, sind entweder höhere SF-Dosierungen notwendig oder aber aus Umweltschutzgründen vorzugsweise Verlängerungen der Einwirkzeiten. Alternativ können aber auch zwei zeitlich versetzte Begasungen durchgeführt werden: Bei der 1. Begasung werden alle Larven, Puppen und Käfer mit niedriger SF-Dosierung abgetötet; man wartet dann bis die Junglarven aus den bei der 1. Begasung nicht abgetöteten Eiern geschlüpft sind und schaltet eine zweite „low-dosage“-Begasung nach, die dann diese empfindlichen Junglarven eliminiert (vulnerable-phase-timing). Fazit: Alle Schädlinge werden erfaßt und zwar mit niedrigen SF-Konzentrationen. Diese Strategie erweist sich in der Praxis jedoch als umständlich, so daß der Verlängerung der Einwirkzeit oft der Vorzug gegeben wird.

Neue Umweltschutzkonzepte beim Einsatz von Sulfurylfluorid

Der Altarion Fumiguide-Computer

Beim zukünftigen Einsatz von toxischen Gasen gelten zum praktizierten Umweltschutz zwei Maximen:

1. einzusetzende Gasmenge so gering wie möglich halten
2. möglichst wenig Gas in die Umwelt gelangen lassen.

Im folgenden wird gezeigt, wie sich dies bei Verwendung von SF verwirklichen läßt.

Wie eingangs erwähnt, wird bei MeBr in der Regel zur Bekämpfung von Holzschädlingen eine Universaldosierung von ca. 50 g MeBr/m^3 angestrebt, unabhängig von z. B. Temperatur, Art des Holzschädlings, Einwirkzeit und Raumvolumen. Der Grund hierfür ist die Tatsache, daß die quantitativen Zusammenhänge vor allem zwischen notwendiger MeBr-Konzentration, Temperatur und Einwirkzeit für Holzschädlinge bisher nicht ermittelt wurden. Anders bei SF: hier wurden alle wesentlichen Daten bereits eruiert und kombiniert mit physikalischen Gesetzmäßigkeiten (Gasverlustkurven, temperaturabhängige Diffusion, Einfluß der Windgeschwindkeit auf den Gasverlust etc.) in ein Rechenprogramm zusammengefaßt. Mit einem Computer (Altarion Fumiguide-Computer = AFC) kann dann nach Eingabe der individuellen „Gebäudeparameter" für jeden einzelnen Begasungsfall die optimale und damit minimale notwendige Anfangskonzentration des SF berechnet werden. Auch kann die zu erwartende Halbwertszeit des SF-Gasverlustes abgeschätzt werden. Unter Halbwertszeit versteht man die Zeit, die verstreicht, bis die Anfangskonzentration des SF auf die Hälfte abgefallen ist. Der Gasverlust folgt mathematisch gesehen Exponentialfunktionen, deren Kurvensteigungen z. B. je nach Windgeschwindigkeiten mehr oder weniger unterschiedlich sind.

Nachfolgend sollen die „Gebäudeparameter" kurz besprochen werden:

1. „Schädlingsart"
Läßt man auf verschiedene Holzschädlinge eine bestimmte SF-Konzentration für bestimmte Zeit einwirken, so stellt man fest, daß manche Schädlingsarten überleben und andere abgetötet werden. Dies zeigt die unterschiedliche Empfindlichkeit der einzelnen Insektenarten gegenüber SF (gilt im übrigen generell für Begasungsmittel). Für jede Insektenart benötigt man somit eine bestimmte SF-Dosis (SF-Konzentration x Einwirkzeit = Ct-Produkt); so sind bei gleichen Einwirkzeiten bei Anobienbefall höhere SF-Konzentrationen zum Abtöten notwendig als bei Hausbockbefall. Sind mehrere Schädlingsarten im Gebäude anwesend, so ist die toleranteste Schädlingsart für die Wahl der Anfangskonzentration relevant.

2. „Abzutötendes Stadium des Schädlings"
Die Sensibilität der Insekten gegenüber SF unterscheidet sich nicht nur zwischen den verschiedenen Schädlingsarten, sondern auch sehr auffällig innerhalb der einzelnen Stadien einer Art. So benötigt man zur Abtötung einer Anobien-Puppe (Ruhestadium! Geringe Atmung!) höhere SF-Gaskonzentrationen oder längere Einwirkzeiten als für einen Anobienkäfer (Adult). Ja selbst das Alter der einzelnen Stadien beeinflußt noch die Empfindlichkeit gegenüber SF.

3. „Temperatur"
Die Temperatur beeinflußt entscheidend die Respirationsrate der wechselwarmen Insekten. „Wechselwarm" heißt, daß die Körpertemperatur der Insekten von der Umgebungstemperatur abhängig ist. Je niedriger die Umgebungstemperatur, desto langsamer sind die Lebensvorgänge im Insektenkörper, also auch Bewegung und Atmung.

Für die Begasung ergibt sich somit: Je höher die Temperatur im Gebäude, desto schneller atmen die Insekten, desto niedriger kann die SF-Konzentration oder alternativ die Einwirkzeit sein.

4. „Gebäudedichtigkeit"
Damit die Insekten die notwendigen SF-Gasmengen aufnehmen, muß natürlich das Gebäude genügend gasdicht sein, um das SF-Gas innerhalb der Einwirkzeit zu speichern. Ist der Gasverlust zu groß, überleben die Insekten. Der Gasverlust kann natürlich durch eine hohe Anfangskonzentration ausgeglichen werden, damit die Insekten das notwendige Ct-Produkt akkumulieren; doch das Ziel muß sein, die Anfangskonzentration so weit wie möglich zu senken, um einerseits das Immissionsriskio und andererseits die SF-Aufwandmenge zu minimieren. Je dichter also das Gebäude oder der Raum, desto niedriger die SF-Anfangskonzentration – der Umwelt zu liebe –, desto sicherer aber auch der Bekämpfungserfolg.

5. „Windgeschwindigkeit"
Für den Gasverlust ist nicht nur die Qualität der Abdichtung entscheidend, sondern auch die Windgeschwindigkeit außerhalb des Gebäudes. Weht ein Wind mit ca. 1-2 m/s, so wird hierdurch zwischen dem Inneren eines begasten Gebäudes und der Umgebung eine Druckdifferenz von ca. 10 Pa erzeugt. Diese Druckdifferenz führt zu einer verstärkten Diffusion des SF-Gases bzw. zu einem höheren Gasverlust im Vergleich zur Windstille-Bedingung. Je höher also die unbeeinflußbare Windgeschwindigkeit, desto höher der Gasverlust, desto höher muß die Anfangskonzentration des SF sein. Bei starkem Wind ist eine qualitativ hochwertige Abdichtung noch wesentlicher. Die Windgeschwindigkeit kann sich ebenso wie die Raumtemperatur während der Begasung mehr oder weniger stark ändern. Nachdosierungen oder Verlängerungen der Einwirkzeiten sind dann notwendig.

6. „Gebäudevolumen"
Ein großes unter Gas stehendes Gebäudevolumen stellt ein Gasreservoir dar. Unvermeidbare Gasverluste – absolut gesehen – wirken sich auf die Erniedrigung der Gaskonzentration weniger gravierend aus als bei kleinen Volumina. Der Gasverlust findet dabei über die Gebäudeoberfläche statt. Ein größeres Volumen wirkt sich also positiv auf den Gasverlust aus, während eine größere Oberfläche einen negativen Effekt produziert. Da das Verhältnis von Volumen zu Oberfläche (= spezifisches Volumen) mit zunehmender Gebäudegröße aber wächst, dominiert damit immer mehr der positive Effekt des Volumens. D. h. eine große Kirche speichert bei gleichen äußeren Bedingungen SF-Gas besser als eine Kapelle.

7. „Vorgesehene Einwirkzeit"
Die toxische Wirksamkeit eines Gases ist abhängig von der Konzentration des Gases in der Luft (C) und der Einwirkdauer (t). Zur Abtötung der Schadinsekten ist das Erreichen des Ct-Produkts ausschlaggebend. Dabei ist das Ct-Produkt für jedes Insektenstadium bei einer bestimmten Temperatur konstant (gilt

Abb. 2. Kranzberg, kath. Pfarrkirche, Hohlkörper zur Volumenreduzierung

nur innerhalb bestimmter Grenzen und nicht bei allen Begasungsmitteln). D. h. die Halbierung der Konzentration erfordert die Verdoppelung der Einwirkzeit, um 100 %ige Insekten-Mortalität zu erzeugen (c=coust.) Durch Verlängerung der Einwirkzeit kann also die SF-Anfangskonzentration der Umwelt zuliebe gesenkt werden bei gleichzeitiger Sicherung des Begasungserfolgs.

Diese sieben Faktoren stellen nun die wichtigsten Gebäudeparameter dar. Um also für ein bestimmtes zu begasendes Gebäude die SF-Anfangskonzentration zu berechnen, werden hierzu diese Gebäudeparameter in den AFC eingegeben. Nachfolgend sind zwei Beispiele gezeigt, wie stark diese Konzentrationen und damit die Aufwandmengen an SF von Gebäude zu Gebäude variieren können.

Beispiel 1:
Bei der SF-Begasung gegen Hausbock (Hylotrupes bajulus L.) in einer 10.000 m^3 großen, sehr gut abgedichteten Kirche mit einer Innentemperatur von 20 °C im Sommer und bei Windstille berechnet der AFC für eine vorgesehene Einwirkdauer von 72 Stunden die SF-Anfangskonzentration zu 7 g/m^3.

Beispiel 2:
Im Gegensatz hierzu ergibt sich die SF-Anfangskonzentration für die 24 h-Begasung einer 250 m^3 großen, sorgfältig abgedichteten Kapelle mit Anobienbefall, exponiert auf einem Berg stehend (Windgeschwindigkeit 5 m/s) und mit einer Innenraumtemperatur von 10 °C (Frühjahr) zu 162 g/m^3 (!!!). Bei simpler Ausdehnung der Einwirkzeit auf 72 h und Ausführung der Begasung im Sommer bei sonst gleichen Bedingungen kann aber die Anfangskonzentration auf 21 g/m^3 (!!) gesenkt werden.

Diese Beispiele zeigen überzeugend, wie stark die SF-Anfangskonzentrationen je nach äußeren Bedingungen variieren. Sie demonstrieren aber auch, daß der AFC für jedes Begasungsobjekt individuell und „maßgeschneidert" die niedrigste erforderliche Anfangskonzentration berechnet („fumigation tayloring"). Außerdem veranschaulichen sie, daß die SF-Gaskonzentration ganz entscheidend reduziert werden kann, wenn die Einwirkzeit verlängert bzw. die Temperatur erhöht wird.

In der Praxis wird der zu begasende Raum hinreichend genau mit einem Ultraschall-Meßgerät ausgemessen und dann das Volumen berechnet. Die Windgeschwindigkeit kann mit einem Anemometer bestimmt werden, während die Gebäudedichtigkeit mit dem „Drucktest" ermittelt wird. Hierbei wird mittels eines Sauggebläses Luft aus der abgedichteten Kirche (vor dem Eingasen!!) ins Freie gesaugt, bis sich eine Druckdifferenz von ca. 20 Pa zwischen Kircheninnenraum und außen eingestellt hat. Das Saugen wird abrupt abgebrochen (z.B. mit einem Schieber) und mit einem Druckdifferenz-Meßgerät und einer Stoppuhr oder einem XY-Schreiber die Halbwertszeit des Druckausgleichs ermittelt. Diese ist ein Maß für die Gebäudedichtigkeit. Sie liegt bei sorgfältig abgedichteten Kirchen ab 3,6 sec. aufwärts, je nach Raumvolumen. So ist es -relativ gesehen- schwieriger, eine kleine Kirche (bis 2.000 m^3) hinreichend gasdicht abzudichten und erfolgreich zu begasen als eine mittelgroße (2.000-5.000 m^3) oder große Kirche (ab 5.000 m^3). Hieraus erklärt sich der hohe Grundpreis der Begasung einer kleinen Kirche.

Der AFC weist noch weitere vorteilhafte Funktionen auf, von denen hier nur die wichtigsten erwähnt werden sollen. Da ein Gebäude nie vollständig gasdicht versiegelt werden kann, sinkt die anfänglich eingestellte Gaskonzentration im Laufe der Einwirkzeit natürlich unvermeidbar durch Gasverlust: bei guter, sorgfältiger Abdichtung langsam, bei schlechter Abdichtung aber schnell, vor allem wenn starke Windböen auftreten. Die Frage ist dann, ob die aktuell vorhandene Gaskonzentration im Kircheninnenraum noch für den Bekämpfungserfolg ausreichend ist. Diese Frage beantwortet der AFC zu jedem Zeitpunkt der Einwirkphase. Er zeigt am Display an, ob

- die Lüftung zum vorgesehenen Termin erfolgen kann,
- ob die Einwirkzeit verlängert werden muß oder ob
- alternativ die mittlerweile gesunkene Gaskonzentration durch Nachdosierung wieder erhöht werden muß.

Die Menge des nachzudosierenden SF-Gases wird selbstverständlich ebenfalls berechnet.

In der Regel wird man sich der Umwelt zuliebe für eine Verlängerung der Einwirkzeit entscheiden. Manchmal stehen vor allem bei Kirchenbegasungen hier jedoch wichtige Gründe entgegen; so z. B., wenn Hochzeiten etc. fest eingeplant sind, die eine Verlängerung der Einwirkzeit nicht zulassen. Um die Begasung dennoch erfolgreich rechtzeitig zu Ende zu bringen, muß dann die SF-Gaskonzentration ggf. erhöht werden, was vom AFC ebenfalls berechnet wird.

Der AFC trägt nicht nur durch Gasminimierung zu einem besseren Umweltschutz bei, sondern auch zur Unversehrtheit der Kunstwerke: er stellt beim SF-Einleiten eine Vermeidung des material- und oberflächenschädigenden „Fog-outs" sicher. Entscheidend ist hierbei, daß die einzuleitende SF-Gasmenge pro Minute beim Eindosiervorgang („maximum shooting rate") nicht überschritten wird; zu hohe Verdunstungskälte würde ansonsten zum Kondensieren der Luftfeuchtigkeit und damit verbundenen Folgeschäden führen. Der AFC berechnet die „maximum shooting rate" aus der Ventilator-Rotationsgeschwindigkeit (wichtig zur schnellen und gleichmäßigen Verwirbelung des SF-Gases), der Raumtemperatur (wichtig für die Fähigkeit der Luft, Wasser zu binden), der relativen Luftfeuchte (je höher diese ist, desto langsamer muß eindosiert werden) und aus dem Raumvolumen (beeinflußt die Pufferkapazität der Luft gegenüber Abkühlung).

Beim Eindosiervorgang ist die maximale SF-Menge/min unbedingt zu beachten, damit Schäden an Kunstwerken, Wänden, Gläsern und Fresken etc. sicher vermieden werden. Im Falle des MeBr strömt dieses Gas jedoch beim Eindosiervorgang einfach aus den Gasflaschen aus, so daß der „Fog-out" nur sehr schlecht kontrollierbar wird. Die Gefahr des „Fog-out" steigt bei kleinen Volumina, wenn diese bei tieferen Temperaturen (Herbst oder Frühjahr) und hoher Luftfeuchte (Kirchen und Kapellen haben oft sehr feuchte Mauern und somit eine sehr hohe relative Luftfeuchte) begast werden. Mit Hilfe des AFC ist ein solches Objekt unter diesen extremen Bedingungen mit SF begasbar, ohne daß der „Fog-out" auftritt. Dies wird besonders wichtig im Hinblick auf die Begasung von Kirchen, bei denen schützenswerter Tierbesatz (Fledermäuse, Eulen, Falken etc.) im nicht zu begasenden Dachraum vorliegt. Diese unter Naturschutz stehenden Tierarten nützen die Dachstühle der Kirchen oft von Frühjahr bis Spätsommer als Unterschlupf, Brutstätte und Behausung. Sie dürfen durch Begasungen keinesfalls Schaden nehmen. Während der MeBr-Begasung eines Kircheninneraums diffundieren immer auch gewisse Mengen MeBr durch die Kirchendecke und sammeln sich besonders bei schlechter Belüftung im Dachraum, wo diese Tiere hausen, in gefährlichen Konzentrationen an. Es kann so zur Vergiftung dieser Nützlinge (Insektenvertilger) kommen. MeBr-Begasungen können deshalb nur in den Monaten Oktober und März durchgeführt werden (November bis Februar zu kalt!), wenn die Fledermäuse und Vögel nicht anwesend sind. In den Monaten Oktober und März ist es aber im Kirchenraum meist recht kalt (in der Regel 6-12 °C), so daß einerseits der Begasungserfolg wegen der geringen Mobilität des MeBr bei diesen tiefen Temperaturen in Frage gestellt ist und andererseits die Gefahr eines „Fog out" beträchtlich wächst. Es kollidieren somit Denkmalschutz, Naturschutz und Begasungserfolg. Einen Ausweg scheint nun SF zu bieten, da es in diesem Temperaturbereich im Gegensatz zu MeBr noch genügend mobil ist (Siedepunkt des SF = -55 °C), um ins Holz einzudringen und die Insekten abzutöten. Die Unterschreitung der durch den AFC ermittelten Einleitrate des SF stellt sicher, daß der „Fog out" auch bei diesen niedrigen Temperaturen vermieden wird. Es sei erwähnt, daß vor kurzem neue Konzepte ausgearbeitet wurden, auch Kircheninnenräume im Sommer bei Anwesenheit von Fledermäusen im Dachraum mit SF zu desinsektieren (24). Wichtig ist dabei, daß die Dachräume kontinuierlich oder SF-konzentrationsgesteuert abgesaugt werden, um eine SF-Schadstoffreduktion zu erzwingen. „SF-konzentrationsgesteuert" bedeutet hierbei, daß die SF-Konzentration im nicht zubegasenden Dachraum ständig durch ein Meßgerät kontrolliert wird und bei Überschreiten eines Grenzwertes (z. B. 0,2 ppm) die Absauganlagen automatisch eingeschaltet werden.

Insect-Respiration-Increase-Methode, Volumenreduktion und Entsorgungskonzepte bei Sulfurylfluorid-Begasungen

Die vorangegangenen Ausführungen zeigen, daß mit Hilfe des AFC die einzusetzende SF-Gasmenge optimiert und somit auf minimalem Niveau gehalten werden kann. Das Ziel moderner Kulturgutbegasungen kann wie folgt zusammengefaßt werden: „Umweltschonende Gasmengenreduktion bei gleichzeitiger Sicherung des Bekämpfungserfolgs und größtmöglicher Unversehrtheit der Kulturgüter". Zu letzterem Gesichtspunkt sei erwähnt, je niedriger die Gaskonzentration ist, desto geringer ist auch aus kinetischer Sicht die Gefahr, daß Kunstwerkoberflächen, Pigmente etc. durch chemische Reaktionen mit dem Begasungsmittel angegriffen werden. Dies ist ein sehr wichtiger Aspekt, der oft außer acht gelassen wird.

Im folgendem soll nun u. a. skizziert werden, wie sich zusätzlich die SF-Aufwandmenge senken läßt.

Gelingt es, die Insektenatmung zu intensivieren, so nimmt das Insekt über sein Tracheensystem pro Zeiteinheit mehr SF während der Begasung auf. Die Gaskonzentration könnte folglich entsprechend gesenkt werden, um dem Insekt trotzdem bei gleichem Zeitaufwand die zur Abtötung notwendige Mikromenge an SF zuzuführen. Die Erhöhung der Respirationsrate der Insekten („Insect-Respiration-Increase = IRI") läßt sich – wie bereits beim AFC schon angeklungen – z. B. durch Temperaturerhöhung erreichen. Doch Kircheninnenräume können nicht rasch auf höhere Temperaturen, z. B. 30 °C, aufgeheizt werden, da vor allem Fassungsschäden am Interieur auftreten würden. Die Temperaturerhöhung scheint somit aus denkmalpflegerischer bzw. konservatorischer Sicht nahezu vollständig auszuscheiden.

Mischt man dem SF jedoch bestimmte Mengen an ungiftigem Kohlendioxid bei, so führt das CO_2 im Insekt zu einer wesentlich schnelleren Atmung und damit SF-Aufnahme (synergistischer Effekt), vor allem bei den „aktiven" Insektenstadien (Larve, Käfer). Der Effekt auf die Ruhestadien (Ei, Puppe) muß noch näher untersucht werden. Die SF-Konzentration könnte also bei Zumischung von Kohlendioxid gesenkt werden und damit auch die Einsatzmenge an SF. Der technische Aufwand für die zusätzliche CO_2-Einspeisung erweist sich aber für die Begasung als deutlich preissteigernd. Im Einzelfall müssen deshalb Kosten/Nutzen sorgfältig abgewogen werden.

Im übrigen sollte vor jeder Begasung insbesondere von Kircheninnenräumen und Museen immer geprüft werden, ob das gesamte Interieur oder nur lokal Teile oder Bereiche befallen sind. Einzelne Figuren, Kanzeln, Gestühle, Emporen, Orgeln und Altäre ließen sich nämlich hinreichend gasdicht vom übrigen nicht befallenen Raum mit Folienhüllen oder -wänden abgeschottet begasen. Man spricht dann von einer „Teilbegasung". Müssen bei der Folienabschottung Wände und Decken als Begrenzungsflächen mitbenutzt werden, so ist besonders darauf zu achten, daß zwischen Folie und Wand/Decke eine möglichst gasdichte Verbindung hergestellt werden muß. Nach dem Stand der Technik läßt sich dies nur mit Spezialpapierstreifen und verschiedenen Adhesiva bewerkstelligen. Bei der Wiederentfernung dieser Materialien nach der Begasung können Farbschichten oder Putz an- oder abgelöst werden. Im Zweifelsfalle sollte hier immer mit dem entsprechenden Landesamt für Denkmalpflege Rücksprache genommen werden, da sich unter Putzanstrichen wertvolle Fresken und Wandmalereien befinden können.

Der wohl wirkungsvollste Trick zur Gasmengenreduzierung ist die „Raumvolumenreduktion" (zukünftig abgekürzt als RVR): bei der Begasung von großen Räumen (Kirchen etc.) muß üblicherweise zur Begasung das gesamte Raumvolumen mit der notwendigen SF-Konzentration angefüllt werden, damit sie auf die Schädlinge in den Kunstgütern einwirken kann. Die Kunstwerke füllen dabei oft nur 5-10% des Raumes aus. Durch Einbringen eines großen luftgefüllten Hohlkörpers in den zu begasenden Raum müßte dann allerdings nur noch das die Kunstwerke beherbergende Volumen außerhalb des Hohlkörpers begast werden (25). Das abgetrennte Volumen des Hohlkörpers braucht dann also nicht mehr mit SF beaufschlagt werden. Im einfachsten Fall handelt es sich bei dem Hohlkörper um einen aufblasbaren Ballon. Mit Hilfe des Ballons aus Abb. 2 konnte das zu begasende Volumen der Kirche um ca. 80% reduziert werden; es mußte also nur das effektive Volumen außerhalb des Ballons (ca. 20%) begast werden: somit geringerer SF-Verbrauch.

Bei der RVR ist allerdings sicherzustellen, daß das Begasungsmittel die Ballonhülle nicht durchdringt. SF hat im Vergleich zu MeBr eine geringere Löslichkeit in organischen Materialien und diffundiert deshalb nur wenig durch Kunststofffolien. Die RVR findet aber ihre Grenzen beim Erreichen des kritischen Verhältnisses von „effektives Raumvolumen"/„emittierender Oberfläche". Dabei charakterisiert das effektive Volumen (= Raumvolumen abzügl. Ballonvolumen) das Gasspeicherverhalten des Gebäudes, während die emittierende Oberfläche für den Gasverlust des Gebäudes verantwortlich ist. Wird also das Gebäudevolumen zu stark reduziert, so wird bei gleichbleibendem Gasverlust die SF-Gaskonzentration aber zu schnell abfallen.

Trotz aller trickreicher Anstrengungen, den SF-Gasmengeneinsatz so gering wie möglich zu halten (beispielsweise durch AFC, IRI, RVR), gelangt besonders beim Lüftungsvorgang das im Begasungsraum verbliebene SF (wenn auch nicht ozonschädigend) in die Atmosphäre. Es wurde deshalb auch an neuen Konzepten gearbeitet, das beim Lüften freigesetzte SF aufzufangen bzw. auszufiltern. Dies läßt sich z.B. mit sogenannten Abluftreinigungsanlagen oder Gaswäschern erzielen. Da diese Anlagen aber mobil sein müssen, um zu den verschiedenen Einsatzorten transportiert werden zu können, ist deren Leistung (Nm^3/h) begrenzt, zumal die zu entsorgenden Schadstoffkonzentrationen an SF durch immer besser entwickelte Abdichttechniken verhältnismäßig hoch sind. Durch die chemische Eigenschaft des SF ergeben sich aber neue hoffnungsvolle Perspektiven, die zur Zeit in Erprobung sind (26). Schließlich muß erwähnt werden, daß trotz sorgfältigster Abdichtung unvermeidbarer Gasverlust (Mauerwerksdiffusion etc.) während der SF-Einwirkzeit auftritt. Diese SF-Menge ließ sich bisher (ebenso wie MeBr bei einer MeBr-Begasung) nicht erfassen und somit gezielt entsorgen. Durch die neue „Doppelschalen-Abdichtung mit Zwischenraum-Absaugung" (nachfolgend kurz DAZ) kann das gesamte eingesetzte SF zurückgewonnen bzw. abgefangen werden. Bei der DAZ-Technik wird z.B. die Kirche konventionell mit Folien und anderen geeigneten Abdichtmaterialien an Türen und Fenstern etc. versiegelt (1. Schale) und zusätzlich über die so abgedichtete Kirche komplett eine Zeltplane (2. Schale) gestülpt. Das aus der 1. Abdichtung unvermeidbar entwichene SF wird im Zwischenraum von 1. und 2. Abdichtschale vollständig aufgestaut und über einen Gaswäscher geregelt neutralisiert. Somit ist ausgeschlossen, daß SF in die Umwelt gelangt.

Desinsektion mit Inertgasen

Im vorangegangenen Kapitel konnte aufgezeigt werden, wie sich beim in Europa neuen, toxischen Begasungsmittel SO_2F_2 unter Einsatz verschiedener Hilfsmittel und Techniken (AFC, Drucktest, DAZ etc.) Begasungen umweltschonender ausführen lassen. Ziel war hier, die eingesetzte bzw. die in die Atmosphäre entweichende SF-Menge so gering wie möglich zu halten. Im folgenden soll nun geschildert werden, wie durch Verwendung ungiftiger Inertgase Holz- und Materialschädlinge ebenfalls vollständig (mit mehr oder weniger großem Aufwand) abgetötet werden können.

Unter Inertgasen versteht man die gasförmigen, reaktionsträgen Bestandteile der Luft: Stickstoff, Kohlendioxid, Edelgase (Argon etc.). Das Wirkprinzip der Inertgase erklärt sich wie folgt: Jede Veränderung der natürlichen Zusammensetzung der Atemluft (78 Vol% N_2, 21 Vol% O_2; 0,9 Vol% Ar; 0,03 Vol% CO_2; Rest = Spurengase) wirkt sich negativ auf die Lebensbedingungen der Schädlinge aus. Sehr drastische Veränderungen führen sogar zum Tod. Im wesentlichen sind unter wirtschaftlichen Gesichtspunkten drei Strategien zur Schädlingsbekämpfung möglich:

1. Stickstoffbegasung
Erhöhung des Stickstoffgehalts auf über 99 Vol% und damit Reduktion des Sauerstoffgehalts unter 1 Vol% (controlled atmospheres).

2. Kohlendioxidbegasung
Erhöhung des Kohlendioxidgehalts auf Werte über 60 Vol% (modified atmospheres).

3. Inert-Mischbegasung
Gleichzeitige Erhöhung des N_2- und CO_2-Gehalts unter Bildung sauerstoffarmer Atmosphären.

Bei der Begasung mit toxischen Gasen (Ethylenoxid, Phosphorwasserstoff, Cyanwasserstoff, Brommethan und Sulfurylfluorid) sterben die Schädlinge durch überwiegend irreversible Enzymblockierung oder Cytoplasmaveränderungen ab. Im Gegensatz hierzu ersticken sie bei einer Stickstoffbegasung durch Sauerstoffmangel. Bei Kohlendioxid-Begasungen kommt zusätzlich noch eine Übersäuerung des Insektenblutes hinzu, die zu einer Blockierung des Nikotinsäureamidadenindinukleotids (NAD) durch Protonenüberschuß führt. Das Kohlendioxid nimmt somit eine Sonderstellung ein.

Während Stickstoff und Edelgase chemisch mit den Kunstwerken nicht reagieren können, sind mit Kohlendioxid unter bestimmten Bedingungen Reaktionen möglich, abhängig von vor allem CO_2-Konzentration, Temperatur und relativer Luftfeuchte.

Inertbegasungen laufen z. B. nach folgendem Schema ab:

1. Startphase
Die befallenen Kunstgegenstände werden in einen ausreichend gasdichten Behälter, Kammer oder Hülle („confinements") gestellt und möglichst gasundurchlässig verschlossen.

2. Spülphase
Die in diesen Confinements zu Begasungsbeginn noch vorhandene normale Atemluft wird durch Einleiten des Inertgases/der Inertgase solange verdünnt, bis der gewünschte niedrige Sauerstoffwert erreicht ist („Inertisierung").

3. Einwirkphase
Durch permanentes Überwachen der Restsauerstoffkonzentration und ständiges Nachdosieren von Inertgas/-gasen (geringer Überdruck) werden die Schädlinge über Wochen hinweg erstickt.

4. Lüftungsphase
Nach ausreichender Einwirkung der sauerstoffarmen Atmosphäre wird diese abgesaugt oder die Confinements einfach geöffnet (Vorsicht: Erstickungsgefahr!) und die Kunstwerke entnommen.

Da bei den Inertbegasungen in der Regel 13-21 Vol% des Sauerstoffs der Atemluft durch diese Inertgase ersetzt werden, treten durch die hohen Konzentrationsgradienten verstärkt temperaturabhängige Diffusions- und Permeationsvorgänge durch die Begrenzungsflächen der Confinements, also durch die z. B. Folienwände, auf (siehe z. B. Fick'sche Diffusionsgesetze (27)). So sind die Inertgase je nach Temperatur, Druck und Konzentrationsgefälle bestrebt, aus der erstickend wirkenden Atmosphäre herauszudiffundieren, während gleichzeitig der Sauerstoff aus der Umgebungsluft in entgegengesetzter Richtung eindringen möchte. Dieses Bestreben hält solange an, bis sich wieder das normale atmosphärische Gleichgewicht (Konzentrationsgradient= 0) eingestellt hat. Spezialfolien mit geringer Gasdurchlässigkeit (z. B. Polyvinylidendichlorid) sind als „Hüllenstoff" unerläßlich. Zusätzlich muß in den Confinements ein geringer Überdruck (mind. 5 Pa) des Inertgases aufrechterhalten werden, um einerseits das Eindiffundieren von Sauerstoff möglichst zu unterbinden und andererseits herausdiffundierendes Inertgas nachzuliefern. Da die Schädlinge der modifizierten sauerstoffarmen Atmosphäre je nach Temperatur und Luftfeuchte mehrere Tage, ja Wochen, bis zum Absterben ausgesetzt sein müssen, sind oft mehr oder weniger große Mengen an Inertgasen notwendig. Die benötigte Inertgasmenge läßt sich überwiegend aus Confinement – Volumen, – Temperatur, – Überdruck, – Folienmaterial und – Leckrate (Gasdichtigkeit) abschätzen.

Nachfolgend sind noch kurz die wichtigsten physikalischen Eigenschaften der Inertgase Stickstoff und Kohlendioxid angegeben, auf die die weiteren Ausführungen beschränkt sein sollen:

Physikalische Eigenschaft	Stickstoff	Kohlendioxid
Chemische Formel:	N_2	CO_2
Farbe:	farblos	farblos
Geruch:	geruchlos	geruchlos
Sublimationspunkt: (bei 1,013 bar)	./.	-78,5 °C
Siedepunkt:(bei 1,013 bar)	-195,8 °C	./.
Dichte (15 °C, 1 bar):		
– gasförmig	1,17 kg/m^3	1,848 kg/m^3
– flüssig	(-195,8 °C) 809 g/l	(-56,6 °C) 1177,8 g/l
Löslichkeit in H_2O	0,0156 lGas/kg H_20	0,870 lGas/kg H_2O
Flammpunkt:	nicht brennbar	nicht brennbar
Thermische Zersetzung:	keine	über 1200 °C
Wassergehalt:	nahezu völlig trocken	sehr trocken

Die Inertgase werden für die Spül- und Einwirkphase je nach Mengenbedarf aus Flaschen, Containern oder Tanks entnommen. Bei der Entnahme tiefkalten, flüssigen Stickstoffs oder Kohlendioxids aus wärmeisolierten Behältern muß darauf geachtet werden, daß die zu desinsektierenden Kunstwerke keinen Kälteschaden nehmen, wenn das Inertgas in die Confinements strömt. Leistungsfähige Verdampfereinheiten (Wärmetauscher) müssen zwischen Behälter und Confinements geschalten werden, um die verflüssigten Inertgase zu verdampfen und auf Raumtemperatur aufzuwärmen. Die normale Atemluft in den Confinements zu Beginn der Begasung enthält eine gewisse Menge Wasser, angegeben in relativer Luftfeuchte. Wird sie in der Spülphase oder Einwirkphase vom völlig trockenen Inertgas teilweise (CO_2) oder nahezu vollständig (N_2) verdrängt, so sinkt natürlich der Feuchtegehalt der Atmosphäre in den Confinements sehr stark ab. Diese trockene Atmosphäre würde kinetisch verzögert zum Austrocknen von vor allem hölzernen Kunstgegenständen und damit zu Trockenrissen führen; Fassungen könnten ebenso abplatzen wie Ölgemälde einreißen und irreversiblen Schaden nehmen. Eine Gasbefeuchtung oder elektronische Regelung muß deshalb die Luftfeuchte auf Ausgangsniveau halten. Auch ist der Sauerstoffrestgehalt permanent oder zumindest regelmäßig zu messen, da er zur Abtötung der Insekten entscheidend ist. Auf eine Eichung der O_2-Meßgeräte ist dabei unbedingt zu achten. Temperatur-, Luftfeuchte- und Sauerstoff-Konzentrationsverlauf sollten am besten aufgezeichnet bzw. protokolliert werden.

Inertbegasungen können ohne künstliche Temperaturerhöhung im üblichen Raumtemperaturbereich von Kirchen und Museen von ca. 16-25 °C durchgeführt werden. Dies macht die Inertbegasung zu einer der derzeit substanzschonendsten Schädlingsbekämpfungsmethoden. Inertbegasungen werden überwiegend in gasdichten, stählernen, stationären oder mobilen Begasungscontainern oder Kammern, in tragbaren Folienhüllen („Bubbles") oder in zerlegbaren Folienkammern durchgeführt.

Ersterе sind sehr gasdicht, aber sehr teuer in Anschaffung und Wartung und meist nicht tragbar. Bubbles lassen sich ebenso leicht evakuieren und mit Inertgasen spülen, sind jedoch weniger gasdicht. Da die Hüllen verformbar sind, besteht beim Evakuieren zusätzlich die Gefahr, daß sich die Begrenzungsflächen an die Kunstgegenstände anschmiegen und evtl. empfindliche oder filigrane Teile abbrechen. Hierauf ist besonders bei schweren, reißfesten und textilverstärkten Hüllenstoffen zu rechnen. Bubbles haben aber den Vorteil, daß sie faltbar, leicht tragbar und nahezu überall einsetzbar sind. Es sind allerdings nur wenige Bubble-Modelle genügend gasdicht für Stickstoff-Begasungen. Ein nahezu gasdichtes Bubble-System mit Temperatur- und Feuchtesteuerung incl. Sauerstoffkontrolle ist seit 1988 speziell für N_2-Begasungen in Erprobung und seit 1993 routinemäßig im Einsatz (28).

Da Bubbles eine begrenzte Größe haben, wurden zerlegbare, gasdichte Folienkammern entwickelt, deren Volumen durch Anbau von Kammerelementen beliebig erweitert werden kann. Sie sind sowohl für N_2 als auch für CO_2 geeignet. Mit diesen „Altarion Nitrogeno-Kammern" können die beweglichen Exponate ganzer Museen oder ihrer Depots desinsektiert werden. Temperatur, Luftfeuchte und z. B. N_2-Konzentration werden dabei automatisch kontrolliert, aufgezeichnet und nachgeregelt (29). Beschädigungen der Exponate sind somit nahezu ausgeschlossen. In Verbindung mit einer Überwachung der Raumluft (Atemluft) außerhalb der Bubbles oder Kammern (Erstickungsgefahr bei Leckage oder beim Lüftungsvorgang) können diese Begasungssysteme auch z. B. in Restaurierungswerkstätten, wo gleichzeitig neben der Begasungsaktion weitergearbeitet werden muß, gefahrlos zum Einsatz gelangen.

Unbewegliche Kunstgüter, beispielsweise Hoch- und Seitenaltäre, Gestühle, Kanzeln etc. in Kirchen können direkt vor Ort mit CO_2 oder N_2 begast werden. Hierzu müssen sie möglichst gasdicht in Spezialfolien eingehüllt werden, wobei in der Regel Fußböden oder Wände der jeweiligen Kirche als Begrenzungsflächen genutzt werden müssen (30). Eine solche „Teilbegasung" einer Kirche ist jedoch nur dann sinnvoll, wenn die übrige Ausstattung nicht von tierischen Holzschädlingen, also überwiegend Anobien, befallen ist. Da nämlich auch CO_2- und N_2-Begasungen nicht vorbeugend wirken, wäre eine Reinfektion der begasten Teile durch die flugfähigen Anobien aus dem übrigen, befallenen Interieur möglich. Vor jeder Teilbegasung muß deshalb eine sorgfältige, umfassende Untersuchung aller vorhandenen Holzteile erfolgen, die genaue Auskunft über die Befallssituation gibt.

Begasungen mit Inertgasen dauern in der Regel 2-6 Wochen je nach Temperatur, Luftfeuchte und Schädlingsart. Es galt deshalb auch nach Methoden zu suchen, die Einwirkzeiten von Inertgasen wesentlich zu verkürzen. Alle Schädlingsstadien müssen dabei aber sicher abgetötet werden, ohne daß die Kunstgegenstände nachteilig verändert werden. Aussichtsreiche Ansätze bildet dabei die Druckbegasung mit Kohlendioxid (31), die sich aber nur für mobile Kunstwerke beispielsweise Figuren, Altäre, Möbel, Bilder, Ausstellungsstücke aus Museen etc. eignet. Hierbei müssen die Kunstgüter in eine Druckkammer verbracht werden, bevor Kohlendioxid mit einem Überdruck von 20-40 bar eingeleitet wird. Nach ca. 2-3 Stunden Einwirkung erfolgt eine schlagartige Druckentspannung und die Kunstgüter können schädlingsfrei entnommen werden. Die Wirkungsweise dieser Begasungstechnik beruht auf folgendem Prinzip, das auch von der Taucherkrankheit (Caisson'sche Krankheit) her bereits bekannt ist: Unter dem hohen CO_2-Druck nehmen die Insekten sehr viel Kohlendioxid-Gas in den lebenden Körperzellen auf. Bei der plötzlichen Druckentspannung entweicht das CO_2 aber wieder so schnell aus der Zellflüssigkeit, daß dabei die Zellwände platzen und mechanisch irreversibel geschädigt werden; die Insekten sterben ab. Da der CO_2-Druck auf die Kunstwerke aber von allen Seiten wirkt, ergibt die Addition der Kraftvektoren „Null", so daß auf die Kunstgüter keine Kraft resultiert und sie nicht beschädigt werden. Die Holzzellen können dagegen kein CO_2 in solchen Mengen aufnehmen, um bei der Druckentspannung zu platzen, da es sich um bereits totes Material handelt. Bisherige Untersuchungen ließen an den so behandelten Kunstwerken keine Schäden erkennen.

Dieses Druckverfahren sollte eigentlich auch gegen Pilzzellen (z. B. Echter Hausschwamm) wirken, doch fehlen hier noch systematische Untersuchungen. Vorversuche an hausschwammbefallenen Altarteilen sind vielversprechend (32).

Durch Betreiben der CO_2-Druckanlage im Zwei-Kammer-System kann der CO_2-Gasverbrauch aus Umweltschutzgründen erheblich gesenkt werden.

Nachdem Inertbegasungen unter Verwendung der verschiedenen Kammersysteme mittlerweile Routine geworden sind, galt zu prüfen, ob sich auch ganze Kircheninnenräume wenigstens mit Kohlendioxid erfolgreich begasen lassen. Dies ließ sich durch die durchgeführten CO_2-Begasungen der kath. Kirche Gstadt am Chiemsee (Landkreis Rosenheim), Kranzberg (Landkreis Pfaffenhofen/ Ilm), Unterschwillach (Landkreis Erding), Peiting (Landkreis Weilheim-Schongau) und Salmdorf (Landkreis München) bestätigen.

Die Kirchen wurden mit verschiedenen Abdichttechniken möglichst gasdicht versiegelt und dann mit Kohlendioxid geflutet. Damit die empfindlichen sakralen Kulturgüter keinen Trocknungsschaden während des Einströmens des trockenen CO_2 nahmen, wurde die Raumfeuchte (relative Luftfeuchte) und -Temperatur kontinuierlich gemessen, aufgezeichnet und durch Zudosieren von Wasser geregelt. Die CO_2-Gaskonzentration wurde von einem Meß- und Steuergerät erfaßt, das auch die auf Grund der Gasverluste erforderlichen Nachdosierungen während der mehrwöchigen Einwirkzeit automatisch vornahm. Wegen der benötigten großen CO_2-Gasmenge (Tonnen!) waren neue Logistik-Konzepte zum Aufrechterhalten des CO_2-Nachschubs unabdingbar.

Tankfahrzeuge lieferten regelmäßig das CO_2 an, pumpten es in einen Vorratstank, aus dem es dann bei Bedarf automatisch über Gasleitungen flüssig entnommen wurde. Es wurde anschließend vor dem Einleiten in die Kirche mittels einer riesigen Wärmetauscherbatterie verdampft und auf Raumtemperatur temperiert. Um die CO_2-Gesamtmenge so gering wie möglich zu halten, wurde teilweise zusätzlich in den Kirchen eine Raumvolumenreduktion mittels eines luftgefüllten Ballons durchgeführt. Bei der Begasung der kath. Kirche Salmdorf wurde zur verbesserten Abdichtung über die gesamte Kirche incl. Kirchturm eine sturm- und wetterfeste Zeltplane gezogen.

Diese Zeltplane minimierte die Gasverluste und verhinderte zusätzlich Feuchtigkeitsverluste zum Schutze der Kunstwerke. Da diese Kirche eines der bedeutensten Kunstwerke der Erzdiözese München-Freising beherbergt („Salmdorfer Pietà"), brachte man direkt an diesem frühgotischen Schnitzwerk einen Feuchte- und Temperaturfühler an. Klimamessungen konnten so direkt an dieser wertvollen Skulptur vorgenommen werden, um Feuchte und Temperatur zu regeln; damit waren Trocknungsschäden nahezu ausgeschlossen. Eine mitbegaste Pigmenttafel wurde nach der Begasung mit den Pigmenten einer Kontrolltafel verglichen. Farbveränderungen waren hier ebenso wenig feststellbar wie Trocknungsrisse und Beschädigung an der Pietà selbst. Zur Erfolgskontrolle der Begasung wurden Holzklötzchen mit Anobien- und Hausbocklarven als Testinsekten mitbegast und nach der Begasung zur Auswertung gespalten: Alle Larven waren abgestorben.

Bei Kohlendioxid-Begasungen von Gebäuden besteht in der Regel nicht die Gefahr, daß gefährliche Immissionen auftreten. Trotzdem sind umfangreiche Sicherheitsvorkehrungen zu treffen. Hierzu gehören das Anbringen von Warnschildern an den Gebäudezugängen zur Vermeidung unbefugten Zutritts, das Bereithalten von Notfallmedikamenten incl. Beatmungsautomaten zur O_2-Insuffizienz-Behandlung bei Notfällen, das Vorhalten von Atemschutzgeräten für Personenbergung aus Räumen mit O_2-Mangel und die Überwachung der Sauerstoff-Konzentration von z. B. Kellerräumen, in die CO_2 besonders gut eindringt (CO_2 ist schwerer als Luft!).

Im übrigen ist nach der Lüftung eine verantwortungsvolle Freigabe der begasten Räume durch Raumluftmessungen vorzunehmen, um ein gefahrloses Wiederbetreten zu gewährleisten.

Kohlendioxid-Begasungen von Kircheninnenräumen stellen keine Gefahr für Fledermäuse oder brütende Vögel (Eulen, Falken etc.) im Dachraum oder an der Außenfassade dar, da tödliche CO_2-Konzentrationen dort nicht erreicht werden können. Lediglich bei Zeltbegasungen von Kirchen (siehe vorgenannte Begasung der kath. Kirche Salmdorf) dürfen diese Tiere auf keinen Fall anwesend sein, da diese unter der Zeltplane am CO_2 ersticken würden. Außerdem würde die Zeltplane das Ein- und Ausfliegen der Vögel und Fledermäuse verhindern.

Kohlendioxid gilt als „Treibhausgas". Die Rolle des CO_2 im sog. Treibhauseffekt soll kurz skizziert werden.

Die Sonne strahlt energiereiches Licht (UV-Licht) auf die Erde. Ein Teil dieser Energie wird auf der Erde genutzt und der „ungenutzte" Teil (IR-Licht) wird von der Erde zurückgestrahlt. Dieser energiearme, zurückgestrahlte Teil des Lichts (Wärmestrahlung) gelangt aber nicht mehr vollständig zur Sonne, sondern wird von der Troposphäre, hauptsächlich von dort vorhandenem CO_2 und H_2O, teilweise aufgefangen und wiederum auf die Erde gesandt. Die Erde wird somit davor bewahrt, auszukühlen. Es hat sich dadurch auf der Erde ein gewisses Temperaturgleichgewicht eingestellt. Durch die industrielle Tätigkeit des Menschen, bei der viel CO_2 produziert wird (Verbrennung fossiler Brennstoffe, Automotorabgase etc.) erhöht sich nun aber der CO_2-Gehalt der Atmosphäre, weil mehr CO_2 in die Atmosphäre ausgestoßen wird. Dadurch wird umsomehr infrarotes Licht durch CO_2 auf die Erde zurückgestrahlt und die Erde erwärmt sich immer mehr (Treibhauseffekt). Aus Simulationsmodellen der Atmosphäre läßt sich abschätzen, daß eine Steigerung des heutigen CO_2-Gehalts aus der Luft auf das Doppelte eine Temperaturerhöhung der Erdoberfläche um ca. 3 °C zur Folge hätte. Aus Hochrechnungen des ständig wachsenden Verbrauchs vor allem fossiler Brennstoffe folgt, daß die Verdoppelung des CO_2-Wertes der Luft im Jahre 2050 erreicht sein dürfte. Eine Temperaturerhöhung um 3 °C erscheint dabei zunächst unbedeutend, doch lehrt uns die Meteorologie eine damit verbundene drastische Änderung der großräumigen Luftbewegungen und somit des gesamten globalen Klimas.

Zum CO_2-Ausstoß bei Inertbegasungen muß entlastend betont werden, daß das verwendete Kohlendioxid nicht speziell hierfür generiert wird, sondern bei anderen Prozessen (chemische Industrie) anfällt und durch die Begasung nur sinnvoll zwischengenutzt wird. Zum Teil wird auch für Kulturgutbegasungen natürliche Quellkohlensäure verwendet, die ohnehin in der Erdrinde vorhanden ist. Der Beitrag von CO_2-Begasungen zum Treibhauseffekt ist im übrigen im Vergleich zum CO_2-Ausstoß von Automotoren, Heizungen, Industrie etc. verschwindend gering.

Zusammenfassung

In den letzten 10-15 Jahren wurde zur Kulturgutbegasung fast ausschließlich Brommethan (Methylbromid) verwendet. Dieses Begasungsmittel gerät immer mehr unter Druck und ist in der BRD mittlerweile nur noch in Ausnahmefällen einsetzbar. Verantwortlich hierfür sind vor allem die zugesprochene ozonschädigende Wirkung und offensichtliche Kanzerogenität. Mit Sulfurylfluorid als Ersatzstoff für Brommethan konnte in Deutschland nach ca. 40 Jahren wieder ein neues, toxisches Begasungsmittel amtlich geprüft und zugelassen werden. Seine wichtigsten physikalischen und chemischen Eigenschaften sind: geruchlos, farblos, hoher Dampfdruck, niedriger Siedepunkt, geringe Wasserlöslichkeit und sehr inertes Verhalten gegenüber Materialien. Diese Eigenschaften machen es derzeit unter den toxischen Gasen zum Mittel der Wahl. Bemerkenswert ist aber auch, daß es nicht ozonschädigend ist und es keine Hinweise auf krebserregende Wirkung gibt. Es erwies sich als beachtlich weniger giftig als Brommethan, dringt aber ins Holz schneller ein und ist sehr effektiv gegen Schadinsekten, wenngleich Insekteneier weniger empfindlich gegenüber Sulfurylfluorid sind. Vorteilhafterweise desorbiert es aus den begasten Materialien (Holz, Textilien etc.) sehr schnell und hinterläßt praktisch keine giftigen Rückstände. Die letale Dosis für Insekten ist abhängig von der Insektenart, dem Stadium und der Temperatur. Die Dosis ergibt sich aus dem Produkt von Konzentration und Einwirkzeit. Die Anfangskonzentration des Sulfurylfluorids berechnet ein spezieller Taschencomputer unter Berücksichtigung der Insektenart, des Insektenstadiums, der auf die Insekten einwirkenden niedrigsten Temperatur, der Gebäudedichtigkeit, der herrschenden Windgeschwindigkeit und der vorgesehenen Einwirkzeit. Dabei läßt der Computer dem Begasungsleiter die Möglichkeit, die Einwirkzeit zu verlängern, um die einzusetzende Gasmenge aus Umweltschutzgründen zu reduzieren. Die Gebäudedichtigkeit wird mittels eines Drucktests abgeschätzt. Um Schäden an den Kunstwerken zu verhindern, berechnet der Computer genau die maximal zulässige, in das zu begasende Volumen einströmende Sulfurylfluorid-Menge/Minute unter Berücksichtigung von Raumtemperatur, Luftfeuchte und Luftumwälzung bzw. Gebäudevolumen.

Ein Ziel des Umweltschutzes bei Begasungen ist, die einzusetzende Sulfurylfluorid-Menge soweit zu reduzieren, daß gerade noch eine vollständige Bekämpfung aller Schädlinge erreicht wird. Der Altarion-Fumiguide-Computer hilft in ausgefeilter Weise, dieses Ziel zu verwirklichen.

Durch Teilbegasungen – also nur die befallenen Bereiche werden begast –, durch Erhöhung der Atemfrequenz der Insekten durch Sulfurylfluorid/Kohlendioxid-Mischungen und durch Reduzierung des zu begasenden Volumens mittels aufblasbarer, überdimensionaler Luftballons läßt sich die benötigte Sulfurylfluorid-Gasmenge nochmals drastisch verringern. Auch kann durch bestimmte Abdichttechniken verhindert werden, daß auch während der Gaseinwirkzeit Sulfurylfluorid in die Atmosphäre gelangt.

Toxische Gase für Begasungen können neuerdings vor allem bei beweglichen Kunstgütern durch ungiftige Inertgase (Stickstoff, Kohlendioxid, Edelgase oder Mischungen hieraus) ersetzt werden. Die Schädlinge werden mit diesen Inertgasen nicht mehr vergiftet, sondern durch Sauerstoffentzug erstickt. Inertgase haben den Vorteil, daß sie nicht giftig sind, mit den Kunstwerken kaum oder praktisch nicht mehr chemisch reagieren können und daß sie kein Immissionsrisiko in sich bergen. Um die Schädlinge durch O_2-Entzug zu ersticken, sind hohe Konzentrationen dieser Inertgase ebenso notwendig, wie mehrtätige bis mehrwöchige Einwirkzeiten je nach vorherrschender Raumtemperatur und Holzfeuchte. Da die Inertgase sehr trocken, also nahezu ohne Restfeuchte, eingesetzt werden, muß die erstickend wirkende Atmosphäre geregelt angefeuchtet werden. Einzelobjekte (Figuren, Altäre, Kanzeln, Möbel, Bilder etc.) sowie Exponate gesamter Museen oder ihrer Depots können mittels nahezu gasdichter, mobiler Kammern und Bubbles (Hüllen) bereits routinemäßig schonend desinsektiert werden. Bei der Begasung beweglicher Kunstgüter kann deshalb bereits auf toxische Begasungsmittel vollständig verzichtet werden. Durch CO_2-Druckbegasung in gasdichten Druckkammern (20-40 bar Überdruck) läßt sich die Einwirkzeit sogar auf wenige Stunden verringern.

Testversuche mit Kohlendioxid zeigen, daß sowohl Kircheninnenräume als auch ganze Gebäude (Museen, Kirchen incl. Glockenturm) nach spezieller Abdichtung mit Inertgasen begast werden können. Eine geregelte Befeuchtung der Inertgasatmosphäre ist auch hier notwendig. Wegen der benötigten großen Gasmenge sind neue Logistikkonzepte (Tankfahrzeuge, riesige Speichertanks und Verdampfer) unerläßlich. Der hohe technische Aufwand macht Kohlendioxid-Begasungen von großen Räumen noch sehr teuer. In Zukunft kann deshalb auf die Verwendung toxischer Gase, wie Sulfurylfluorid, noch nicht verzichtet werden, da der Einsatz dieser toxischen Gase noch wesentlich billiger ist.

Bei allen Gebäudebegasungen, vornehmlich bei Kirchenbegasungen, muß sichergestellt werden, daß unter Naturschutz stehende Tierarten (Vögel, Fledermäuse etc.) nicht zu Schaden kommen. Spezielle Absaugvorrichtungen und Ausführung der Begasung zur richtigen Jahreszeit gewährleisten, daß diesen Nützlingen kein Schaden zugefügt wird.

Literatur

1 H. Fiesler, Gefahrstoffe 1993, Universum Verlagsanstalt, Wiesbaden 1993
2 E.J. Bond, T. Dumas u. S. Hobbs, Corrosion of metals by the fumigant Phosphine, J. stored Prod. res., Vol. 20, No. 2, 57-63, (1984)
3 D. Grosser/E. Rossmann, Blausäure als bekämpfendes Holzschutzmittel für Kunstobjekte, Holz als Roh- und Werkstoff 32, 108-114 (1974)
4 H. Mori/M. Kumagant, Demage to antiquities caused by fumigants, I Metals, Scientific Papers of Japanese Antiques and Art Crafts 8, S. 17 (1954).
5 Pegnitz-Zeitung, „Beißender Geruch erfüllt die Kirche“, 87. Jhrg., Nr. 263, 13./14. Nov. 1993, S. 13
6 K. Bäumert/G. Wentzel, Holzschädlinge und deren Bekämpfung, in „Holzschutz“-DEGESCH-Technikertagung in A-Baden-Helental bei Wien vom 15.-21. Oktober 1978, S. 9-16
7 G. Binker/J. Binker, Begasung der Ehem. Klosterkirche Rottenbuch in 1992, unveröffentlichte Ergebnisse
8 Gasreinigungsanlage der Fa. Binker Holzschädlingsbekämpfung, Nürnberg
9 W. P. Bauer, Methoden und Probleme der Bekämpfung von Holzschädlingen mittels toxischer Gase, in: Restauratorenblätter, Bd. 10, Hrsg. Österreichische Sektion des IIC, Wien 1989, S. 58-63
10 G. Binker/J. Binker, Untersuchungen über den Einfluß von CH_3Br auf Naturprodukte bei hoher Luftfeuchte, bisher unveröffentlichte Ergebnisse
11 Merkblatt der BBA, Nr. 22, Vorsichtsmaßnahmen bei der Anwendung von Methylbromid (Brommethan) zur Schädlingsbekämpfung in Räumen, Fahrzeugen, Begasungsanlagen oder unter gasdichten Planen, 2. Aufl., Braunschweig 1989, S. 8
12 BUA-Stoffbericht 14, „Brommethan“, hrsg. vom Beratungsgremium für umweltrelevante Altstoffe (BUA) der Gesellschaft Deutscher Chemiker, Weinheim 1987
13 Mitteilung BGA Berlin 1993
14 A. Unger, Holzkonservierung: Schutz und Festigung von Holzobjekten, 2. Aufl., München 1990
15 B. Hering, Untersuchungsbericht über die Beständigkeit von Pigmenten und Metallen bei der Begasung mit Altarion Vikane bei Kurz- und Langzeitexposition, 1993
16 A.F. Hollemann/E. Wiberg, Lehrbuch der Anorganischen Chemie, 90. Aufl., Berlin 1976
17 Privatmitteilung S. Robertson
18 Gasreinigungsanlage, Fa. Binker Materialschutz GmbH
19 Siehe auch H. Kittel, Pigmente, 3. Aufl., Stuttgart 1960
20 TRGS 512, Ausgabe Okt. 1989
21 P. Breymesser, „Aus der Praxis der Durchgasung gegen Holzschadinsekten“, in Degesch-Technikertagung in A-Baden-Helental bei Wien vom 15. Oktober bis 21. Oktober 1978, S. 62-67
22 T.R. Torkelson, H.R. Hoyle u. V.K. Rowe, Toxicologial hazards and properties of commonly used space, structural and certain fumigants, P.C. 34 (7), S. 13-18, 42-50, 1966
23 R.E. Bailey, Sulfurylfluoride: Fate in the Atmosphere. DECO-ES Report 2511, Midland, Michigan, 1992
24 G. Binker/J. Binker, Neue Konzepte zum Schutz von Fledermäusen bei Kirchenbegasungen, unveröffentlichte Ergebnisse
25 Patentanmeldung der Fa. Binker Materialschutz GmbH 1993
26 Gaswäscherversuchsanlage der Fa. Binker Materialschutz GmbH
27 G. Wedler, Lehrbuch der Physikalischen Chemie, 3. Aufl., Weinheim 1987
28 Altarion-Nitrogen-Bubblesystem der Fa. Binker Materialschutz GmbH
29 Humidifier-System der Fa. Binker Materialschutz GmbH
30 Drucktest im „Testverfahren mit ständigem Luftdurchsatz“ sollte vor Eingasung vorgenommen werden
31 G. Binker, Mit Kohlendioxid gegen Insektenbefall: Wie kann die Einwirkzeit verkürzt werden, Restauro 4, S. 222, 1993
32 G. Binker/J. Binker, Untersuchungen über Begasungen von Pilzen mit CO_2 unter Druck, Veröffentlichung in Vorbereitung

Dank

Mein besonderer Dank gilt meinem Bruder Joachim Binker, ohne dessen Ideenreichtum und Verpackungskünste viele beschriebene Begasungen nicht möglich gewesen wären.

Anhang

Diskussion

Dr. Kühlenthal: Herr Dr. Binker würden Sie bitte noch einmal ausführen, wieweit man entsorgen kann.

Dr. Binker: Entscheidend ist, welche Gaskonzentrationen wir vorliegen haben. Wenn diese noch sehr hoch sind, muß die Durchströmleistung reduziert werden, d.h. man muß weniger schnell fahren. Wenn Sie sich hier aber Zeit lassen, hat das Gas mittlerweile wieder Zeit, aus der Kirche herauszudiffundieren. Wir sind jetzt eben dabei, uns mit diesem Problem intensiver zu befassen.

Emmerling: Die Erfolge sind ja erstens - was eigentlich unglaublich ist - daß 80% des Raumvolumens eingespart werden kann, indem man, wie Sie ausführten, einen Ballon in der Kirche aufbläst. Eigentlich eine geniale Idee. Zweitens ist so ziemlich alles, was jetzt hier vorgestellt wurde, das Ergebnis der letzten 3 bis 5 Jahre. Man muß sich aber im Klaren sein, was das bedeutet: Eine Begasung mit Giftgasen in klassischer Art und Weise, wie sie heute Vormittag vorgestellt wurde, dauert 1 bis 3 Tage. Mit alternativen Gasen werden vielleicht 4 bis 8 Wochen benötigt. Mit Giftgasen hat man 10 oder auch 50 bis 100 kleine Gasflaschen benötigt, mit den alternativen Materialien benötigt man nun Container. Der logistische Aufwand, der Finanzaufwand und die Planung sind ungleich größer. Und so steht man vor der Entscheidung, ob der Preis das wert ist. Die Chancen, substanz- und umweltschonende Materialien einzusetzen sind da. Wenn man wollte, könnte man bis auf Sulfurylfluorid alle Giftgase in Bälde vergessen. Sulfurylfluorid ist auch anscheinend das erste Gas, welches überhaupt je getestet wurde in dieser Branche. Alles andere waren mehr oder weniger großzügig bemessene Erfahrungswerte. Ich will damit sagen, daß die neuen Entwicklungen und neuen Materialien da sind und man sich aber nun auch mit den dafür notwendigen Finanzen auseinandersetzen muß.

Dr. A. Unger: Ich möchte noch einmal auf den logistischen Aufwand zu sprechen kommen. Wie sehen Sie, Herr Dr. Binker, die Chancen, eine einfache Begasungsapparatur für den freischaffenden Restaurator zu entwickeln und ihm auch anzubieten? Sicherlich werden Sie möglichst viele Aufträge selbst bearbeiten wollen, aber es geht manchmal auch um Einzelstücke, die begast werden müssen, wo also eine Stickstoff- oder eine Kohlendioxydbegasung angebracht wären.

Dr. Binker: Wenn ich jetzt eine einzelne Figur zu begasen habe, werde ich mich vermutlich für Stickstoff entscheiden. Es ist die Frage, ob in der Handhabung durch einen Restaurator der Sauerstoffwert so weit gedrückt werden kann, daß die tödlichen Stickstoffkonzentrationen erreicht werden. Ich kann das machen, indem ich Meßgeräte kaufe oder vielleicht fertig konfektionierte Anlagen, die den Sauerstoffgehalt messen und, wenn der Sauerstoffgehalt wieder angestiegen ist, automatisch nachdosieren. So etwas wird es mit Sicherheit in Zukunft geben, wenn es nicht schon auf dem Markt ist. Dann muß ich dazu noch sagen, daß es sehr aufwendig wäre, jede einzelne Figur in eine Folie einzupacken, wenn ein ganzes Museumsdepot zu begasen ist. Deshalb haben wir uns das mit den Kammern überlegt, die man entsprechend lang gestalten kann. Die längste Kammer, die wir bis jetzt konstruiert haben, hat ungefähr 20 m gemessen. In so einer Kammer kann ich ein gesamtes Museumsdepot begasen. Ich muß wirklich - und das ist entscheidend - Temperaturen und Luftfeuchte überprüfen und auch steuern, sonst kommt es zur Austrocknung.

Klarner: Wie ist die Verteilung des Gases? Ist es gewährleistet, daß sich das Gas im Raum gleichmäßig verteilt, sinkt es ab, steigt es auf?

Dr. Binker: Kohlendioxyd ist schwerer als Luft und wird sich also eher am Boden ansammeln. Stickstoff ist etwas leichter, wird deshalb eher nach oben steigen. Sulfurylfluorid ist 3,4 mal schwerer als Luft; es wird sich auch am Boden ansammeln. Aber für den Begasungstechniker ist das kein allzu großes Problem mehr, wenn man entsprechend Ventilatoren einsetzt. Auf diese Weise kann man natürlich eine Gleichverteilung erreichen und Gasmessungen in unterschiedlichen Höhen eines Raumes durchführen.

Siegmund: Wäre es sinnvoll, die stationäre Begasung vor der Verpuppung zu machen, also den Zeitpunkt abzuwarten, in welchem die Larven sich verpuppen, da sie ja dann ziemlich unter die Oberfläche kommen? In Absprache mit einem Museum müßte das doch von Vorteil sein, weil man dann den richtigen Zeitpunkt wählen kann.

Dr. Binker: Herr Dr. Unger wird mir zustimmen, daß es relativ schwierig ist, Puppen mit Kohlendioxyd und Stickstoff abzutöten. Das sind nämlich die Ruhestadien, in denen sie wenig Sauerstoff brauchen, weil sie wenig atmen, und deshalb ist es mit Sicherheit schwieriger, eine Puppe abzutöten und ein Ei, als eine Larve und einen Käfer.

Siegmund: Ich meinte vor der Verpuppung.

Dr. Binker: Wenn Sie das wirklich so gut timen können, dann ja.

Siegmund: Das kann ich ja: Ende März bis Mitte Juni.

Dr. Binker: Da muß man aber auch sagen, daß es Ende März, Anfang April noch recht kalt ist und auch die Kirchen vom Winter her oft noch recht kalt sind und erst aufgeheizt werden müßten. Sie wissen selbst aber, was es für ein Risiko ist, eine kalte Kirche von 8 °C plötzlich auf 25 °C hochzuheizen.

Dr. Kühlenthal: Wenn Sie nicht alle Stadien mit einer Begasung erwischen, müßte man wohl die Begasung wiederholen und das wäre sehr aufwendig.

Dr. Binker: Wir warten einfach noch eine Woche länger.

Dr. A. Unger: Herr Binker, noch eine Frage zu den Witterungsbedingungen, bei denen solche Begasungen durchgeführt werden. Mir ist es beim Drucktest aufgefallen, daß bei stürmischem Wetter keine vernünftigen Ergebnisse zu erzielen sind. Welche Erfahrungen haben Sie?

Dr. Binker: Es ist wirklich so, daß, wenn starker Wind auf das Gebäude drückt, Ihr Meßgerät schwankt und Sie die Null-Linie praktisch nicht mehr richtig feststellen können. Deshalb müssen Sie früh um 4 Uhr den Drucktest machen, weil der Wind dann am geringsten ist.

Eine Diskussionsteilnehmerin: Ich wollte fragen, ob es möglich ist, bei der Begasung die Luftfeuchtigkeit zu kontrollieren. Mir ist von einer Fachfirma gesagt worden, daß man bei einer Kohlendioxyd-Konzentration von 60% eine maximale Luftfeuchtigkeit von 40% erhalten kann. Stimmt das?

Dr. Binker: Es gibt mehrere Möglichkeiten. Eine davon ist, daß Sie sich ein automatisches Steuergerät kaufen, das die Luftfeuchte mißt und dann entsprechend einen Verdampfer aktiviert, wenn es notwendig ist. Es ist allerdings noch abzuklären, ob Kohlendioxyd mehr Wasser aufnimmt, als die Luft. Ich kann zu diesem Punkt momentan noch nichts sagen.

Prof. Trübswetter: Es ist eine relativ einfache Geschichte. Es gibt Dampftafeln nicht nur für Luft, sondern auch für alle möglichen Gase. Dort kann man nachschauen, wieviel der Sättigungsdruck des Wasserstoffs in dem jeweiligen Gas ist. Man kann es zwar nicht in Prozent ausdrücken, sondern nur in g/m^3.

Dr. Binker: Es war für mich auch sehr schwierig, an diese Tafeln heranzukommen. Ich habe jetzt welche aufgetrieben und möchte das für verschiedene Objekte durchrechnen. Ich habe, bevor wir die Kohlendioxydbegasungen ausgeführt haben, schon Abschätzungen von bestimmten Werten vorgenommen. Es schaut so aus, als ob die Luft ähnlich Feuchtigkeit aufnimmt wie Kohlendioxyd.

Dr. A. Unger: Herr Binker, wir sehen doch etwas Licht am Horizont bei der Bekämpfung holzzerstörender Insekten. Wie sehen Sie denn die Chancen einer Bekämpfung holzzerstörender Pilze? Sie haben ja hier viel Neues vorgestellt, vielleicht haben Sie auch schon Ansatzpunkte für eine neue Entwicklung bei der Bekämpfung holzzerstörender Pilze. Können Sie dazu etwas sagen?

Dr. Binker: Das Problem ist einfach, daß bei Pilzbegasungen, die Konzentration sehr hoch liegen muß. Wenn ich ein ganzes schwammverseuchtes Gebäude mit einer hohen Dosierung beaufschlage, dann bringt das natürlich extreme Umweltbelastungen mit sich, ich muß mit hohen Gaskonzentrationen umgehen, wodurch die Diffusionen stärker werden und es ist fraglich, wo dann die Grenzkonzentrationen liegen, durch welche die Sporen sicher abgetötet werden können. Methylbromid hat hier ganz gute Eigenschaften, wird aber in Zukunft wegfallen, und ich glaube kaum, daß mit Sulfurylfluorid hier sich etwas erreichen läßt. Ich habe auch selbst Versuche gemacht. Ich habe Schwammyzelien durch verschiedene Begasungen abtöten können, aber die Frage ist, ob die Versuche ausreichend wissenschaftlich exakt gewesen sind. Ich muß, wenn ich irgendwo Hausschwamm finde, eine Probe entnehmen und hoffe, daß sie überlebt, bis ich sie wieder in der zu begasenden Kirche ansetzen kann. Sicher wäre es schön, diesbezüglich mit Frau Dr. Unger ins Gespräch zu kommen, welche die einzige ist, die entsprechende Proben zur Verfügung stellen kann.

Emmerling: Ich habe noch zur Akkumulation von Giftstoffen eine Frage. Ist es so zu verstehen, daß auch kleine Mengen von Giften über einen langen Zeitraum hin tödlich wirken?

Dr. Binker: Man hat festgestellt, daß es einen gewissen No-Effect-Level gibt, der bei Methylbromid ungefähr bei 3 g/m^3 liegt. Wenn ich in der Kirche ungefähr 3 g/m^3 habe, werde ich kaum Insekten abtöten können, innerhalb einer vertretbaren Zeit. Sobald die Konzentration aber höher steigt, stelle ich fest, daß dieses Begasungsmittel eine gewisse Reaktion im Insektenkörper hervorruft. Es muß erst einmal hineindiffundieren und in den Zellen Reaktionen auslösen. Man hat festgestellt, daß hier eine Art Akkumulation stattfindet. Ich muß in den Insekten einen gewissen Schaden erzielen, damit sie absterben. Wenn diese Veränderung nicht entscheidend ist, überlebt das Insekt. Wenn ich 2 bis 3 Stunden länger begase, habe ich eine größere Chance, Veränderungen zu erzielen und einen besseren Effekt zu erreichen. So kann man es vielleicht anschaulich erklären.

Dr. A. Unger: Ich glaube, es fehlen noch die entsprechenden Grenzwerte nach unten. Wo noch eine tödliche Konzentration gegeben ist und wann eine subletale Konzentration vorliegt, wann also ein Überleben der Insekten oder Larven gegeben ist. Dieser Grenzwert muß sehr genau ermittelt werden.

Dr. Binker: Das ist richtig. Und Sie müssen diesen Grenzwert auch für die unterschiedlichen Stadien ermitteln. Man hat mit dem Computer diesen Schritt ja schon vollzogen und auch schon gewisse Sicherheitsausschläge eingebaut. Es ist nur so: Beginne ich eine Begasung bei einem Wind von 2 m/s, der während der Einwirkzeit zu einem Sturm mit Windgeschwindigkeiten von 10 m/s anwächst, wird mehr Gas aus der Kirche herausgesaugt. Deshalb muß ich während der Begasung messen, die Konzentration überprüfen und in diesen Computer eingeben.

Mayrhofer: Wie funktioniert eigentlich die Entsorgung. Wird das Gas durch ein Wasserbad gezogen?

Dr. Binker: Das Ziel ist, daß ich den Stoff Sulfurylfluorid irgendwie in ein Salz transformiere, weil dieses Salz oder eine Flüssigkeit auch besser gehandhabt werden kann, als ein Gas. Sie haben am Schluß vielleicht eine Lösung, in der Sulfurfluorid zu irgendwelchen anderen Stoffen umgesetzt ist, und diese Lösung können Sie dann auf den Sondermüll fahren, oder, was wir vorhaben, in die Fluorid-Industrie zurückgeben, damit dieses Fluorid oder Sulfat oder was immer auch gebildet wird, wieder z.B. bei der Glasherstellung eingesetzt werden kann. So hätte man einen Recyclingprozeß erzeugt. Ich transformiere praktisch dieses Sulfurylfluorid in ein Pulver und kann dieses Pulver dann dem Glas zusetzen, aus dem Sie Ihr Bier trinken.

Gerhard Binker

New Concepts for Environment Protection and New Developments in the Fumigation of Cultural Property

Introduction

Fumigation with highly effective gases has proven to be successful in pest control in museums and church interiors. In the last 10-15 years, practically only methyl bromide (CH_3Br) was used in West Germany. The decisive factors for this was its modest price, its effectiveness (a very good ovizide) as well as its moderate chemical reactivity towards art objects when properly applied. Alternative fumigants were pushed into the background: ethylene oxide (C_2H_4O) proved to be carcinogenic (1), hydrogen phosphide (PH_3) and hydrogen cyanide to be corrosive to metals. Besides hydrogen cyanide requires aeration periods of sometimes up to weeks (2, 3, 4). Major damage to art work fumigated with methyl bromide has recently become known (5). Methyl bromide fumigation of, e.g., church interiors usually followed a simple plan:

- Seal windows and doors and other cracks and crevices in the building
- Open the valves of the methyl bromide cylinders and disperse the gas wearing masks
- Leave the fumigation area as quickly as possible and seal the last open doors
- Let the methyl bromide "act" for about 3 days, usually without using fans to circulate the air
- Open doors and windows to aerate the fumigated area
- Permit use of the fumigated area

The quantity of methyl bromide employed was yielded by multiplying the cubage of the room (volume of to-be-fumigated area) by the proved gas concentration. However, there are no laboratory-test results available for methyl bromide indicating which concentrations (g/m^3) have to be used for given exposure time and a given temperature in order to achieve 100 % kill (LD_{100}, respectively LC_{100}) of the various developmental stages of wood pest (ova, larva, pupa, adult). Probably on the basis of experiences, a general initial dosage of 50 g/m^3 CH_3Br was recommended for wood pests (6). This very high initial concentration ensured success of pest control even if the building was not very airtight. Sometimes it was practice to compensate less sealing (and therefore less airtightness) by higher initial dosages. High gas concentrations however, are accompanied by higher emission risks caused, e.g., by increased diffusion (Fick´s law of diffusion).

In future, therefore, the goal of cultural property fumigation will be to minimize the quantity of required gas while at the same time ensuring complete insect control and the originality of the art work fumigated.

After a short review on methyl bromide fumigations this paper shows how this goal can be realized by using new gases, innovative and sophisticated fumigation technology and modern filter systems, respectively.

Methyl Bromide as a Fumigant for Cultural Property

As mentioned above, methyl bromide (hereinafter referred to as MeBr) used up to now, in, e.g. church fumigations, was dispersed by the fumigation staff opening the required number of gas cylinders. This procedure has to be finished within at most 10 minutes in order to avoid exposure to the staff. This proceeding has the drawback that the gas flow cannot be interrupted, making any controlled dosage impossible. As it is very difficult to determine the exact fumigation volume by measuring the cubage (in particular in churches with a gothic ribbed vaulting) overdoses may result with this procedure especially if the effective volume is less than the calculated one. Due to the relatively low vapor pressure of MeBr (1.610 hPa at 20 °C), it takes a lot of time until the liquid MeBr is evaporated. The thermal energy needed for the evaporation is withdrawn from the ambient air which therefore cools down. This cooling can be so intense that locally water fog is formed ("fog out"). Considerable amounts of MeBr (13.400 ppm at 25 °C and 1.013 hPa) as well as, in particular, hydrogen bromide traces of which may be present in MeBr (0.005 % up to a maximum of 0.02%) dissolve in this water fog. Hydrolysis turns the hydrogen bromide into hydrobromic acid, which is very corrosive to metal surfaces but also may react with pigments, paper, leather, textiles, etc. The "fog out" effect occurs especially when gas is improperly released in small rooms (e.g. chapels, small churches, etc.) at low temperatures (autumn, spring). Heat exchangers, which warm up and evaporate the fluid MeBr prior to its introduction into the area to be fumigated, can prevent "fog out". High-powered evaporators, which however require high-voltage current or diesel as a source of energy, are suited for large amounts of MeBr (7). Traces of hydrogen bromide can be removed by using a filter system (8), to avoid altering of the artifacts.

Despite intensive aeration, there is often a lingering, sometimes nauseous smell still perceivable after MeBr fumigation although no MeBr can be detected in the air. This odor becomes more intensive in the presence of certain natural products containing sulfur, such as leather, wool, furs and feathers (9). Responsible for this smell are probably sulfur compounds (amino acids, tanning agents, proteins, etc.) in these natural products, which MeBr methylates forming methyl thioether or methyl sulfide. These reactions can cause, e.g., leather to become brittle and finally, in some instances, destroy it. Research has shown that methylating reactions occur especially when the humidity is high (10). Therefore, materials containing sulfur should be removed prior to fumigation (11).

In future, intensive aeration will be necessary before permitting reentry into MeBr-fumigated areas (actual threshold 1 ppm) in order to completely remove even the smallest traces of adsorbed MeBr, because animal tests indicated that MeBr might be carcinogenic (Classification III B: TLV list, carcinogenic materials: "Materials having a well-founded suspicion of carcinogenic potential" (1)). In principle, even the smallest concentration of a carcinogenic material is harmful. For this reason, in the USA there are regional regulations that rooms have to be aired for at least 3 days after fumigation before reentry is permitted. Presently, in Germany only 12 hours are demanded. Following the revision of the German Hazardous Goods Ordinance, MeBr is no longer listed and may only be used with special official permission. In addition to this, the ozone-damaging properties of MeBr threaten further production and use. Although filter techniques which bind MeBr after the exposure period can prevent any unrestricted prohibition, industrial production is supposed to be ceased by 2001. Whether complex, expensive filter systems will pay off economically and amortize is therefore doubtful. Moreover, the filters collect only the remaining MeBr prior aeration, but not the MeBr lost during exposure, which may even be the main portion (sometimes up to more than 90 %).

The ozone-damaging effect of MeBr is due to decomposition of the ozone in the stratosphere (20 - 40 km altitude) by a bromide and chloride catalytic process:

$$CH_3Br + h \rightarrow CH_3 + Br$$
$$Br + O_3 \rightarrow BrO + O_2$$
$$Cl + O_3 \rightarrow ClO + O_2$$
$$ClO + BrO + h \rightarrow Cl + Br + O_2$$

$$CH_3Br + 2O_3 \rightarrow 3O_2 + Br + CH_3$$

The catalyzing chloride atoms originally come predominantly from man produced substances, fluorochloro-hydrocarbons (CHF_2Cl) and halons (fluorochlorobromohydrocarbons). From the above reaction follows that fluorine atoms are not involved in the ozonolysis. In chemistry this phenomenon is explained by the instability of the fluorine radical (in decomposition reactions fluorine is normally present in the form of a fluorine anion). Although MeBr is 3.2 times heavier than air and should actually collect on the ground, it diffuses due to, e.g., the Brownian motion, convection and turbulence from the troposphere (0 - 10 km altitude) through the tropopause (thin transition layer with a very low temperature down to approx. – 60 °C) into the stratosphere where the ozone layer is located.

70% of the man produced MeBr results from fumigating soil (e.g. against nematodes) and only a small percentage from fumigating buildings (12). Remarkable is, however, that the major part of the MeBr emitted into the atmosphere originates from nature. Active volcanoes emit large amounts of MeBr. Blue algae in the oceans synthesize methyl iodide which converts with the bromide (contained in the ocean water) into MeBr. The purpose of this naturally occurring MeBr is presumably to maintain the homeostasis (equilibrium) and to control the growth of the ozone layer. Speculation is that this equilibrium is disturbed by the intensive emission of man produced MeBr; to what extent is still being discussed by scientists. At the UN Conference of Copenhagen in 1992, the signing countries agreed to stop MeBr production completely till 2001. As mentioned above, MeBr is no longer listed in paragraph 15 d of the German Goods Ordinance since October 1993 and may presently be employed in Germany only in special cases with the permission of the competent state authority. Permission for use in wood protection and therefore for fumigating churches are time limited (13).

As MeBr can no longer be used as a fumigant in art preservation, a suitable alternative has to be found.

Sulfuryl Fluoride as a new alternative for Methyl Bromide

A systematic study of all possible gases finally led to sulfuryl fluoride (SO_2F_2), hereinafter referred to as SF. Although SF has not been employed in Europe, it has been successfully used in the USA as a termite fumigant since 1957 (14). In Europe, it was not until 1992 that the first building (a church) was desinfested with this gas (brand name Altarion® Vikane) following promising laboratory tests with pigments and gilding, etc. (15). Altarion® Vikane is the purified form of Vikane. It took about four years (!) to get Altarion® Vikane admitted in Germany as a fumigant and to obtain a license for use. This was the first new admission of a toxic gas for wood pest control in about forty years.

SF, a color- and odorless, non-flammable inorganic compound is very inert. It can for example be heated in a closed pipe up to 150 °C with water without decomposing (16). Caustic soda treatment only attacks it slowly, but acids practically not at all. Sodium metal can be melted in SF without losing its metallic gloss. This indicates the tremendous stability of SF making it an excellent fumigant for cultural property. It does not form an explosive mixture in air (contrary to MeBr). The table below gives its most important physical properties:

Molecular weight	102.07 g/mol
Density (20 °C)	1.36 kg/l
Boiling point (1013 hPa)	-55.2 °C
Vapor pressure (20 °C)	13440 hPa
Melting point	-135.8 °C
Relative gas density (air = 1)	3.52
Water solubility (25 °C, 1013 hPa)	0.075 g/100 ml (=750 ppm)
Evaporation heat (-55 ° C)	19.26 kJ/mol

With regard to wood fumigation, it is necessary to point out the ability of SF to penetrate deep into the wood. Tests have revealed that SF penetrates softwood and hardwood much faster than MeBr. It also diffuses faster through coats of paint on, e.g., slices of pine wood than MeBr. Fumigations with SF against wood pests are possible within two hours (!!) due to its penetrating attribute (17). Contrary to hydrogen cyanide (prussic acid), SF is practically insoluble in water (750 ppm at 25 °C and 1013 hPa) and therefore does not condense on damp walls. Presently it is being investigated whether a little hydrolysis of SF takes place in alkaline plaster (stucco). Essential for SF´s suitability for use in the preservation of art work is its marked inert attribute, which can be raised by removing traces of fluoride and chloride compounds with suited filter systems (18). Laboratory tests with pigments in fumigation chambers underpin this inert attribute. Thus, only long-term tests with nine month exposure in 100 vol. % SF gas atmosphere (!!) in relatively high humidity indicated only very little changes in the unprotected pigments azurite ($2CuCO_3$ x $Cu(OH)_2$) and malachite ($CuCO_3$ x $Cu(OH)_2$) which are known to be very sensitive (19). This chemical behavior can be explained by the hydroxide ions contained in these pigments. The mentioned testing conditions represent the "worst-case" conditions. In fumigation practice, SF only acts for about three days with a, compared to the long-term tests, very low SF concentration of approx. 0.3 to 1 vol. %. The reaction rate is additionally delayed kinetically, because it depends essentially on the gas concentration which is very low as mentioned. In practice, however, care must be taken when fluid SF is introduced: Because SF, just as all other fumigants that are stored in fluid form, is very aggressive in the fluid phase, any contact of liquid SF with the surface of the art objects has to be avoided. In many cases a single drop squirted by improper use suffices to damage the surface of an art object. Moreover, it must be ensured that hot metal areas and open light are removed out of the to-be-fumigated area or turned off prior to fumigation. Otherwise metal catalyzed pyrolysis or thermolysis of the SF could be happen. SF would therefore be cracked into aggressive sulfur dioxide and etching hydrogen fluoride. Corrosion to metal, etching damage to glass and other altering would become possible on a large scale. These reactions could also happen with MeBr. Moreover, in the case of MeBr there is the additional danger that due to thermolysis at, e.g., pew heaters, large quantities of hydrobromic acid are formed, which can thermally decompose into hydrogen and elementary bromine. Bromine itself would dissolve in moisture forming hydrobromic acid and hypobromous acid (HOBr). This red-brownish fluid (bromine water) is so aggressive that it would even attack gilding while forming reddish-brownish auric bromide ($AuBr_3$), which finally reacts to yellow tribromo-monohydroxo auric acid ($H\{Au(OH)(Br)_3\}$). Furthermore, the bromine water dissolved in condensed water would become "visible" ("staining") by streaking walls and surfaces.

Contrary to MeBr, SF does not penetrate human skin significantly. Therefore rooms with a SF gas atmosphere can be entered in case of emergency if a suitable breathing mask is worn (the time limitations are given in TRGS 512, 10.1 (20)). The mask however has to be a self contained breathing apparatus independent of the ambient air with a full facial mask, because adsorption filters (e.g., on an activated charcoal basis) are not effective. This is substantiated by SF's little tendency to adsorb, which is an advantage particularly during post fumigation aeration, because SF (contrary to MeBr) desorbs quickly from the fumigated materials, especially wood and textiles. SF desorbs within a few hours (usually 4 - 6 hr.) whereas at least a 12 hour aeration period is prescribed after MeBr fumigation. Hydrogen cyanide may even require weeks (21). The danger of toxic residues can be fairly excluded in the case of SF.

Tests have shown that SF is by a factor 2 to 3 less toxic to warm-blooded animals than MeBr (22). Important for environmental and occupational safety considerations is that SF has not shown any carcinogenic or ozone-damaging effects. Substituting MeBr by SF, therefore, represents a considerable contribution to protecting the environment and occupational safety.

The sulfur in SF has the highest oxidation number (+VI). This may be an additional reason why SF does not attack the ozone (23). However SF may minimally contribute to "acid rain" due to sulfur dioxide formed by UV-induced photolysis or partial hydrolysis in the atmosphere (as in the case of MeBr by forming hydrobromic acid). There is no indication of heterogeneous catalysm of ozonolysis by SF. However as SF is a structural fumigant (thus neither in the industrial production of other materials nor in soil or grain storage fumigation), its contribution to "acid rain" is negligible. A recent environmental study (23) points out that seen globally the overall released amount of SF does not influence the atmosphere or the environment. Nonetheless, in the use of SF the goal is also to keep the amount of SF as low as possible and neutralizing escaping SF.

The advantageous toxicological properties of SF have already been dealt with. However, they are accompanied by problems for the fumigator with regard to ensuring the success of a fumigation: SF is less ovicidal than MeBr. SF penetrates the shell of the insect ova (particularly those of various species of carpet beetles) rather slowly. In order to ensure successful fumigation, either higher doses are necessary or, for environmental considerations, preferably longer exposure times. An alternative may be two fumigations at intervals: in the first fumigation all the larvae, pupae and adults are killed with a low dose of SF; after the young larvae are emerged from the eggs not killed by the first fumigation a second low dose is applied which then eliminates these young larvae (vulnerable-phase timing). Thus, all the pests are eradicated with low concentrations of SF. In practice, this strategy, however, proves to be a bit complicated so that extending exposure time is often given preference.

New Concepts for Protecting the Environment in the Use of Sulfuryl Fluoride

The Altarion Fumiguide Computer

Two environmental principles govern the future use of toxic gases:

1. Keeping the amount of gas to a minimum.
2. Permitting as little as possible gas to escape.

The following shows how these points can be realized using SF:

As mentioned in the introduction a well-tried dosage of approx. 50 g MeBr/m^3 is employed usually regardless of, e.g., temperature, species of wood pest, exposure time and volume of the building. The reason for this is the fact that the quantitative dependence of the required concentration of MeBr on temperature and exposure time for wood pests have not hitherto been studied. Contrary to SF: here the essential data have already been investigated and combined into a computer program taking into account the physical natural laws (gas loss curves, temperature-dependent diffusion, influence of wind velocity on gas loss, etc.). The computer (Altarion Fumiguide Computer = AFC) calculates from the individual "fumigation parameters" the optimum and, therefore, minimum necessary initial SF concentration for each special fumigation case. The to-be-expected SF-gas loss can also be estimated. The time dependence of the gas loss is given by single exponentials with relaxation times depending for example on the wind velocity. The time which elapses till the initial gas concentration is reduced by the factor 2 is the so called half loss time which is a measure for the airtightness of the building.

The "fumigation parameters" are outlined below.

1. "Target pest"

Tests with different SF concentrations acting on various on wood pests for a specific time have shown that some species of insect pests survive and others are killed. These results demonstrate the varying sensitivity of the individual species to SF (applies to all fumigants). Therefore a certain dosage of SF is required for each species. Thus, higher SF concentrations are needed to kill Anobiid than to exterminate Hylotrupes bajulus (longhousehorn beetles) although the exposure times are the same. If various types of pests are present in the building, the most tolerant species is decisive in choosing the initial concentration.

2. "Target developmental stage"

The insects' sensitivity to SF does not only differ from species to species, but also noticeably from stage to stage within the life cycles of the individual species. Therefore, higher SF gas concentrations or longer exposure times are needed to kill Anobiid pupae (dormant stage! low respiration!) than for an Anobiid adult. Even the age of the individual stages influences sensitivity to SF.

3. "Temperature"
The temperature influences the respiration rate of the poikilothermic insects. "Poikilothermic" means that the insects body temperature is dependent on the ambient temperature. The lower the ambient temperature, the slower the life processes of the insect body, including motion and respiration. As a consequence for fumigation: the higher the building temperature, the quicker the insects breathe, the lower the SF concentration or alternatively the exposure times.

4. "Airtightness of the Building"
To ensure that the insects take up sufficient amounts of SF gas, the building has, of course, to be airtight enough to store the SF gas for the length of the exposure time. If loss of gas is too great, the insects will survive. The loss of gas can, naturally, be set off by a higher initial concentration so that the insects will take up the required gas. However, the goal must be to lower the initial concentration as much as possible in order to minimize, on the one hand, the risk of emission and, on the other, the amount of SF used. The air-tighter the building or the room, the lower the SF initial concentration, for environmental considerations, but also the greater the certainty of successful eradication.

5. "Wind velocity"
The quality of the sealing is not solely decisive for gas loss, but so is the wind velocity outside the building. If there is a wind with a velocity of approx. 1-2 m/s it will generate a difference of approx. 10 Pa between the pressure inside and outside the fumigated building. This difference in pressure results in intensifying the loss of SF gas compared to calm conditions. Thus, the higher the wind velocity, which cannot be influenced, the higher the loss of gas, the higher the concentration of SF will have to be. High-grade sealing is even more essential if there are heavy winds. During fumigation, wind velocity can change more or less drastically just as room temperature can. This will then call for additional doses or extending the exposure time.

6. "Structure volume"
A building of large volume under fumigation is a gas reservoir. Unavoidable loss of gas, seen absolutely, influences lowering the gas concentration less gravely than for a small volume. Loss of gas occurs via the surface of the building. A large volume has therefore a positive effect on gas loss, whereas a large surface has a negative effect. The volume to surface ratio (= specific volume), however, rises with increasing building size, and in this way the positive effect of the volume increasingly dominates. In other words, a large church stores SF gas better than a chapel under the same outside conditions.

7. "Planned exposure time"
The toxicity of a gas is dependent on the concentration c of the gas and the exposure time t. Decisive for eradicating the insect pests is attaining the ct-product (= concentration x exposure time). The ct-product is constant at a certain temperature for each developmental stage (only within certain limits). In other words, halving the concentration requires doubling the exposure time in order to achieve 100 % insect kill. By extending the exposure time, the SF initial concentration can thus be lowered for environmental considerations while at the same time ensuring successful fumigation.

These seven factors are the most important fumigation parameters. Therefore, in order to calculate the SF initial concentration for the fumigation of a building, these parameters are fed into the AFC. In the following, two examples show how high the concentration can be and consequently how the amount of SF needed can vary from building to building.

Example 1:
In the case of a SF fumigation against longhousehorn beetles (Hylotrupes bajulus L.) infestation in a church of 10,000 m^3 which is excellently sealed and has an interior temperature of 20 °C, the AFC calculates a SF initial concentration of 7 g/m^3 for a planned exposure period of 72 hours at calm wind conditions.

Example 2:
Contrary to this, the SF initial concentration for a 24 hour-fumigation of a 250 m^3, carefully sealed, Anobiid-infested, isolated chapel perched on a hill (wind velocity of 5 m/s) and with an inside temperature of 10 °C (spring) amounts to 162 g/m^3 (!!). However, by simply extending the exposure period to more than 72 hours and carrying out the fumigation under the same conditions, the initial concentration can be reduced to 21 g/m^3 (!!).

These examples convincingly show how strong the SF initial concentrations vary depending on external conditions. Moreover, they demonstrate that the AFC "custom-tailors" the lowest required initial concentration for each fumigation object. In addition, they illustrate that the SF gas concentration can be decisively reduced if the exposure period is extended or the temperature is raised.

In practice, the to-be-fumigated area is exactly measured using an ultra-sound device and the volume is then calculated. The wind velocity can be determined with an anemometer, whereas the airtightness of the building can be determined with a "pressure test". For that purpose a fan draws air out of the sealed church (prior to dispersing the gas) until a pressure difference of approx. 20 Pa between the inside and the outside of the church is obtained. The evacuation is abruptly interrupted (e.g., with a valve) and the relaxation time of the pressure balancing is determined with a pressure-difference measuring device and a stop watch or Xt-writer. The time which elapses until the pressure difference has reached a value of 10 Pa is the half loss time of the pressure test which is a measure of the building's airtightness. It is, depending on the structure volume longer than 3.6 sec. for a carefully sealed church. In practice it is, relatively seen, more difficult to seal a small church (up to 2,000 m^3) adequately airtight and successfully fumigate it than a medium-sized (2,000 - 5,000 m^3) or a large church (greater than 5,000 m^3) (cf. "specific volume"). This explains the high base price for fumigating a small church.

The AFC also has other advantageous functions of which only the most important will be mentioned. As a building can never be sealed totally airtight, the gas concentration decreases in the course of the exposure period unavoidably due to the gas loss: slow in the case of good, careful sealing, faster in the case of poor sealing, in particular if there are heavy winds. Hence the question is whether the actual gas concentration inside the church is sufficient for successful eradication. The AFC answers this question at any time during the exposure phase. It shows on a display

- whether the aeration can be done at the planned time,
- whether the exposure time has to be extended or
- whether the meanwhile lower gas concentration has to be raised by an additional dose.

For environmental considerations, an extension of the exposure time is usually favored. However, there are sometimes important reasons, in particular, in the case of church fumigations; e.g., fixed dates for weddings, etc., which would not permit extending the exposure time. In order to still successfully terminate the fumigation, the SF gas concentration, if need be, has to be raised. The amount of the additional SF dose is calculated too.

The AFC does not only contribute to improved pollution control by minimizing the amount of gas, but also to the protection of the art work: it helps to avoid material- and surface-damaging "fog outs" when SF is introduced (the reason for the "fog out" has already been discussed). Decisive is that the amount of SF gas to be introduced per minute is not exceeded in the gas shooting step ("maximum shooting rate"). The AFC calculates the "maximum shooting rate" taking into account the fan-rotation speed (important for fast and homogeneous distribution of the SF gas), the room temperature (important for the ability of the air to absorb water), the relative humidity (the higher, the slower the shooting rate has to be chosen) and the volume of the room (influences the buffer capacity of the air against cooling). In the gas shooting step, it is essential to pay attention to the maximum SF amount/min in order to avoid any harm of the works of art, wall glasses and frescoes. In the case of MeBr the gas simply flows out of the gas cylinder during gas introduction so that "fog out" is difficult to control. If the volume of the building is small, the danger of "fog out" increases if fumigation is carried out at low temperature (spring or autumn) and high humidity (churches and chapels often have damp walls and therefore relatively high humidity). With the aid of the AFC, such an object can be fumigated with SF under these extreme conditions without "fog out". This is especially important for the fumigation of churches whose not-to-be fumigated roof area are often inhabited by protected species (bats, owls, falcons, etc.). These protected species often use the roof-rafters from spring to late summer as shelter, breeding grounds and habitation. No harm must come to them. In the case of fumigation the interior of a church, a certain amount of gas always diffuses through the church ceiling and collects in dangerous concentrations especially if ventilation is poor in the roof area inhabited by these useful animals (they feed on insects) and poisons them. Fumigations should therefore only be performed during the months of October and March (November to February are too cold) when the bats and birds are gone. In October and March, it is however generally quite cold (usually 6 - 12 °C) so that successful fumigation with MeBr is rather questionable (low mobility of this gas at such low temperatures and increased danger of "fog out"). Thus a conflict of interest arises between the protection of cultural property, the protection of nature and successful fumigation. SF seems to be the solution, because, contrary to MeBr, it is still mobile enough in this temperature range (SF boiling point = -55 °C) to penetrate the wood and kill the insects. Choosing a SF introduction rate equal or less than that determined by the AFC ensures that there is no "fog out" even at these low temperatures.

It must be noted that new concepts have recently been developed to desinfest church interiors in summer with SF despite the presence of bats in the roof loft (24). Important is that the air in the roof-truss is permanently or "SF concentration controlled" ventilated to force a reduction of SF pollutant. "SF concentration control" means that the SF concentration in the not-to-be fumigated roof area is constantly monitored by a measuring device and the ventilation system is automatically switched on when a given limit (e.g. 0.25 ppm) is exceeded.

Insect Respiration Increase Method, Volume Reduction and Disposal Concepts in Sulfuryl Fluoride Fumigation

We have just shown that with the aid of the AFC, the amount of required SF gas can be optimized and therefore be kept at a minimal level. The goal of modern fumigation of cultural property can be summarized as follows: "environmental-conscious reduction of the quantity of gas while at the same time ensuring 100 % insect kill and the maximum safety for the cultural properties". With regard to the latter, it should be noted that the lower the gas concentration, the less the danger, kinetically seen, that the fumigant will attack surfaces of the work of art, pigments etc. This is a vital aspect that is often not taken into consideration.

In the following, we shall show different ways how the amount of SF can be reduced.

If the respiration of the insect can be intensified, the insect will assimilate more SF per time unit via its trachea system during the fumigation. The gas concentration consequently could be reduced without a change of the exposure time keeping the needed micro amount of SF constant. Increasing the rate of insect respiration (IRI = insect respiration increase) can be achieved as already suggested in the AFC section, e.g., by raising the temperature. However, one cannot raise the temperature inside churches quickly to higher temperatures, e.g. from 15 to 30 °C, because this would damage the interior, in particular, the polychroming. Consequently, from a cultural property preservation and conservation viewpoint, temperature raising is excluded.

If, however, a certain amount of non-toxic carbon dioxide is added to the SF, the CO_2 forces the insects to breathe faster and therefore take upmore SF (synergetic effect), especially the active developmental stages of the life cycle (larvae, adults). The effect on the dormant stages (ova, pupae) still need to be investigated. The SF concentration could therefore be reduced if carbon dioxide is added and consequently the required amount of SF. The technical complexity of adding CO_2, however, leads to distinct higher costs. For this reason, costs and advantages must be carefully weighed.

Moreover, prior to each fumigation, particular, in churches and museums, it should always be checked whether the interior or only certain parts or areas are infested. Notably, individual works of art, figures, pulpits, pews, choirs, organs and altars can be isolated sufficiently airtight from the not infested area using poly-covers or sheets. This method is called "partial fumigation". If walls and ceilings have to be used in the foil isolation, it is especially important to take care that the connection between the foils and the wall/ceiling is as airtight as possible. According to the state of the art, this can only be achieved with special paper strips and various adhesives. Layers of paint or plaster may come loose or be lifted off when these strips or adhesives are removed. In case of doubt, the local office for the preservation of cultural property should be consulted, because there may be precious frescoes and mural painting beneath the plaster.

The most effective inventive way to decrease the quantity of gas is "volume reduction" (hereinafter referred to as RVR = room volume reduction): for fumigation of large buildings (churches, basilicas, etc.) usually the entire room volume has to be filled with the required SF concentration in order to kill all the pests in the works of art. These works of art usually occupy only 5-10 % of the volume. If a huge air-filled bladder is placed into the to-be-fumigated area, only the volume with the works of art outside this bladder would have to be fumigated (25). The simplest thing would be if the bladder would be an inflatable balloon. With the aid of such an balloon, cf. Fig.1, it would be possible to reduce the to-be-fumigated volume of the church by approx. 80 %. Thus, only the effective volume outside the balloon (approx. 20 %) would have to be fumigated: consequently the required amount of SF is reduced in this way.

When using RVR, it is essential to ensure that the fumigant does not pass through the skin of the balloon. Compared to MeBr, SF is less soluble in organic materials and therefore diffuses very slowly through plastic foils. RVR has its limits when the "effective room volume/emitting surface" becomes critical (cf. specific volume): The effective volume (= room volume - balloon volume) is decisive for the gas storage of the building, whereas the emitting surface is responsible for the gas loss of the building. If the volume is reduced too drastically, SF gas concentration will drop rapidly because the gas loss remains still the same.

In spite of all the inventive efforts to keep the SF gas concentration as low as possible (e.g. AFC, IRI, RVR), the SF still remaining in the fumigated area (even if not harmful to the ozone layer) escapes into the atmosphere especially during aeration. This was the reason for creating a new concept to collect or filter out the aerated SF. This can be achieved, e.g., with so-called gas collectors or antipollution devices. However, the performance of these devices is limited (Nm^3/h), because they have to be transportable from site to site. Another reason is the relatively high SF concentration to-be-disposed due to the improved sealing techniques. However, the chemical properties offer new optimistic possibilities which are now being tested (26). Finally, it must be pointed out that despite most careful sealing gas loss (e.g. by diffusion) is unavoidable during the SF exposure period. Hitherto it has not been possible to collect and filter this lost of SF (neither the amount of MeBr lost in MeBr fumigations). All the SF used can be regained or collected with a new sophisticated technique "double-layer sealing with filtering the intermediate space" (hereinafter referred to as DLS). In the DLS method, e.g., a church is conventionally sealed (doors, windows etc.) with polysheets and other suitable sealing materials (1st layer). Then a tent is placed over the entire church (2nd layer). The SF diffusing through the 1st layer is collected in the intermediate space between the two layers and is neutralized in a controlled manner by a gas neutralizer. Consequently any escape of SF into the atmosphere can be avoided in this way.

Desinfestation with Inert Gases

In section 4 it was shown how the new toxic fumigant SO_2F_2 can be applied using various fumigation aids and procedures (AFC, pressure test, DLS, etc.) in an environment-friendly way. The goal was to keep the amount of SF employed or escaping into the atmosphere as low as possible. In this section, we shall describe how the non-toxic inert gases can also be used to completely eradicate wood and material pests (with more or less great expense and effort).

Inert gases are low-reactive components of the air: nitrogen, carbon dioxide, rare gases (argon, etc.). The mode of action of the inert gases is explained as follows: each change in the natural composition of the breathing air (78 vol. % N_2; 21 vol. % O_2; 0.9 vol. % Ar; 0.03 vol. % CO_2; remainder = trace gases) have a negative effect on the living conditions of the pests. Very drastic changes are fatal. Fundamentally from an economical viewpoint there are three possible strategies.

1. Nitrogen fumigation
Increase the nitrogen content to more than 99 vol. % and thus reduce the oxygen content below 1 vol. % (controlled atmospheres).

2. Carbon dioxide fumigation
Increase the carbon dioxide content to values over 60 vol. % (modified atmospheres).

3. Inert mixture fumigation
Simultaneously increase the N_2 and CO_2 content while forming a low-oxygen atmosphere.

In the fumigation with toxic gases (ethyleneoxide, phosphin, hydrogen cyanide, methyl bromide and sulfuryl fluoride), the pests die due to the predominantly irreversible enzymatic blockage or cytoplasmatic alterations. Contrary to this, in nitrogen fumigation the pests die by asphyxia. In carbon dioxide fumigation there is also an hyperacidity of the insect's blood, which leads to blocking the nicotinamide-adeninedinucleotides (NAD) due to an excess of protons. The carbon dioxide thus occupies a special position within the inert gases.

Nitrogen and rare gases cannot react with the works of art, whereas in the case of carbon dioxide reactions are possible in some circumstances dependent, in particular, on the CO_2 concentration, temperature and relative humidity.

Inert fumigations follow, e.g., this schedule:

1. Start phase
The infested works of art are placed in a sufficiently airtight container, chamber or covering ("confinements") which are sealed as airtight as possible.

2. Flushing phase or purging phase
The normal breathing air still present in these confinements at the beginning of fumigation is diluted by introducing inert gas/gases until the desired low oxygen level has been attained ("inertization").

3. Exposure phase
The pests are suffocated for weeks by permanently monitoring the remaining oxygen concentration and steadily adding doses of the inert gas/gases (little positive pressure).

4. Aeration phase
After the action of the low oxygen atmosphere, the confinements are exhausted or simply opened (caution: danger of asphyxiation) and the works of art are removed.

In inert gas fumigations more temperature dependent diffusion and permeation processes through the interfaces of the confinements occur, that is, e.g., the foil walls (see Fick's law of diffusion (27)) due to the high concentration gradients. Depending on the temperature, the pressure and the concentration gradient the inert gases diffuse out of the suffocating atmosphere while at the same time the oxygen from the ambient air outside of the container diffuses in reverse direction. This will continue until in the confinement the normal atmospheric composition of gases is reached again (concentration gradient = 0). Special foils with little gas permeability (e.g., polyvinylidendichloride) are indispensable as "enveloping material". In addition, a little positive pressure (at least 5 Pa) of the inert gas has to be maintained inside the confinements in order to, on the one hand, prevent oxygen diffusing in and, on the other hand, to replenish the inert gas diffusing out. As the pests have to be exposed to the modified low-oxygen atmosphere, depending on the temperature and the humidity, for several days, even weeks, until they are killed, more or less large amounts of inert gas are required. The needed amount of inert gas is mainly estimated from the volume, temperature, positive pressure, foil material and leakage rate (gas-tightness) of the confinement.

The most important physical properties of the inert gases nitrogen and carbon dioxide, to which this paper is confined, are listed below:

	Nitrogen	**Carbon dioxide**
Chemical formula:	N_2	CO_2
Color:	colorless	colorless
Odor:	odorless	odorless
Sublimation point (1.013 bar):	./.	-78.5 °C
Boiling point (1.013 bar):	-195.8 °C	./.
Density (15 °C, 1 bar):		
– gaseous	1. 17 kg/m^3	1.8484 kg/m^3
– fluid	(-195.8 °C) 809 g/1	(-56.6 °C) 1177.8 g/1
Solubility in H_2O:	0.156 (1 gas)/(kg H_2O)	0.870 (1 gas)/(kg H_2O)
Ignition point:	non-flammable	non-flammable
Thermal decomposition:	none	over 1200 °C
Water content:	almost totally dry	very dry

For the flush and exposure phases, the inert gases are taken from cylinders, containers or tanks depending on the amount required. The fluid nitrogen or carbon dioxide from the thermally insulated containers are very cold. Care must be taken that the cooling does not damage the works of art to be desinfested when the inert gas streams into the confinement. Efficient evaporation devices (heat exchangers) have to be connected between the container and the confinement in order to evaporate the liquid gases and to heat the gases to the room temperature. At the beginning of the fumigation, the normal breathing air in the confinement contains a certain amount of water, stated in the relative humidity. If the completely dry inert gas displaces the humid atmosphere in the confinement the rel. humidity, of course, drops sharply. After a certain delay this dry atmosphere would dehydrate, in particular, wooden art objects and cause cracking, polychroming could blister off and oil paintings could tear causing an irreversible damage. A gas humidifier or an electronic control therefore has to keep the humidity at the starting level. The remaining oxygen content has to be constantly or at least regularly measured because it is decisive to eradicate the insects. It is essential that the O_2 measuring devices are calibrated. Temperature, humidity and oxygen concentration should be plotted or recorded.

Inert fumigations can be carried out in churches and museums at normal temperatures from 16 - 25 °C without an artificial increase in temperature. Therefore inert fumigation presently is one of the most substance-friendly mode of pest control. Inert fumigations are usually carried out in gas-tight steel containers, stationary or mobile fumigation chambers, in portable foil covers ("bubbles") or in foil chambers that can be dismantled.

The former are very gas-tight but are very expensive in purchase and maintenance and usually are not portable. Bubbles can be easily evacuated and flushed with inert gases, but are less gas-tight. Because the covers are flexible, there is the added danger that the interface clinging to art objects and breaking off sensitive or filigree parts. This must be expected, in particular, with heavy, sturdy or textile reinforced plastic-covers. Bubbles have the advantage that they can be folded, are readily portable and can be used almost anywhere. However, there are few bubble models that are sufficiently gas-tight for nitrogen fumigations. A practically gas-tight bubble system with a temperature and humidity control as well as an oxygen control has been tested especially for N_2 fumigations since 1988 and has been regularly in use since 1993 (28).

Since bubbles are limited in size, detachable, gas-tight foil chambers were developed whose volumes can be extended as desired by adding chamber elements. They are suited both for N_2 and CO_2. All the moveable exhibits of museums or their archives can be desinfested with these "Altarion nitrogen chambers". Temperature, humidity and, e.g., N_2 concentration are automatically controlled recorded and well-conducted (29). Damage to the exhibits is practically ruled out. If the room air (breathing air) outside the bubbles or chambers (danger of suffocation in the event of leakage or during the aeration phase) is monitored, these fumigation systems can also be safely used, e.g., in restoration studios where work must go on close by the fumigation.

Stationary cultural property, for instance high altars and side altars, pews, pulpits, etc., can be fumigated in situ with CO_2 or N_2. For this purpose, they have to be covered with special foils as gas-tight as possible, with the floors or walls of the respective church usually having to be included as boundaries (30). However during "partial fumigations" of a church it is important, that the remaining interior is not infested by woodboring insects, predominantly Anobiids. As, notably, CO_2 and N_2 fumigations are not preventive, the fumigated parts may be infested again by flying Anobiids from the remaining infested interior. For this reason, it is *vital* that a careful, comprehensive examination of all the wooden parts, providing a detailed account of the infestation, precedes each partial fumigation.

Fumigations with inert gases usually last 2-6 weeks depending on the temperature, humidity and target pest. It was therefore necessary to seek methods that would substantially shorten the exposure time. The pests have to be killed in all their developmental stages without harming the art objects. A promising attempt is pressure fumigation with carbon dioxide (31), which however is only suited for mobile artifacts, e.g., statues, altars, furniture, pictures, museum exhibits, etc. The cultural property has to be brought into a pressure chamber before the carbon dioxide is introduced with an overpressure of 20-40 bar. After approx. 2-3 hours exposure time, the pressure is suddenly blown off and the cultural property can be removed free of infestation. The principle of this fumigation technique is familiar from the bends (caisson disease): the cells of the insects absorb quite a lot of carbon dioxide in the high pressure CO_2-atmosphere. When the pressure suddenly is blown off, the CO_2 leaves the cell fluid so quickly that the cell walls burst irreversibly damaging the cells: the insects die. On the other hand, wood cells being a dead material cannot absorb such large amounts of CO_2 that they could burst when the pressure is blown of. Since the high pressure is hydrostatic there is no resultant force exerted on the art objects, and they remain unharmed. Tests have hitherto indicated no damage to the artifacts treated in this manner.

Fungi cells (dry rot) should actually behave in the same manner in this pressure procedure, but there are no systematic test results available till now. Preliminary experiments with dry-rot infested parts of altars are promising (32).

For environmental reasons, CO_2 consumption is considerably reduced by operating the pressure system with two chambers, where the gas released from one chamber is filled into the other (swing system). Since meanwhile inert fumigations using various chamber systems have become routine, the idea was to investigate whether entire church interiors can be successfully fumigated with carbon dioxide. This was confirmed by CO_2 fumigations carried out in the Catholic churches in Gstadt/Chiemsee (County of Rosenheim), Kranzberg (County of Pfaffenhofen/Ilm), Unterschwillach (County of Erding), Peiting (County of Weilheim-Schongau) and Salmdorf (County of Munich).

These churches were sealed as gas-tight as possible using various sealing techniques and subsequently flushed with carbon dioxide. The moisture content of the room (relative humidity) and the temperature are constantly measured, recorded and controlled by adding water vapor so that the sensitive sacral cultural properties are not harmed due to dehydration caused by the dry CO_2 flushed in. A measurement and control device determined the actual concentration of CO_2 gas and automatically added CO_2 required due to gas losses during the several week-long exposure time. The large amounts of required CO_2 gas (tons!) made it essential to point out new logistic concepts to maintain the CO_2 supply.

Tank vehicles delivered periodically the CO_2 , pumped it into a supply tank, from where it was automatically withdrawn in a fluid form via pipelines as needed. Subsequently, prior to introducing the gas into the church, it was evaporated by means of a heat exchanger battery and tempered to room temperature. In order to keep the amount of CO_2 gas as low as possible, the volume of the church was reduced by means of air-inflated balloons.

During the fumigation of the church in Salmdorf, a storm- and weather-proof tent was wrapped over the entire church including the church steeple in order to improve sealing.

This tent minimizes the gas loss and prevents additional loss of moisture for the protection of the artifacts. As this church houses one of the most important works of art in the archdiocese of Munich-Freising (the "Salmdorfer Pieta"), a moisture and temperature sensor was placed directly on this early gothic sculpture. Measurements could be made directly at the valuable statue, thereby practically excluding dehydration damage. The pigments of a pigment panel that was fumigated together with the sculpture was compared with a reference pigment panel. Neither color changes nor dehydration cracking or damage to the pieta itself were detected. In order to monitor fumigation success, wooden blocks containing test insects Anobiids and Hylotrupes larvae were fumigated with the sculpture. After the fumigation, the blocks were split for assessment: all the larvae had been killed.

Carbon dioxide fumigation of buildings usually constitutes no risk of hazardous emissions. Nonetheless, comprehensive safety measures have to be taken. Among them are, warning signs at the entrances of the building to prevent unauthorized entry, having emergency medicine and medical equipment including respirators for O_2-insufficiency treatment and monitoring the oxygen concentration, e.g., in the basement into which the CO_2 permeates especially well (CO_2 is heavier than air). Moreover, safe reentry of the fumigated areas is ensured if the air is checked after the aeration.

Carbon dioxide fumigation of church interiors does not harm bats or breeding birds (owls, falcons, etc.) in the roof or on the facade, because the lethal CO_2 concentration cannot be reached there. The tent fumigations of churches (see the church of Salmdorf) are the only fumigations which pose a danger to these animals, because the CO_2 would asphyxiate the animals in the tent. Moreover, the tent would prevent the birds and bats from flying in and out.

Carbon dioxide is considered as "a greenhouse gas". We will outline the role of CO_2 in the greenhouse effect. The sun radiates high-energy light (UV light) to the earth. A part of this energy is utilized on the earth (e.g., photosynthesis) and the "not utilized" part is reflected from the earth as heat radiation (IR light). This low-energy part of the light is not radiated in the space, but is partially collected by the troposphere, chiefly by the CO_2 and H_2O present there, and is reflected to the earth. This prevents the earth from cooling off. Due to this, a certain temperature equilibrium has established itself on the earth. Man's industrial activity produces a lot of CO_2 (burning of fossil fuels, automobile exhaust fumes, etc.), which is emitted into the atmosphere where additional CO_2 raises the CO_2 content of the atmosphere and radiates even more IR light back to the earth steadily raising the temperature of the earth (greenhouse effect). Simulation models of the atmosphere permit estimating that if the present CO_2 content in the atmosphere doubles, the temperature on the surface of the earth would increase by approx. 3 °C. An extrapolation of the continuously rising consumption of fossil fuels indicates that by 2050 the CO_2 level in the air would double. An increase in temperature by 3 °C appears insignificant at first. However, meteorology teaches that this is accompanied by various drastic changes in air movement over large areas and consequently in the climate of the entire world.

Nonetheless, it must be pointed out that the carbon dioxide employed in inert fumigations is not especially generated for this purpose, but rather is a side product of other chemical processes (chemical industry) and the fumigation is only an efficient interim use of the gas. To some extent natural carbonic acid present in the crust of the earth is employed in the fumigation of cultural property. The contribution of CO_2-fumigations to the greenhouse effect is minimal in comparison to the CO_2 emitted by automobiles, heating, industry, etc.

Conclusions

In the past 10 - 15 years, cultural property fumigations were almost exclusively carried out with methyl bromide. This fumigant is becoming more and more controversial and can be employed in Germany only in exceptional cases. The reason for this is the ozone-damaging effect attributed to it and that it is a carcinogen. With sulfuryl fluoride as a substitute for methyl bromide, a new, toxic fumigant was tested and approved by the authorities for the first time in forty years in Germany. The most important physical and chemical properties of SF are: odor- and colorless, high vapor pressure, low boiling point, low water solubility and very inert behavior. These properties make it the choice medium of all the available toxic gases. However, it is remarkable that it does not harm the ozone and there is no indication that it is carcinogenic. It proved to be considerably less toxic than methyl bromide, but penetrates wood faster and is very effective against insect pests although insect ova are less sensitive to sulfuryl fluoride. Advantageously, it desorbs very quickly from the fumigated materials (wood, textiles, etc.) and leaves practically no toxic residue. The lethal doses for insects are dependent on the species, the developmental stage and the exposure time. The initial concentration of the sulfuryl fluoride is calculated by a special hand held calculator taking into account the species, its developmental state, the lowest temperature effective for the insects, the airtightness of the building, the actual wind velocity and the planned exposure time. The computer permits the fumigation supervisor to extend the exposure time in order to reduce the amount of gas for environmental considerations. The airtightness of the building is estimated by means of a pressure test. In order to prevent damage to the works of art, the computer calculates the exact maximum permissible sulfuryl fluoride amount/minute flushing into the to be fumigated volume while taking the room temperature, humidity and air circulation or building volume into account.

An environmental goal in fumigations is to reduce the amount of required sulfuryl fluoride that it is just enough to completely eradicate all pests. The Altarion-Fumiguide-Computer helps to achieve this goal in a creative way.

Partial fumigations, in which only the infested areas are treated, raising the breathing rate of the insects with sulfuryl fluoride/carbon dioxide mixtures and lowering the volume to be fumigated by means of inflatable, outsize balloons permit even further drastic reduction of the required amount of sulfuryl fluoride gas. Certain sealing techniques can also prevent sulfuryl fluoride from escaping into the atmosphere during the exposure period.

Recently, toxic gases for fumigation can be replaced by non-toxic inert gases (nitrogen, carbon dioxide, rare gases or mixtures of them) in particular in the treatment of mobile works of art. The pests are not poisoned by these inert gases, but rather they are asphyxiated by the withdrawal of oxygen. Inert gases have the advantage that they are not toxic, hardly or practically do not chemically react with the art objects and involve no risk of emission. Suffocation of pests by withdrawing oxygen demands high concentrations of these inert gases as well as exposure periods ranging from several days to several weeks depending on the room temperature and the moisture-content of the wood. Since the inert gases are implemented very dry containing almost no residual moisture, the suffocating atmosphere must be humidified in a controlled manner. Single objects (figures, altars, pulpits, furniture, paintings, etc.) including the exhibits of entire museums or their archives can already be routinely, gently desinfested in practically gas-tight, mobile chambers and bubbles. Therefore, it is no longer necessary to use toxic fumigants to treat mobile cultural property. Exposure time can even be reduced to a few hours with CO_2 pressure fumigation in gas-tight pressure chambers (20 - 40 bar positive pressure).

Tests with carbon dioxide show that both church interiors and whole buildings (museums, churches including the church steeple) can be fumigated using inert gases following special sealing. A controlled humidifying of the inert gas atmosphere is also necessary here. Due to the large amounts of gas required, new logistic concepts (tank vehicles, huge storage tanks and heat exchangers) are essential.

The great technical sophistication makes carbon dioxide fumigations of large areas very expensive. In future, therefore, the use of toxic gas, such as sulfuryl fluoride, will remain necessary, because this method is substantially cheaper.

In any event it must be ensured in the fumigation of building, in particular churches, that protected species (birds, bats, etc.) are not harmed. Special exhaust devices and conducting the fumigation at the right time of the year ensures that these useful animals are not injured.

Bibliography

1 H. Fiesler, Gefahrstoffe 1993, Universum Verlagsanstalt, Wiesbaden 1993

2 E.J. Bond, T. Dumas a. S. Hobbs, Corrosion of metals by fumigant Phosphine, J. stored Prod. res., Vol. 20, No. 2, 57-63, 1994

3 D. Grosser a. E. Rossmann, Blausäure als bekämpfendes Holzschutzmittel für Kunstobjekte, Holz als Roh- und Werkstoff 32, 108-114, 1974

4 H. Mori a. M. Kumagant, Demage to antiquities caused by fumigants, I Metals, Scientific Papers of Japanese Antiques and Art Crafts 8, p. 17, 1954

5 Pegnitz-Zeitung, "Beißender Geruch erfüllt Kirche", 87. Jhrg., Nr. 263, 13./14. Nov. 1993, S. 13

6 K. Bäumert a. G. Wentzel, Holzschädlinge und deren Bekämpfung, in "Holzschutz"-DEGESCH-Technikertagung in A-Baden-Helental bei Wien vom 15.-21. Oktober 1978, S. 9-16

7 G. Binker a. J. Binker, Begasung der Ehem. Klosterkirche Rottenbuch 1992, unpublished results

8 Gaspurifier, Fa. Binker Holzschädlingsbekämpfung, Nürnberg

9 W.P. Bauer, Methoden und Probleme der Bekämpfung von Holzschädlingen mittels toxischer Gase, in Restauratorenblätter, Bd. 10, Hrsg. Österreichische Sektion des IIC, Wien 1989, S. 58-63

10 G. Binker a. J. Binker, Untersuchungen über den Einfluß von CH_3Br auf Naturprodukte bei hoher Luftfeuchte, unpublished results

11 Merkblatt der BBA, Nr. 22, Vorsichtsmaßnahmen bei der Anwendung von Methylbromid (Brommethan) zur Schädlingsbekämpfung in Räumen, Fahrzeugen, Begasungsanlagen oder unter gasdichten Planen, 2. Aufl., Braunschweig, 1989, S. 8
12 BUA- Stoffbericht 14, "Brommethan", hrsg. vom Beratungsgremium für umweltrelevante Altstoffe (BUA) der Gesellschaft Deutscher Chemiker, Weinheim 1987
13 BGA Berlin 1993, priv. communication
14 A. UNGER, Holzkonservierung: Schutz und Festigung von Holzobjekten, 2. Aufl., Callwey Verlag München, 1990
15 B. HERING, Untersuchungsbericht über die Beständigkeit von Pigmenten und Metallen bei der Begasung mit Altarion Vikane bei Kurz- und Langzeitexposition, 1993
16 A.F. HOLLEMANN a. E. WIBERG, Lehrbuch der Anorganischen Chemie, 90. Aufl., Walter de Gruyter Verlag, Berlin, 1976
17 S. Robertson, priv. communication
18 Gasfilter, Fa. Binker Materialschutz GmbH
19 H. KITTEL, Pigmente, 3. Aufl., Wissenschaftliche Vertragsgesellschaft mbH, Stuttgart, 1960
20 TRGS 512, Ausgabe Okt. 1989
21 P. BREYMESSER, "Aus der Praxis der Durchgasung gegen Holzschadinsekten", in "Holzschutz"-DEGESCH-Technikertagung in A-Baden-Helental bei Wien vom 15.-21. Oktober 1978, S. 62-67
22 T.R. TORKELSON, H.R. HOYLE a. V.K. ROWE, Toxicologial hazards and properties of commonly used space, structural and certain fumigants, P.C. 34 (7), p. 13-18, 42-50, 1966
23 R.E. BAILEY, Sulfurylfluoride: Fate in the Atmosphere. DECO-ES Report 2511, Midland, Michigan, 1992
24 G. BINKER a. J. BINKER, Neue Konzepte zum Schutz von Fledermäusen bei Kirchenbegasungen, unpublished results
25 Fa. Binker Materialschutz GmbH, 1993, patent pending
26 Gasfilter, Fa. Binker Materialschutz GmbH
27 G. WEDLER, Lehrbuch der Physikalischen Chemie, 3. Aufl., Verlag Chemie, Weinheim 1987
28 Altarion-Nitrogen-Bubble-System, Fa. Binker Materialschutz GmbH
29 Humidifier-System, Fa. Binker Materialschutz GmbH
30 pressure testing with constant sucking method (prior to fumigation)
31 G. BINKER, Mit Kohlendioxid gegen Insektenbefall: Wie kann die Einwirkzeit verkürzt werden? Restauro 4, S. 222, 1993
32 G. BINKER A. J. BINKER, Untersuchungen über Begasungen von Pilzen mit CO_2 unter Druck, unpublished results

Acknowledgments

I owe special thanks to my brother Joachim Binker without whose fruitful imagination and packaging skills many of the described fumigations would not have been possible and to Dr. Georg Fröba for reviewing the manuscript.

Appendix

Discussion

Dr. Kühlenthal: Dr. Binker, would you please explain once more to what degree it is possible to dispose of the gases.

Dr. Binker: Decisive are the gas concentrations we are dealing with. If these are still very high, the throughput must be reduced i. e., one has to proceed slower. However, if one takes one's time, the gas has the time to escape from the church. We are presently working intensively on this problem.

Emmerling: Success is first of all that 80% of the room volume, which is indeed unbelievable, can be reduced by, as you explained, inflating a balloon in the church. A stroke of genius. Secondly, pretty much of everything that was presented here, the results of the past three to five years, if that much. However, it must be clear what this entails: Classical fumigation with toxic gases as shown here takes one to three days. Whereas alternative gases take about four to eight weeks. With toxic gases one needs ten or even 50 to 100 gas cylinders, with alternative materials one only needs a tank. The logistic effort, the financial effort and planning are much greater. Thus, one has to decide, whether the price is worth it. The opportunity to employ materials that are safe for the substances and for the environment are given. If one wanted to, one could soon forget all toxic gases with the exception of sulfuryl fluoride. Sulfuryl fluoride is also apparently the first gas that was ever tested in this field. All the others were more or less generously measured experimental values. What I want to say is simply that new developments and new materials are available, but that is now time to evaluate the costs involved.

Dr. A. Unger: I would like to take up the question of logistic effort. Dr. Binker, how would you judge the chances of developing and making available a simple fumigation device for freelance restorers? It is only natural that you are interested in doing as many jobs as possible yourself, but there are instances when a single piece could also be treated with nitrogen or carbon dioxide as the fumigants.

Dr. Binker: Nowadays, when I have a single sculpture to fumigate, I would most likely choose nitrogen. The question is whether the restorer is able to reduce the amount of oxygen to such a degree that lethal nitrogen concentrations are attained. I can do this by buying a measuring device or maybe custommade equipment that measures the oxygen content and automatically redoses if the oxygen content rises again. In future these means will definitily be available if they are not on the market already. I must add that it would constitute a major effort if every single figure were to be wrapped in foil when an entire museum storeroom is to be fumigated. Therefore, we have been considering chambers which could be designed with the desired length. The longest chamber that we have constructed measured about 20 m. In a chamber of this size, I could fumigate the entire museum depot. What I have to do, and that is decisive, is to check and control the temperatures and humidity or dehydration will set in.

Klarner: What about gas distribution? Can it be ensured that the gas is evenly distributed, does it sink or does it rise?

Dr. Binker: Carbon dioxide is heavier than air and will tend to collect on the bottom. Nitrogen is somewhat lighter and will therefore rise. Sulfuryl fluoride is 3-4 times heavier than air; it will collect on the bottom. For the fumigating technician, this is no longer a problem if the appropriate number of fans are available. Naturally, even distribution can be attained in this way, and the gas can be measured at different heights in a room.

Siegmund: Would it be a good idea to conduct stationary fumigation prior to pupation, i. e. wait until when the larvae pupate, because that is when they come fairly close to the surface? Coming to an agreement on this with the museum should be advantageous, because one could choose the right time.

Dr. Binker: Dr. A. Unger will agree with me that it is relatively difficult to eradicate pupae with carbon dioxide and nitrogen. These are, namely, the dormant periods when they need very little oxygen, because they breathe very little, and thus it is with certainty more difficult to kill a pupa and an egg than a larva or an adult.

Siegmund: I meant prior to pupation.

Dr. Binker: If you can really time it that well, yes.

Siegmund: I can: late March to mid-June.

Dr. Binker: I must point out that late March and early April are still quite cold and that churches are often still quite cold after the winter and have to be heated first. You know yourself what kind of risk heating up a cold church suddenly from 8 °C to 25 °C is.

Dr. Kühlenthal: If all the stages are not eradicated by the fumigation, it will have to be repeated and that will be very expensive.

Dr. Binker: We simply wait another week.

Dr. A. Unger: Dr. Binker, I have another question regarding the role weather conditions play in such fumigations. During a pressure test, I noticed that during stormy weather it is impossible to obtain reasonable results. What is your experience?

Dr. Binker: That is true if a strong wind presses against the building, the measuring device vacilates and it is practically impossible to correctly determine the zero line. Therefore, you have to conduct the pressure test at four o'clock in the morning when there is the least wind.

A participant: I would like to ask if humidity can be controlled during fumigation? An expert firm told me that if you have a carbon dioxide concentration of 60% a maximum humidity of 40% can be maintained. Is that true?

Dr. Binker: There are several possibilities available. One is that you buy an automatic control device that measures the humidity and activates the vaporizer accordingly whenever necessary. It is, however, necessary to find out if the carbon dioxide absorbs more water than the air. At this time, I am unable to say anything about this point.

Prof. Trübswetter: It is a relatively simple story. There are vapor tables not only for air, but also for all gases. One can look up on them what the saturation pressure of water in each gas is. It is not stated in per cent, but only in g/m^3.

Dr. Binker: It was also very difficult for me to obtain these tables. I have located some and would like to calculate them for various objects. I had assessed certain values prior to conducting carbon dioxide fumigations. It seems that water or air absorb practically the same about of moisture as carbon dioxide.

Dr. A. Unger: Dr. Binker, we now see light in the horizon in the control of wood-destroying insects. How do you judge the chances in the control of wood-destroying fungi? You have introduced a good deal of new things maybe you already have ideas for new developments concerning the control of wood-destroying fungi. Can you reveal anything?

Dr. Binker: The problem is simply that the concentration of gas has to be very high for fungi fumigation. Employing a high dose on an entire fungi-infested building naturally entails extremely high pollution. I have to handle high concentrations of gas which intensifies diffusion, and it is questionable where the limit concentrations are that definitely kill the spores or mycelia. Methyl bromide has quite good properties for this but will not be available in future, and I hardly think that sulfuryl fluoride will do here. I have conducted tests myself. I was able to kill dry rot mycelia using a variety of fumigants, but the question is whether the tests were scientifically exact enough. When I find dry rot somewhere, I have to take a sample and hope that it will survive until I am able to place it in a church that is to be fumigated. It would definitely be a good idea to work with Dr. A. Unger, who is the only one who can make such samples available.

Emmerling: I have a question about the accumulation of toxic materials. Am I correct in understanding that even small amounts of toxic substances can be lethal over long periods of time?

Dr. Binker: It has been discovered that there is a certain "no-effect level", which in the case of methyl bromide is about 3 g/m^3. If I have about 3 g/m^3 in a church, I will hardly be able to eradicate insects within a reasonable period of time. As soon as the concentration rises, I discover that this fumigant causes a certain reaction in the insect's body. It has to diffuse first into the body and trigger reactions in the cells. It has been discovered that some accumulation takes place here. I have to achieve a certain amount of damage in the insects for them to die. If this alteration is not decisive, the insect will survive. If I fumigate two to three hours longer, I will have better chances of achieving changes and obtaining better results.

Dr. W. Unger: I believe that we still need corresponding bottom limit values, where a lethal concentration is still given and when the concentration is sub-lethal, when the survival of the insects or larvae is given. This limit has to be determined precisely.

Dr. Binker: That is true. And you also have to find this limit for different stages of insect life. This has been accomplished with the computer and certain safety mechanisms have already been built in. If I start to conduct a fumigation when there is a wind of 2 m/sec., which develops into a storm with wind velocities of 10 m/sec., more gas will be drawn out of the church. I, therefore, have to measure during the fumigation, check the concentration and enter this into the computer.

Mayrhofer: I would like to know how the gas is disposed of. Is the gas drawn through a waterbath?

Dr. Binker: The goal is that I can somehow convert sulfuryl fluoride into salt, because this salt or a fluid is easier to handle than gas. Finally, I might have a solution in which the sulfuryl fluoride is converted into another material, and I can take this solution to special waste dumps or what we plan is to return it to the fluoride industry in order that this fluoride or sulfate or whatever is formed can be reused, e.g., in glass production. Thus, a recycling process is born. I have practically turned this sulfuryl fluoride into a powder, and this powder can be added to the glass from which you drink beer.

Mark Gilberg und Alex Roach

Entwesung von Museumsobjekten in Inertgasen mit dem Sauerstoffabsorber AGELESS

Zusammenfassung

Beschrieben wird die Verwendung von sauerstoffarmen Atmosphären als Alternative zu herkömmlichen chemischen Begasungsmitteln bei der Behandlung von insektenbefallenen Museumsobjekten im Australian Museum in Sydney. Die Vor- und Nachteile von AGELESS, einem handelsüblichen sauerstoffabsorbierenden Mittel, zur Erzeugung einer sauerstoffarmen Atmosphäre werden erörtert, mit besonderem Schwerpunkt auf den Kosten-Nutzungs-Wirkungsgrad und die praktische Anwendung bei der Behandlung einer großen Anzahl von ethnographischen Kulturgütern.

Einleitung

Noch bis vor kurzem war Ethylenoxid eines der meist eingesetzten Raumbegasungsmittel für die Insektenschädlingsbekämpfung von befallenen Museumsobjekten. Aufgrund seiner gefährlichen Eigenschaften und den vermehrt auftretenden Anzeichen einer schädlichen Wirkung auf Museumsobjekte bei Einsatz von Ethylenoxid, wurde die Verwendung eingeschränkt und in vielen Fällen von den Museen und verbundenen kulturellen Einrichtungen eingestellt (1). Eine Reihe von Alternativen wurde in Betracht gezogen, einschließlich Gefriertechniken (2) und die Anwendung von Inertgasen (3-7). Am Australian Museum wurde die Verwendung von Ethylenoxid über einen Zeitraum von mehreren Jahren hinweg, seit 1989, langsam eingestellt. Seitdem wurde ein Programm entwickelt und verbessert, bei dem alle Neuerwerbungen und Leihgaben der Anthropology Division entwest werden, indem sie für längere Zeit einer sauerstoffarmen Atmosphäre ausgesetzt werden (8). Nachfolgend wird an Hand der Erfahrungen am Australian Museum die Verwendung einer sauerstoffarmen Atmosphäre für die Behandlung von insektenbefallenen Museumsobjekten besprochen.

Behandlungszeitplan – Wirksamkeit von Inertgasen gegen Insektenschädlinge

Am Australian Museum werden Objekte entwest, indem sie einer sauerstoffarmen Atmosphäre über einen Zeitraum von 3 Wochen bei 30 °C ausgesetzt werden. Dieser Zeitplan basierte ursprünglich auf einem provisorischen Behandlungszeitplan, der von Annis zur Entwesung von Getreide veröffentlicht wurde (9). Sauerstoffarme Atmosphären werden seit einigen Jahren als Alternative zu chemischen Begasungsmitteln zur Schädlingsbekämpfung bei Getreide und verschiedenen verpackten Gütern erfolgreich benutzt (10-13). Untersuchungen haben ergeben, daß eine sauerstoffarme Atmosphäre für eine Vielzahl von Vorratsschädlingen und ihre Entwicklungsstadien tödlich ist. Obwohl das genaue Verhältnis von Sterblichkeit, Einwirkzeit, Temperatur und Sauerstoffkonzentration noch nicht für alle Vorratsschädlinge festgelegt ist, trug Annis viele Daten zusammen, um einen angemessenen Behandlungszeitplan zu erstellen, dem die widerstandsfähigste Art (Sitophilus orizae) und das widerstandsfähigste Entwicklungsstadium (Pupae) als Grundlage dienten. Um eine Sterblichkeitsrate von 95 % bei Getreide, das bei Temperaturen zwischen 20-29 °C gelagert wird, zu erreichen, wurde eine Mindesteinwirkzeit von 20 Tagen bei einer sauerstoffarmen Atmosphäre zwischen 0 und 1 % empfohlen (9).

Nachfolgende Untersuchungen durch den Verfasser (7) und andere (14) haben bestätigt, daß eine längere Einwirkung von sauerstoffarmer Atmosphäre auf eine Vielzahl von Insektenschädlingen, die oft in Museen zu finden sind, tödlich wirkt.

Behandlungsverlauf

Am Australian Museum werden Objekte, die entwest werden müssen, in Plastiksäckchen aus gasundurchlässiger Folie eingeschlossen und zugeschweißt. Der gesamte Sauerstoff in dem Sack wird durch die Einführung eines sauerstoffabsorbierenden Mittels, AGELESS, entfernt. Der Sack wird dann drei Wochen lang bei 30 °C in einem temperaturregulierten Schrank gelagert.

Der Sauerstoffabsorber AGELESS

AGELESS ist der eingetragene Handelsname für einen handelsüblichen Sauerstoffabsorber, der von Mitsubishi Gas Chemical Company of Japan hergestellt wird (15). Es wird vielfach in der Lebensmittelindustrie eingesetzt, als Alternative zu traditionellem Stickstoff und Vakuumverpackungstechniken, um trockene Nahrung aufzubewahren (16). Es wird als eine ungiftige, rückstandsfreie Methode bei der Aufbewahrung von Nahrungsmitteln gegen Pilze, aerobes Bakterienwachstum und Insektenangriff propagiert (17). AGELESS wird von Mitsubishi als chemischer Sauerstoffänger beschrieben, der aus Eisenoxidpulver hergestellt wird, welches den Luftsauerstoff schnell absorbiert. Laut Mitsubishi ist AGELESS in der Lage, die Sauerstoffkonzentration in einer verschlossenen Hülle oder einem Behälter auf weniger als 0,01 % zu reduzieren und kann diesen Wert für eine unbestimmte Zeit beibehalten, in Abhängigkeit von der Sauerstoffdurchlässigkeit des Verpackungsmaterials.

AGELESS wird in Form kleiner Päckchen hergestellt, die nach Art und Größe gekennzeichnet sind. Verschiedene Arten von AGELESS sind erhältlich, abhängig von dem Wassergehalt des Inhalts. AGELESS Z wird empfohlen für die Aufbewahrung von trockenen Nahrungsmitteln mit einem Wassergehalt von 0,85 % oder weniger, während AGELESS S bei Nahrungsmitteln mit einem Wassergehalt von mehr als 0,65 % empfohlen wird. AGELESS FX wird für feuchte Nahrungsmittel mit einem Wassergehalt von 0,85 % oder mehr empfohlen.

AGELESS ist in verschiedenen Packungsgrößen erhältlich, abhängig davon, welche Sauerstoffmengen es absorbieren kann. Die Sauerstoffmenge in Millilitern, die absorbiert werden kann, wird durch die AGELESS Typennummer angezeigt. Folglich ist z. B. AGELESS Z-200 in der Lage, 200 ml Sauerstoff in einem Liter Luft zu absorbieren. Die Palette der Größen ist etwas eingeschränkt und variiert von Art zu Art, wobei die größte Packung, AGELESS Z-2000, 2000 ml Sauerstoff in 10 Litern Luft absorbieren kann.

Zum Gebrauch in Verbindung mit AGELESS verkauft Mitsubishi ein Produkt, das AGELESS-EYE genannt wird. Es ist als ein Sauerstoffindikator beschrieben und wird verwendet als ein einfacher, qualitativer Test, um das Vorhandensein von Sauerstoff anzuzeigen. Der Indikator färbt sich allmählich rosa, wenn die Sauerstoffkonzentration auf weniger als 0,1 % absinkt, färbt sich aber fast sofort blau, wenn die Sauerstoffkonzentration 0,5 % übersteigt.

Damit AGELESS erfolgreich wirkt, ist ein absolut dichtes Verpackungsmaterial notwendig. Darüberhinaus müssen die richtige Art und Verpackungsgröße von AGELESS angewendet werden, um die Sauerstoffkonzentration auf den gewünschten Wert innerhalb einer angemessenen Zeit reduzieren zu können.

Verpackung von Objekten und Wahl von AGELESS

Am Australian Museum wird ein schmiegsames Verpackungsmaterial verwendet aus mit Polyvinylidenchlorid (P.V.D.C.), beschichteter, bi-axial ausgerichteter Nylonfolie, mit einer Sauerstoffdurchlässigkeit von weniger als 5 ccl/m^2/24 h bei 23 °C und 70% RH. Die Versiegelungsschicht besteht aus Ethylvinylacetat. Die geringe Sauerstoffdurchlässigkeit, gute Handhabungseigenschaften und die Leichtigkeit, mit der es mit einem handelsüblichen Folienschweißgerät verschweißt werden kann, machen es zu einem idealen Verpackungsmaterial. Es ist erhältlich in 1 m breiten Rollen.

Aus dieser Plastikfolie werden Säcke verschiedener Größe und Form angefertigt, durch Verschweißen der überlappenden Ränder einzelner Folienstücke. Das Objekt oder die Objektgruppen (gestützt auf ein 2-lagig beschichtetes Brett) werden in die Säcke mit der erforderlichen Anzahl von AGELESS Päckchen gestellt. Anschließend wird das Ganze verschweißt, um eine gasdichte Hülle herzustellen. Die Größe und Anzahl der erforderlichen AGELESS Päckchen hängt von der Messung der Luftmenge im Sack ab gemäß der folgenden Formel:

Sauerstoff (ml) = {[Länge x Breite x Höhe] – Objektgewicht/= 1} x 1/5

Meistens wird nur AGELESS Z-2000 verwendet, vorausgesetzt, daß der Wassergehalt der zu behandelnden Objekte weniger als 0,85 % beträgt, und die Sauerstoffmenge in den Säcken größer als 2000 ml ist.

Um AGELESS Päckchen zu sparen, wird vor dem Verschweißen sämtlicher toter Luftraum aus dem Sack entfernt. Gelegentlich wird vor dem ersten Einführen des Sauerstoffabsorbers die Luftmenge in dem Sack durch Teilevakuierung mit einer kleinen Vakuumpumpe reduziert. Die gasdichten Säcke mit dem Objekt werden dann drei Wochen lang bei 30 °C in einen temperaturgeregelten Schrank gestellt. Nach der Entwesung werden die Objekte aus den Plastiksäcken herausgeholt und die AGELESS Päckchen entsorgt.

Tabelle 1. Ausgaben für die Anschaffung von Geräten und Material

Stück	Menge	Lieferant	Kosten
Folienschweißgerät Model 70T	1	Packamatic	$ 700
AGELESS Sauerstofffänger	7,5 Kartons	W.R. Grace Australia	$ 900
Gasundurchlässige Folie	1 Rolle	W.R. Grace Australia	$ 0
Temperaturgeregelter Schrank	1	Thermoline Scientific	$ 9.240
Stickstoffgasflasche	1	CIG Ltd.	$ 40
Gasregler	1	CIG Ltd.	$ 124
Reziprokative Vakuumpumpe	1	Laboratory supply	$ 200
		GESAMTSUMME	$ 11.204

Beurteilung der Behandlung

Das oben beschriebene Verfahren wird seit zwei Jahren mit gutem Erfolg angewendet und ist völlig in das Aufbewahrungsprogramm der Anthropology Division des Australian Museum integriert. Es ist die Hauspolitik des Australian Museum, alle Leihgaben und Neuanschaffungen vor der Aufnahme in die Bestanddepots zu begasen. Bei Ankunft im Museum werden alle Objekte in einem Raum isoliert, wo sie registriert und mit sauerstoffarmer Atmosphäre entwest werden. Während eines Jahres, von Januar 1991 bis Januar 1992, wurden insgesamt 1.290 Objekte mit diesem Verfahren behandelt. Darunter waren freistehende Figuren, Holzschüsseln, Decken aus Baumrinde, Rohrkörbe, Speere, Masken und Kopfschmuck, geschnitzte Holztafeln, Gemälde auf Baumrinde, Perlenhalsketten und ein großes Spektrum anderer Materialien.

Weitere zehn Objekte wurden nach der beschriebenen Methode vorbereitet, aber in Stickstoff mit nur einem einzigen Päckchen AGELESS entwest. Meistens lag es an der ungewöhnlichen Form oder Größe, oder Zerbrechlichkeit, daß es nicht möglich war, die Luftmenge in den Säcken mit dem Objekt auf ein Niveau zu reduzieren, das nicht Unmengen von AGELESS Päckchen (mehr als 10) benötigt hätte, um die Sauerstoffkonzentration auf das gewünschte Niveau zu bringen. Dazu gehörten z. B. Federkopfschmuck und Trommeln.

Fünf Objekte waren einfach zu groß, um in einer sauerstoffarmen Atmosphäre behandelt zu werden und wurden somit mittels Kälteschock, wie sie Florian (2) beschreibt, entwest. Darunter waren zwei geschnitzte Bäume (1,5 m x 0,5 m), ein tonganesisches Tuch aus Baumrinde (20 m x 15 m), eine balinesische Tafel (90 cm x 110 cm x 15 cm), und eine Kola Sanniyak Sani Maske (85 cm x 110 cm x 15 cm).

Man wußte oder nahm von nur 264 der behandelten Objekte an, daß sie zu dem Zeitpunkt aktiv befallen waren. Einige der Insektenarten wurden identifiziert, darunter: *Lasioderma serricorne, Lyctus brunneus, Tineola bisselliella, Stegobium paniceum,* und *Anthrenus flavipes.* Davon war *Lasioderma serricorne* bei weitem am meisten vertreten. Ein Jahr später durchgeführte Untersuchungen von vielen der ehemals befallenen Objekten zeigten keine Insektenaktivität mehr.

Tabelle 1 zeigt die Gesamtkosten für den Ankauf der Geräte und das Material für die Behandlung von allen 1.290 Objekten. Ungefähr 7,5 Kartons oder 1.675 Päckchen AGELESS Z-2000 wurden verbraucht. Die gasundurchlässige Folie wurde kostenlos vom Hersteller zur Verfügung gestellt. Die bei weitem teuerste Anschaffung war der temperaturgeregelte Schrank mit Innenmaßen von 2200 mm x 1100 mm x 1100 mm (Höhe x Breite x Tiefe). Der Schrank wurde für einen ständigen Betrieb bei 30 °C und Raumtemperaturen bis zu 40 °C angefertigt.

Obwohl der Inhalt von AGELESS nicht giftig ist und sich ohne besondere Behandlung leicht beseitigen lassen kann, sollte man mit ungebrauchten Päckchen nur mit Vorsicht umgehen, wenn sie einmal mit Luft in Berührung gekommen sind. Die Reaktion von AGELESS mit Sauerstoff ist sehr exotherm, weshalb die Päckchen sehr heiß werden können.

Schlußfolgerung

Die Verwendung von AGELESS zur Herstellung einer sauerstoffarmen Atmosphäre, hat eine Reihe von Vorteilen gegenüber herkömmlichen chemischen Begasungsverfahren. Vor allem ist es nicht giftig, und die behandelten Materialien können von den Museumsangehörigen ohne Gefahr gehandhabt werden. AGELESS erzeugt keine gefährlichen oder üblen Gerüche. Es ist rückstandsfrei, und deshalb ist die Langzeitwirkung auf Museumsmaterialien gering. Seine Anwendung verlangt wenig technischen Sachverstand und wenige Geräte.

Obwohl eine längere Einwirkungszeit in sauerstoffarmer Atmosphäre benötigt wird, um eine völlige Abtötung zu erreichen, wird dies mehr als ausgeglichen durch die großen Gesundheits- und Sicherheitsvorteile bei AGELESS.

Ferner ist eine dreiwöchige Wirkungsdauer hinnehmbar, in Anbetracht der langen Desorptionszeit, die bei Verwendung von Ethylenoxid und anderen chemischen Begasungsmitteln erforderlich ist.

Obwohl Objekte, die mit AGELESS entwest werden sollen, einzeln in gasdichte Säcke verpackt werden müssen, ist dies sehr einfach und kann leicht mit gasundurchlässiger Folie und herkömmlichen Folienschweißgeräten erledigt werden. Die Säcke kann man wieder verwenden, wenn jedoch die Objekte nach der Behandlung in ihren originalen Säcken aufbewahrt werden, begünstigt es die Verhinderung eines späteren Wiederbefalls.

Die Anwendung von AGELESS hat aber auch ihre Grenzen, insbesondere wenn es um sehr große Objekte geht, da es schwierig sein kann, eine ausreichend große, gasdichte Umhüllung herzustellen oder die Restluft so zu reduzieren, daß der Sauerstofffänger benutzt werden kann. Unter solchen Umständen müssen alternative Begasungsmethoden angewandt werden.

Dank

Wir möchten uns herzlich bei der MITSUBISHI Gas Chemical Company of Japan bedanken für ihre freundliche finanzielle Unterstützung.

Lieferanten von Geräten und Material

AGELESS. Erhältlich bei W.R. Grace Australia Ltd., Cryovac Division, Packaging/Marketing Systems, 45 Drummond Street, Belmore, New South Wales.

Folienschweißgerät, (bag sealer) Modell 70T. Erhältlich bei Packamatic Pty., 23-29 Barwon Park Road, St. Peters, New South Wales.

Gasundurchlässige Folie (high-barrier film). Erhältlich bei W.R. Grace Australia Ltd., Cryovac Division, Packaging/Marketing Systems, 45 Drummond Street, Belmore, New South Wales.

Reciprocator Vakuumpumpe (reciprocator vacuum pump). Erhältlich bei Laboratory Supply, 48 Sydenham Road, Marrickville, New South Wales.

Temperaturgeregelter Schrank (temperature cabinet). Thermoline Scientific Equipment Pty., 4 Blackstone Street, Wethrill Park, New South Wales.

Gasflasche und Regler (gas cylinder and regulator). CIG Ltd., P.O. Box 247, Parrametta, New South Wales.

Literatur

1 M-L.E. FLORIAN: 'Ethylene oxide fumigation: a literature review of the problems and interactions with materials and substances in artifacts' in A Guide to Museum Pest Control, ed L.A. Zycherman and J.R. Schrock, Association of Systematic Collections, Washington DC (1988), 151-158

2 M-L.E. FLORIAN: 'The freezing process – effects on insects and artifact materials', in: Leather Conservation News 3 (1986), 1-17

3 N. VALENTIN and F. PREUSSER: 'Insect control by inert gases in museums, archives and libraries', in Restaurator 11 (1990), 22-23

4 N. VALENTIN: 'Insect irradication in museums and archives by oxygen replacement, a pilot project' in Proceedings of the Ninth Triennial Meeting of the International Council of Museums. Committee for Conservation, Dresden, German Democratic Republic, August 1990, ed K. Grimstad, Getty Conservation Institute, Los Angeles (1990), 82

5 M. GILBERG: 'Inert atmosphere fumigation of museum objects', in Studies in Conservation 34 (1989), 128-148

6 M. GILBERG: 'Inert atmosphere disinfestation using AGELESS oxygen scavenger' in Proceedings of the Ninth Triennial Meeting of the International Council of Museums. Committee for Conservation.

Dresden, German Democratic Republic, August 1990, ed K. Grimstad, Getty Conservation Institute, Los Angeles (1990), 812-816

7 M. GILBERG: 'The effects of low oxygen atmospheres on museum pests', in Studies in Conservation 36 (1991), 93-98

8 M. GILBERG: 'Inert atmosphere disinfestation of museum object using AGELESS oxygen scavenger', in Bulletin of the Australian Institute for the Conservation of Cultural Materials 16 (1990), 27-34

9 P.C. ANNIS: 'Towards a rational controlled atmosphere dosage schedules: a review of current knowledge' in Proceedings of the 4th International Conference on Stored-Product Protection, ed. E. Donahaye and S. Navarro, Permanent Committee of the International Conference on Stored Product Protection, Tel Aviv (1986), 128-148

10 S.W. BAILEY/H.J. BANKS: 'The use of controlled atmospheres for the storage of grain' in Proceedings of 1st International Working Conference on Stored Product Entomology, Savannah, (1974), 362-374

11 S.W. BAILEY/H.J. BANKS: 'A review of recent studies of the effects of controlled atmospheres on stored product pests' in Controlled Atmospheres Storage of Grain, ed. J. Shejbal, Elsevier, Amsterdam, (1980), 101-118

12 H.J. BANKS: 'Current methods and potential systems for production of controlled atmospheres for grain storage' in Controlled Atmosphere and Fumigation in Grain Storages, ed B.E. Ripp, Elsevier, Amsterdam (1984), 523-542

13 H.J. BANKS: 'Modified atmosphere and hermetic storage – effects on insect pests and the commodity' in Proceedings of the Australian Development Assistance Course on the Preservation of Stored Cereals ed B.R. Champ and E. Highly, CSIRO Division of Entomology, Canberra (1984), 521-532

14 M.K. RUST and J.M. KENNEDY: 'The Feasibility of Using Modified Atmospheres to Control Insect Pests in Museums, Getty Conservation Institute, Los Angeles (1991)

15 AGELESS Oxygen Absorber: A new age in Food Preservation (brochure Tokyo: Mitsubishi Gas Chemical Company, 1987)

16 H. NAKAMURA/J. HOSHINO: Techniques for the Preservation of Food by Employment of an Oxygen Absorber, Sanitation Control for Food Sterilizing Technique, Sanyu Publishing Co., Tokyo (1983)

17 Y. OHGUCHI, H. SUZUKI, S. TATSUKI and J. FUKAMI: 'The lethal effect of oxygen absorber (AGELESS) on several stored grain and clothes pest insects', in Japanese Journal of Applied Entomology Research 27 (1983), 270-275

Mark Gilberg and Alex Roach

Inert Atmosphere Disinfestation of Museum Objects using AGELESS oxygen Absorber

Abstract

The use of low oxygen atmospheres as an alternative to conventional chemical fumigants for the treatment of insect infested museum objects at the Australian Museum in Sydney is described. The advantages and disadvantages of using AGELESS, a commercial oxygen absorber, for generating low oxygen atmospheres is discussed with particular emphasis on its cost effectiveness and practical application for the treatment of large numbers of ethnographic objects.

Introduction

Until relatively recently ethylene oxide has been one of the most widely employed chamber fumigants for the treatment of insect infested museum objects. Because of its hazardous properties, and increasing evidence that exposure to ethylene oxide will damage museum objects, its use has been restricted, and in many cases, discontinued by museums and related cultural institutions [1]. A number of alternatives have been considered including freezing [2] and inert atmospheres [3-7]. At the Australian Museum the use of ethylene oxide was slowly phased out over a period of several years beginning in 1989. Since this time a program has been developed and implemented whereby all new acquisitions and loans in the Anthropology Division are disinfested by prolonged exposure to low oxygen atmospheres [8]. In the following paper the use of low oxygen atmospheres for the treatment of insect infested museum objects will be reviewed in light of the experience of the Australian Museum.

Treatment Schedule-Efficacy of Inert Atmospheres against Insect Pests

At the Australian Museum objects are disinfested by exposing them to an oxygen deficient atmosphere for a period of three weeks at 30 °C. This schedule was originally based upon a provisional treatment schedule published by Annis for the disinfestation of grain [9]. Low oxygen atmospheres have been used as an alternative to chemical fumigants for controlling insect infestations in grain and various packaged commodities with some success for a number of years [10-13]. Studies have shown that low oxygen atmospheres are lethal to a wide range of stored product pests and their developmental stages. Though the precise relationship between mortality, exposure time, temperature and oxygen concentration has not been established for all stored product pests, Annis compiled much of the existing data in an attempt to provide an appropriate treatment schedule based on the most tolerant species (*Sitophilus orizae*) and developmental stage (pupae). To obtain 95% mortality for grain stored at temperatures ranging from 20-29 °C, a minimum exposure period of 20 days to an oxygen efficient atmosphere between 0 and 1% was recommended [9].

Subsequent studies by this author [7] and others [14] have confirmed that prolonged exposure to low oxygen atmospheres is lethal to a wide range of insect pests commonly found in museums.

Treatment Procedure

At the Australian Museum objects requiring disinfestation are sealed inside plastic bags prepared from a high barrier film which can be heat sealed to give an air-tight enclosure. All oxygen in the bag is removed through the introduction of a chemical oxygen scavenger, referred to as AGELESS. The bag ist then placed inside a temperature controlled cabinet for three weeks 30 °C.

The oxygen absorber AGELESS

AGELESS is the registered trade name for a commercial oxygen absorber manufactured by the Mitsubishi Gas Chemical Company of Japan [15]. It is widely employed in the food industry as an alternative to traditional nitrogen and vacuum packaging techniques for preserving dry foods [16]. It is promoted as a non-toxic, residue free method of preserving foodstuffs against mould, aerobic bacterial growth and insect attack [17].

AGELESS is described by Mitsubishi as a chemical oxygen absorber prepared from powdered iron oxide which rapidly absorbs atmospheric oxygen. According to Mitsubishi, AGELESS is capable of reducing the oxygen concentration in a sealed bag or container to less than 0,01% and can maintain this level indefinitely depending upon the oxygen permeability of the packaging material.

AGELESS is manufactured in the form of small packets designated according to type and size. Different types of AGELESS are available depending upon the water activity of the packaged commodity. AGELESS Z is recommended for the preservation of dry food products possessing a water activity of 0,85% or less while AGELESS S is recommended for food products possessing a water activity of 0,65% or more. AGELESS FX is recommended for moist foods possessing a water activity of 0,85% or more.

AGELESS is also available in different sizes depending upon the amount of oxygen it is capable of absorbing. The amount of oxygen that can be absorbed in milliliters is indicated by the AGELESS type number. Thus AGELESS Z-200 is capable of absorbing 200 mls of oxygen in one liter of air. The range of sizes is somewhat limited and varies from type to type though the largest, AGELESS Z-2000, is capable of absorbing 2000 ml of oxygen in 10 liters of air.

For use inconjunction with AGELESS, Mitsubishi markets a product referred to as AGELESS-EYE. It is described as an oxygen indicator and is used as a simple, qualitative test for determining the presence of oxygen. It is manufactured in tablet form and slowly changes colour in the presence or absence of oxygen. The indicator gradually turns pink as the oxygen concentration is reduced to less than 0,1 % but turns blue almost immediately as the oxygen concentration increases above 0,5 %.

For AGELESS to function effectively an appropriate packaging material must be selected an a complete seal maintained against the flow of air into the package. Moreover, the correct type and size of AGELESS must be employed which can reduce the oxygen concentration to the desired level within a reasonable period of time.

Packaging of objects and selection of AGELESS

At the Australian Museum a flexible packaging material prepared from a polyvinylidene chloride (P.V.D.C.) coated, bi-axially oriented nylon film is used which possesses an oxygen permeability of less than 5 cc/m^2/24 hrs at 23 °C and 70% r.h.. The sealant layer is ethyl vinyl acetate. Its low oxygen permeability, good handling properties and easy with which it can be heat sealed using a conventional bar sealer, render it an ideal packaging material. It is also readily available in large rolls measuring 1 meter in width.

Bags of varying shape and size are prepared from this plastic film by sealing the overlapping edges of single sheets. Individual or groups of objects (supported by 2 ply matboard) are then placed inside the bags along with the requisite number of packets of AGELESS prior to heat sealing to form an air-tight enclosure. The size and number of AGELESS packets required is determined by measuring the volume of air in the bag using the following formula:

oxygen (ml) = {[length x width x height] – wgt of object/spg = 1} x 1/5

In general, only AGELESS Z-2000 is used given that the water activity of the objects undergoing disinfestation is less than 0,85 % and the volume of oxygen in the bags is often greater than 2000 ml.

To conserve AGELESS packets, all dead air space is removed from the bag prior to sealing. Occasionally, the volume of air inside the bag is reduced by partially evacuating the bag using a small vacuum pump after first introducing the scavenger. The air-tight bags containing the object are then placed inside a temperature controlled cabinet for three weeks at 30 °C.

After disinfestation, the objects are removed from the plastic bags and the AGELESS packets discarded.

Assessment of Treatment

The method described in the above has been used with good results for over 2 years and has been fully incorporated into the collection management program of the Anthropology Division of the Australian Museum. It is the policy of the Anthropology Division to fumigate all loans and new acquisitions prior to their introduction into the collection storage areas. Upon their arrival at the Museum all objects are placed in an isolation room where they are registered and disinfested using low oxygen atmospheres.

Over a one year period from January 1, 1991 to January 1, 1992 a total of 1.290 objects were treated using this method. These included freestanding statues, wooden bowls, bark blankets, cane baskets, spears, masks and head dresses, carved wooden panels, bark paintings, beaded necklances and a wide range of other materials.

Table 1. Expenditures for purchase of equipment and supplies

item	quantity	supplier	cost
Bag sealer Model 70 T	1	Packmatic	$ 700
AGELESS Oxygen Absorber	7.5 cartons	W.R. Grace Australia	$ 900
high barrier film	1 roll	W.R. Grace Australia	$ 0
temperature controlled cabinet	1	Thermoline Scientific	$ 9,240
nitrogen gas cylinder	1	CIG Ltd.	$ 40
gas regulator	1	CIG Ltd.	$ 124
reciprocator vacuum pump	1	Laboratory supply	$ 200
		TOTAL	$ 11,204

An additional 10 objects were prepared as described in the above but were purged with nitrogen gas in the presence of only a single packet of AGELESS. In general, their odd shape or size, or fragility of construction, rendered it impossible to reduce the air volume of the bag containing the object to a level which did not require a prohibitive number of AGELESS packets (> 10) in order to reduce the oxygen concentration to the desired level. These included a number of feathered head dresses and drums.

Five objects were simply too large to be treated using low oxygen atmospheres and were disinfested by exposure to low temperatures as described by Florian [2]. These included two carved trees (1.5 m x 0.5 m), a Tonganese bark cloth (20 m x 15 m), a Balinese panel (90 cm x 110 cm x 15 cm), and a Kola Sanniyak Sani mask (85 cm x 110 cm x 15 cm). In general, these objects were either too large for the controlled temperature cabinet or air-tight bags of sufficient size could not be prepared.

Only 264 of the treated objects were known or suspected to be actively infested at the time. A number of insect species were identified including *Lasioderma serricorne, Lyctus brunneus, Tineola bisselliella, Stegobium paniceum,* and *Anthrenus flavipes.* However, *Lasioderma serricorne* was by far the dominant species present. Subsequent examination of many of these infested objects a year later failed to reveal any evidence of continued insect activity.

The total costs involved in purchasing the equipment and supplies used to treat all 1,290 objects is given in Table 1. Approximately 7.5 cartons or 1,675 packets of AGELESS Z-2000 were used. The high barrier film was provided free of charge by the manufacturer given that the minimum order and cost of a single roll of film was prohibitively high. By far the greatest expense was the purchase of a temperature controlled cabinet measuring 2200 mm x 1100 mm x 1100 mm (height x width x depth) in internal diameter. The cabinet was specially constructed to allow for continuous operation at 30 °C in ambient conditions of up to 40 °C.

Though the contents of AGELESS are non-toxic, and it can be disposed of without any special treatment, care should be exercized in the handling of unused packets once exposed to the open air for any length of time. The reaction of AGELESS with oxygen is very exothermic and as a consequence the packets may become quite hot.

Conclusion

The use of AGELESS to generate low oxygen atmospheres possesses a number of advantages over conventional chemical fumigation techniques. In particular, it is non-toxic and treated materials can be safely handled by museum staff. AGELESS does not generate dangerous or noxious odors. It is in fact residue free and thus its long term effect upon museum materials is negliable. Relatively little technical expertise and equipment is required in its application.

Though a prolonged exposure period to low oxygen atmospheres is necessary to achieve complete mortality, this is more than offset by the increased health and safety benefits inherent in the use of AGELESS.

Moreover, a three week exposure can be readily accommodated for the treatment of museum objects given the long desorption period presently tolerated for ethylene oxide and other chemical fumigants.

Though objects undergoing disinfestation using AGELESS must be individually packaged in air-tight bags, this is a relatively simple task and can be easily accomplished as described in the above using high barrier film and a conventional bar sealer. While the bags may be reused, storing objects in their original bags after treatment will help prevent any subsequent re-infestation from occurring.

The use of AGELESS, however, does have its limitations particularly with regard to the treatment of very large objects where it may be difficult to construct an air-tight enclosure or to reduce the internal air volume sufficiently to allow the use of an oxygen absorber. Under these circumstances alternative fumigation methods must be undertaken.

Acknowledgements

The financial assistance of the Mitsubishi Gas Chemical Company of Japan for part of this work is gratefully acknowledged.

Suppliers of equipment and materials

AGELESS. Available from W.R. Grace Australia Ltd., Cryovac Division, Packaging/Marketing Systems, 45 Drummond Street, Belmore, New South Wales.

Bag Sealer. Model 70 T. Available from Packamatic Pty., 23-29 Barwon Park Road, St. Peters, New South Wales.

High barrier film. Available from W.R. Grace Australia Ltd., Cryovac Division, Packaging/Marketing Systems, 45 Drummond Street, Belmore, New South Wales.

Reciprocator vacuum pump. Available from Laboratory Supply, 48 Sydenham Road, Marrickville, New South Wales.

Temperature Cabinet. Thermoline Scientific Equipment Pty., 4 Blackstone Street, Wetherill Park, New South Wales.

Gas cylinder and regulator. CIG Ltd., P.O. Box 247, Parramatta, New South Wales.

Bibliography

1 M-L. E. Florian: 'Ethylene oxide fumigation: a literature review of the problems and interactions with materials and substances in artifacts' in A Guide to Museum Pest Control, ed L.A. Zycherman and J.R. Schrock, Association of Systematic Collections, Washington DC (1988), 151-158

2 M-L. E. Florian: 'The freezing process – effects on insects and artifact materials', in: Leather Conservation News 3 (1986), 1-17

3 N. Valentin and F. Preusser: 'Insect control by inert gases in museums, archives and libraries', in Restaurator 11 (1990), 22-23

4 N. Valentin: 'Insect irradication in museums and archives by oxygen replacement, a pilot project' in Proceedings of the Ninth Triennial Meeting of the International Council of Museums. Committee for Conservation, Dresden, German Democratic Republic, August 1990, ed. K. Grimstad, Getty Conservation Institute, Los Angeles (1990), 82

5 M. Gilberg: 'Inert atmosphere fumigation of museum objects', in Studies in Conservation 34 (1989), 128-148

6 M. Gilberg: 'Inert atmosphere disinfestation using AGELESS oxygen scavenger' in Proceedings of the Ninth Triennial Meeting of the International Council of Museums. Committee for Conservation.

Dresden, German Democratic Republic, August 1990, ed. K. Grimstad, Getty Conservation Institute, Los Angeles (1990), 812-816

7 M. GILBERG: 'The effects of low oxygen atmospheres on museum pests', Studies in Conservation 36 (1991), 93-98

8 M. GILBERG: 'Inert atmosphere disinfestation of museum object using AGELESS oxygen scavenger', in Bulletin of the Australian Institute for the Conservation of Cultural Materials 16 (1990), 27-34

9 P.C. ANNIS: 'Towards a rational controlled atmosphere dosage schedules: a review of current knowledge' in Proceedings of the 4th International Conference on Stored-Product Protection, ed. E. Donahaye and S. Navarro, Permanent Committee of the International Conference on Stored Product Protection, Tel Aviv (1986), 128-148

10 S.W. BAILEY and H.J. BANKS: 'The use of controlled atmospheres for the storage of grain' in Proceedings of 1st International Working Conference on Stored Product Entomology, Savannah, (1974), 362-374

11 S.W., BAILEY and H.J. BANKS: 'A review of recent studies of the effects of controlled atmospheres on stored product pests' in Controlled Atmospheres Storage of Grain, ed. J. Shejbal, Elsevier, Amsterdam, (1980), 101-118

12 H.J. BANKS: 'Current methods and potential systems for production of controlled atmospheres for grain storage' in Controlled Atmosphere and Fumigation in Grain Storages, ed B.E. Ripp, Elsevier, Amsterdam (1984), 523-542

13 H.J. BANKS: 'Modified atmosphere and hermetic storage – effects on insect pests and the commodity' in Proceedings of the Australian Development Assistance Course on the Preservation of Stored Cereals ed B.R. Champ and E. Highly, CSIRO Division of Entomology, Canberra (1984), 521-532

14 M.K. RUST and J.M. KENNEDY: 'The Feasibility of Using Modified Atmospheres to Control Insect Pests in Museums, Getty Conservation Institute, Los Angeles (1991)

15 AGELESS Oxygen Absorber: A new age in Food Preservation (brochure Tokyo: Mitsubishi Gas Chemical Company, 1987)

16 H. NAKAMURA and J. HOSHINO: Techniques for the Preservation of Food by Employment of an Oxygen Absorber, Sanitation Control for Food Sterilizing Technique, Sanyu Publishing Co., Tokyo (1983)

17 Y. OHGUCHI, H. SUZUKI, S. TATSUKI and J. FUKAMI: 'The lethal effect of oxygen absorber (AGELESS) on several stored grain and clothes pest insects', Japanese Journal of Applied Entomology Research 27 (1983), 270-275

Anhang

DIE DENKMALPFLEGE

ZEITSCHRIFT FÜR DENKMALPFLEGE UND HEIMATSCHUTZ

HERAUSGEGEBEN DURCH DAS PREUSSISCHE MINISTERIUM FÜR WISSENSCHAFT, KUNST UND VOLKSBILDUNG, DAS PREUSSISCHE FINANZMINISTERIUM UND DAS ÖSTERREICHISCHE BUNDES-DENKMALAMT UNTER MITWIRKUNG DER KUNSTVERWALTUNGEN UND DENKMALÄMTER DER ÜBRIGEN DEUTSCHEN LÄNDER
ZUGLEICH ALS ORGAN
DES TAGES FÜR DENKMALPFLEGE UND HEIMATSCHUTZ

Unter ständiger Mitarbeit von
Paul Clemen, Conrad Dammeier, Cornelius Gurlitt, Robert Hiecke,
Georg Lill, Joseph Sauer, Fortunat Schubert-Soldern

Herausgegeben von

DAGOBERT FREY, WIEN / GUSTAV LAMPMANN, BERLIN / BURKHARD MEIER, BERLIN

JAHRGANG 1930

XXXII. JAHRGANG DER ZEITSCHRIFT: »DENKMALPFLEGE UND HEIMATSCHUTZ«
IV. JAHRGANG DER »ZEITSCHRIFT FÜR DENKMALPFLEGE«

Mit 305 Abbildungen

WIEN UND BERLIN
DEUTSCHER KUNSTVERLAG UND ANTON SCHROLL & CO.
BERLIN W 8, WILHELMSTRASSE 69 — WIEN I, GRABEN 29 (TRATTNERHOF 1)

Sonderbeilage des Bundesdenkmalamtes in Wien

DIE VERGASUNG DER PFARRKIRCHE IN KEFERMARKT UND IHRES GOTISCHEN SCHNITZALTARS

Frühere Sicherungsarbeiten am Altare und Durchführung der Vergasung

Von Oskar Oberwalder

Kefermarkt ist eine Bahnstation der Strecke Linz—Budweis. Die große, dreischiffige Kirche des Marktes ließ der Besitzer des nahen Schlosses Weinberg, Christoph von Zelking, in den Jahren von etwa 1473 an erbauen [1]). Sie wurde am 30. Oktober 1476 geweiht [2]) und war von vorneherein als eine Wallfahrtskirche zum heiligen Wolfgang in Konkurrenz zu jener von St. Wolfgang selbst, in der sich der berühmte Altar Michael Pachers befindet, gedacht [3]). Daher wollte der Erbauer der Kirche dafür sorgen, daß diese auch einen Hochaltar erhalte, der ein würdiges Gegenstück zum Pacher-Altar in St. Wolfgang darstelle, und bestimmte in seinem Testamente vom 28. Oktober 1490, daß »zu aufrichtung der tafell zu sand Wolfganng zu Kefermarkht zemaln und zu vergoltn« durch acht Jahre hindurch je 32 Pfund Pfennige und 50 Gulden ungarisch aus seinem Nachlasse ausbezahlt werden [4]). Am 2. August 1491 starb der Testator. Der Hochaltar war jedenfalls schon zur Zeit der Errichtung des Testamentes in Bestellung gegeben; ob aber bereits daran gearbeitet wurde und wer mit dem Auftrage bedacht worden war, ist unbekannt. Ebenso auch, ob der Altar mit Ablauf der achtjährigen Zahlungen vollendet war. Oberchristl nimmt das an [5]). Mit vielen andern möchte auch ich es bezweifeln. Wie der Altar bei seiner ersten Aufrichtung ausgesehen hat, ist nicht feststellbar. Jedenfalls besaß er damals ein anderes Aussehen wie heute [6]). Zu welcher Zeit er jedoch die jetzige Gestalt (Abb. 275) erhalten hat, ist noch nicht sichergestellt. Unbedingt vor dem Jahre 1849, aus dem sich

[1]) Ignaz Zibermayer, »Die St. Wolfgangslegende in ihrem Entstehen und Einflusse auf die österreichische Kunst« im 80. Berichte des oberösterreichischen Musealvereins, Linz 1924, S. 214.

[2]) Zibermayer, S. 215.

[3]) Zibermayer, S. 212. Von demselben auch in »Michael Pachers Vertrag über die Anfertigung des Altars in der Kirche zu St. Wolfgang«, Mitt. d. Inst. f. österr. Geschichtsforschung, 33. Bd. (1912), S. 472.

[4]) Abdruck des Testamentes bei Florian Oberchristl, »Der gotische Flügelaltar zu Kefermarkt«, Linz a. d. D. 1923, S. 3 ff., in der Folge zitiert unter Oberchristl II und Seitenzahl.

[5]) Oberchristl II, S. 37, wo auch die diesbezügliche Ansicht Stifters mitgeteilt wird.

[6]) Oberchristl II, S. 31, und Zeitschr. f. Denkmalpfl., III. Jg., H. 3, S. 99.

eine zeichnerische Darstellung des Altars von dem Kaulbachschüler Karl von Binzer in der Bibliothek der Akademie der bildenden Künste in Wien erhalten hat (Abb. 276) [1]). Der historische Wert dieser Zeichnung ist einigermaßen umstritten. Der Statthalter von Oberösterreich, Eduard Freiherr von Bach, berichtet in seiner Note vom 27. Juli 1853 an die k. k. Zentralkommission für die Erforschung und Erhaltung der Baudenkmale, daß die Binzersche Zeichnung nach der Aussage Adalbert Stifters und des Bildschnitzers Rint »mehr eine Ansicht als eine baukünstlerische Zeichnung ist« und »manche Unrichtigkeiten enthalte« [2]). Stifter selbst sagt in seinem, meines Wissens bisher noch nicht veröffentlichten Berichte vom 23. Februar 1855 an die gleiche Kommission, daß »diese Zeichnung in den Ornamenten sehr mangelhaft, in den Hauptfiguren ganz unrichtig« sei [3]).

Da Stifter in seinem Berichte an den Statthalter von Oberösterreich vom 25. Juli 1853 ausdrücklich betont, daß vom Anfang an »das Ziel gesteckt wurde, die Theile (des Altars) wieder so aufzustellen, wie sie bei Beginn der Arbeiten angetroffen wurden« [4]) und an der Durchführung dieses Gedankens nicht zu zweifeln ist, die Zeichnung aber tatsächlich in vielen Details von dem heutigen Aussehen des Altars abweicht, so wird wohl die Beurteilung der Zeichnung durch Bach, Stifter und Rint, die sie mit dem Altare selbst vergleichen konnten, richtig sein, wenn auch der damalige Direktor der Akademie für bildende Künste in Wien, Hermann Ruben, erklärt hat [5]), »daß diese Zeichnung eine äußerst korrekte sein soll, nach der der Altar ein stilgerecht durchgeführtes Ganzes ist und nichts enthält, weder in ornamentaler noch in figuraler Beziehung, das einen störenden

[1]) Die Datierung der Zeichnung ergibt sich nach Adalbert Stifter, »Über den geschnitzten Hochaltar in der Kirche zu Kefermarkt«. In A. St. Sämtlichen Werken, XIV. Bd., 1. Abt., Prag 1901, S. 312.

[2]) Akt des Bundesdenkmalamtes in Wien, Z. 43, aus 1853.

[3]) Akt des BDA., Z. 59, aus 1855.

[4]) Eine Abschrift davon in dem unter [2]) zitierten Akt. Abgedruckt bei Fl. Oberchristl, »Zum Problem der Herstellung des Urbildes des Flügelaltares in Kefermarkt« in Christl. Kunstblätter, Linz 1916, S. 10.

[5]) Nicht approbierter Erledigungsentwurf in dem unter [3]) zitierten Akt.

Abb. 275. Der St. Wolfgangs-Altar in Kefermarkt.

Abb. 276. Der St. Wolfgangs-Altar in Kefermarkt. Zeichnung von C. von Binzer aus dem Jahre 1849.

Eindruck verursachen würde«. Deshalb brauchte sie aber noch nicht den vorhandenen Bestand auch richtig wiederzugeben.

Ein terminus post quem für die jetzige Aufstellung des Altars, die ein Ausmaß von ungefähr 13·50 m in der Höhe und 6·30 m in der Breite aufweist [1]), ist viel schwieriger zu finden und bisher auch noch nicht gefunden worden. Oberchristl, der hauptsächlich bisher seiner Meinung hierüber Ausdruck verliehen hat, ist auf Grund einer Notiz der Kirchenrechnung von Kefermarkt zur Anschauung gelangt, daß die Neugestaltung des Hochaltars etwa um 1640, spätestens aber um 1670 bis 1680, vor der Aufstellung der neuen barocken Seitenaltäre, erfolgt ist [2]). Warum eine solche Neuaufstellung, wenn schon das letzte Viertel des 17. Jahrhunderts hierfür in Betracht gezogen wird, nicht mit der für 1684 nachweisbaren Aufstellung einer schwarzen Bretterwand in Zusammenhang gebracht werden soll, die das ganze Presbyterium unmittelbar vor dem Altar bis zur Höhe der unteren Rahmenleiste des Schreins und der Flügel abschloß, zwei seitliche Türen besaß und mit vier Büsten weiblicher Heiliger bekrönt wurde [3]), ist mir nicht erfindlich, zumal damals wieder ein Altartisch mit einem Tabernakel (jetzt auf dem Sebastians-Altar der Kirche) vor dieser Wand aufgestellt wurde.

Aber damals dürfte die uns überlieferte Aufstellung des Altars auch kaum erfolgt sein. Denn abgesehen davon, daß diese Zusammenstellung aller nur erreichbaren gotischen Überreste, so willkürlich sie auch ist, gar nicht dem sonst geübten Brauch der Barocke entspricht, die nur einzelne gotische Figuren in einen, ihren künstlerischen Tendenzen entsprechenden, neuen Altaraufbau übernahm, ist nicht darauf zu vergessen, daß im Jahre 1852 »sämtliche Ornamente und Rahmen mit weißer Leimfarbe angestrichen waren, die Statue des heiligen Wolfgang in der Mitte des Schreines aber vergoldet und im Inkarnat mit roter, weißer und blauer Farbe bemalt war, und das Kopfkissen im Flügelrelief des Todes Mariens eine blauweiß karierte Bemalung aufwies«. Die Figuren des Gesprenges waren nicht überstrichen, und »im Wesentlichen nicht stark beschädigt« [4]). Über den Zustand der beiden großen Figuren des Apostelfürsten Petrus und des heiligen Christoph im Mittelschrein beiderseits des heiligen Wolfgang wie über die zahlreichen, kleinen Figuren, die um sie herum angebracht sind, verlautet nichts. Es ist daher anzunehmen, daß sie weder vergoldet wie die Statue des heiligen Wolfgang, noch mit weißer Leimfarbe überstrichen waren, wie die »Ornamente«, sondern bereits im ungefaßten Zustande wie die Statuen des Gesprengs sich befanden. Stifter fand also eine für die Barockkunst ganz unmögliche Farbenzusammenstellung vor. Daß die Flügelreliefs damals noch gefaßt waren, und »Stifter gar noch offenbar die ursprüngliche Bemalung vor sich gehabt habe«, wie Oberchristl meint [1]), ist aus der Mitteilung Stifters nicht herauszulesen. Wohl aber kann die weiße Bemalung, die auch einmal als »weiß-graue Steinfarbe« bezeichnet wird [2]) — auch in Verbindung mit Gold für den Klassizismus der zweiten Hälfte des 18. Jahrhunderts, der sich ja verschiedentliche Male in ausgesprochen gotisierender Betätigung gefiel [3]), in Anspruch genommen werden. Es ist ganz gut möglich, daß — wie Professor Dagobert Frey mir gegenüber mündlich sich einmal äußerte — der Verkauf verschiedener Statuen aus der Kirche von Kefermarkt im Jahre 1789 [4]) insoweit mit einer nicht sehr lange vorher erfolgten Neuaufstellung des Altars in Zusammenhang zu bringen ist, als damals eben all das, was bei der Neuaufstellung des Altars nicht Verwendung fand oder finden konnte, abgegeben wurde.

Wann immer die jetzt noch vorhandene Zusammenstellung des Altars erfolgt ist, so ergibt sich daraus doch das Eine mit Sicherheit, daß an dem Altar und seinen einzelnen Teilen schon vor der Mitte des 19. Jahrhunderts vielerlei Veränderungen vorgenommen worden sein müssen. Mögen auch manche von ihnen, so insbesondere die Aufstellung in der jetzigen Form selbst, als Rettungsmaßnahmen gedacht gewesen sein, so war ihnen doch nur eine zeitlich begrenzte Wirkung beschieden. Deshalb wurde auch eine neuerliche und umfassende Reparierung des Altars im Jahre 1852 erforderlich, über die wir sehr genau unterrichtet sind [5]). Sie wurde von dem damaligen Pfarrer von Kefermarkt, Franz Xaver Hölzl, in einer Eingabe vom 8. Juli 1852 an die Bezirkshauptmannschaft Freistadt angeregt und von dem Bezirkshauptmann Kenner, dem in seinem Berichte an die Statthalterei in Linz vom 21. Juli 1852 eine Verwechslung der Petrus- mit der Wolfgang-Statue hinsichtlich ihres abhebbaren Hauptes und ein darauf aufgebauter irriger Schluß unterlief, sehr energisch befürwortet. Der Statthalter Eduard Freiherr von Bach, der den Altar selbst besichtigte, nahm sich der Restaurierung warm an und leitete sie damit ein, daß er den »k. k. Schulrat und Volksschulinspektor« Adalbert Stifter, dessen Name als Dichter in ganz Deutschland bekannt ist, mit der

[1]) Oberchristl II, S. 25.
[2]) Oberchristl II, S. 35.
[3]) Oberchristl II, S. 22.
[4]) Stifter a. a. O. S. 311, hierzu auch Oberchristl II, S. 15, 17, 19 und 22.

[1]) Oberchristl II, S. 22.
[2]) Oberchristl II, S. 15.
[3]) Hans Tietze, »Wiener Gotik im 18. Jahrhundert«, Jahrbuch der k. k. Zentralkommission für Kunst und historische Denkmale, Wien 1909, S. 162 ff.
[4]) Fl. Oberchristl, »Kefermarkt und sein gotischer Flügelaltar«, Linz 1926, S. 21.
[5]) Oberchristl II, S. 15 ff. und die zitierten Akten des BDA.

Leitung der Restaurierungsarbeiten betraute, und den k. k. Hofbildschnitzer Johann Rint, die beide in Linz wohnhaft waren, als ausführendes Organ bestellte. Die Restaurierung währte von 1852—1855. Im wesentlichen bestand sie darin, daß der Schrein und die Flügel neue Rahmen und Verschalungen erhielten und durch eiserne Streben im Mauerwerk der Kirche verankert wurden. Zur Befestigung des Giebels dürfte erst damals ein eisernes Rahmengerüst errichtet worden sein, das einerseits im Schrein verschraubt, anderseits durch das Chorgewölbe durchgezogen und auf einem Querbalken über den Trämen des Dachstuhles befestigt war. Stifter verzeichnet dieses Gerüst, über dessen Herstellung er aber nichts mitteilt, so daß er es möglicherweise schon vorgefunden haben könnte, als »fest und tauglich«[1]). Aber nicht bloß erst wir, sondern schon eine frühere Zeit — etwa gar schon die Stifters? — wußte, daß es das nicht war, weshalb es auch an zwei Vertikalstreben, durch nach oben sich verjüngende, auf den Schrein aufgesetzte Holzplatten versteift wurde. An dieses Eisengerüst wurden nun die vom Anstrich gereinigten, in Kochsalzlauge getränkten und mit einem »wasserhellen« Kopallack überzogenen Architekturteile und Ornamente, die oft durch Eisenblechbänder zusammengefügt wurden, nach einer reichlichen Ergänzung mittels Draht angehängt. Der Altar zeigt seither in allen seinen Teilen das Holz — bei den figuralen und ornamentalen Teilen nur Lindenholz — im Naturzustand ohne jede Fassung. Nur an den Augen und den Lippen einzelner Figuren zeigen sich ältere Bemalungen ohne Grundierung. Sie dürften jedoch kaum aus der gotischen Zeit herrühren.

Stifter gab sich der Hoffnung hin, daß der Altar »für einige Jahrhunderte wieder hergestellt« sein wird[2]). Leider erwies sich diese Hoffnung als trügerisch, denn schon dreißig Jahre später zeigten sich neuerliche Holzwurmschäden[3]). Für deren Beseitigung wurden vom Akademieprofessor Trenkwald eine Zerlegung des Altars und eine Einlassung der einzelnen Teile mit einer Arseniklösung vorgeschlagen, für deren Durchführung der Linzer Bildhauer Franz Oberhuber in Aussicht genommen wurde[4]). Es scheint aber nicht dazu gekommen zu sein, denn in einem Neujahrsglückwunschschreiben an den Präsidenten der Zentralkommission Joseph Alexander Freiherrn von Helfert vom Ende des Jahres 1894 stößt der bekannte Neuseelandforscher Andreas Reischek, der in Kefermarkt beheimatet war, einen Hilferuf für die Rettung des Altars vor der vernichtenden Tätigkeit des Holzwurms aus[1]). Nach einem neuerlichen Vorschlage des damaligen Rektors der Akademie für bildende Künste in Wien, I. M. Trenkwald, wurde eine Tränkung des Altars mit einer Sublimatlösung in Spiritus empfohlen und für die Durchführung der Arbeiten Reischek selbst in Aussicht genommen[2]). Auf Grund eines auf einer Inaugenscheinnahme des Altars beruhenden Berichtes des Konservators und Direktors der k. k. Fachschule für Holzbearbeitung in Hallstatt Gustav Goebel vom 27. Mai 1895, in dem hervorgehoben wird, »daß allerdings einige Teile des Schnitzwerkes durch Bruch und Eindringen des Holzwurms sehr schadhaft und reparaturbedürftig geworden sind, aber das ganze Werk in gutem Zustande sich befindet und eine Gefahr für seinen Verfall derzeit nicht besteht« und die Kosten für die Behebung der Schäden mit 300 Gulden beziffert werden[3]), erfolgte die Restaurierung des Altars durch Lehrpersonen und Schüler der genannten Fachschule unter der Leitung des Anstaltsdirektors und Konservators Goebel im Jahre 1896 und erforderte einen Kostenaufwand von 670 Gulden[4]). Über die Art der Durchführung der Arbeiten, insbesondere über die angewendeten Mittel zur Vernichtung des Holzwurms, ist nichts Näheres bekannt geworden; doch wurde der Altar damals mit einer, viele ungünstige Reflexe ergebenden »Schutzmasse«[5]) — vermutlich einem mit einem Gift versetzten trüben und stellenweise dick aufgetragenen Lack — überzogen.

Leider waren auch diese Arbeiten vergeblich. Denn schon 1904 wurde die Tätigkeit des Holzwurms im Altar neuerdings festgestellt[6]). Sie zeigte sich in den drei Reliefs »Verkündigung Mariä«, »Anbetung der Könige« und »Tod Mariens«, während an den Figuren des Schreines und an den Laubwerkumrahmungen nichts davon festgestellt werden konnte[7]). Den anscheinend damals noch geringen Holzwurmschäden wurde keine weitere Bedeutung beigemessen und es unterblieb daher auch irgendeine Maßnahme dagegen. Doch bereits im Jahre 1913 erwiesen sich diese Schäden derart groß und über den ganzen Altar verbreitet, daß an ihre Beseitigung dringend gedacht werden mußte (Abb. 277). Damals wurde von dem Konservator und Direktor des Oberösterreichischen Landesmuseums Dr. Hermann Ubell, auf Grund der seit mehr als zwanzig Jahren in seinem Museum gemachten Erfahrungen auch bereits eine Vergiftung des ganzen Altars durch Einlegen der einzelnen Teile in eine

[1]) Wie Anmerkung [1]) auf Seite 254, rechts.
[2]) Wie Anmerkung [3]) auf Seite 251, rechts.
[3]) Bericht des Konservators P. Florian Wimmer an die k. k. Zentralkommission zur Erforschung und Erhaltung der Kunst- und historischen Denkmale, vom 11. Juni 1885, im Akt des BDA., Z. 453, aus 1885.
[4]) Erledigung im Akt des BDA., Z. 453, aus 1885.

[1]) Akt des BDA., Z. 2002, aus 1894.
[2]) Referat im gleichen Akt wie bei [1]).
[3]) Akt des BDA., Z. 1076, aus 1895.
[4]) Akten des BDA., Z. 2009 und 2090, aus 1895 und 412, 792, 932 und 1438, aus 1896.
[5]) Josef Neuwirth im Akte des BDA., Z. 2385, aus 1906.
[6]) Fl. Oberchristl, Der gotische Flügelaltar und die Kirche zu Kefermarkt in Oberösterreich, Linz 1904, S. 32.
[7]) Wie Anmerkung [5]).

Abb. 277. Statue eines Propheten, Detail. Aufnahme aus dem Jahre 1913.

Giftkiste vorgeschlagen [1]). Da diese Methode jedoch eine Zerlegung des ganzen Altars und den Transport der einzelnen abgenommenen Stücke nach Linz sowie die Anschaffung sehr großer Giftkisten und endlich auch den Rücktransport nach Kefermarkt und eine Neuaufstellung des Altars erfordert hätte, so bestanden dagegen trotz aller Anerkennung der Erfolge der Giftkistenmethode bei den maßgebenden Faktoren schwere Bedenken, insbesondere aus Sicherheits- und finanziellen Gründen. Uneingestanden bildete aber noch folgende Erwägung ein ausschlaggebendes Hindernis für die Anwendung dieser Methode: Da der Altar in der überlieferten Form ganz widersinnig aufgestellt ist, so wollte man nicht durch ein Abtragen des Altars die Frage einer richtigeren, bzw. auch nur günstiger wirkenden Aufstellung aufwerfen, weil alle Voraussetzungen für eine, auch nur teilweise Billigung zu erhoffende Lösung dieser Frage mangelten und insbesondere auch eine einwandfreie Aufklärung des Rätsels der Zusammengehörigkeit der einzelnen Teile des Altars nicht gefunden war. Jede einseitige, wenn auch noch so sehr auf die wissenschaftliche Überzeugung Einzelner oder einer wissenschaftlichen Gruppe aufgebaute Neuordnung des Altars hätte aber zu seiner Zerreißung führen müssen, die jedenfalls nur im schwersten Widerspruche mit der einheimischen Bevölkerung, und auch nur vielleicht zu erzielen gewesen wäre, sicherlich aber dem Altar seine heutige, trotz aller wissenschaftlichen Anfechtbarkeit, überwältigende Erscheinung gekostet hätte.

Aus all den angeführten Gründen habe ich als damaliger Landeskonservator von Oberösterreich eine Abänderung der Giftkastenmethode in der Art vorgeschlagen, daß das Presbyterium als Ganzes luftdicht abgeschlossen und der ganze Altar an Ort und Stelle Schwefelkohlenstoff-Dämpfen ausgesetzt wird [1]). Da sich infolge des während der Verhandlungen ausgebrochenen Weltkrieges die Beschaffung von Schwefelkohlenstoff als unmöglich erwies und schon aus diesem Grunde wie auch infolge Mangels der entsprechenden, finanziellen Mittel die Durchführung der Konservierungsarbeiten einem späteren Zeitpunkt vorbehalten bleiben sollte, habe ich noch versucht, andere Bekämpfungsarten des Holzwurms ausfindig zu machen. Der Zufall, der mich mit dem ehemaligen Direktor der k. k. Landwirtschaftlich-chemischen Versuchsanstalt in Görz, Hofrat Johann Bolle, zusammenführte, der damals aus seiner Heimat durch den Krieg vertrieben, in Linz lebte, ließ die Art der Bekämpfung des Holzwurms entstehen, über welche in diesen Blättern bereits berichtet wurde [2]). Auch der Mißerfolg dieser in den Jahren 1916—1918 durchgeführten Arbeiten, an denen ich jedoch wegen meiner Kriegsdienstleistung nicht mitwirken konnte, geht daraus hervor (Abb. 278, 279). Es wurden daher seit dem Jahre 1926 neuerliche Sicherungsmaßnahmen erwogen, die im Oktober 1928 zu dem ebenfalls an der gleichen Stelle mitgeteilten Sicherungsprogramme führten. Für den Arbeitsbeginn wurde der Monat März 1929 in Aussicht genommen, welcher Zeitpunkt jedoch technischer wie finanzieller Schwierigkeiten halber nicht eingehalten werden konnte.

Da trat eine entscheidende Wendung in der Angelegenheit ein. Schon im Jahre 1927 hatte sich Dr. Jencic mit Versuchen zur Bekämpfung des Holzwurms mittels Blausäure beschäftigt und einen diesbezüglichen Vorschlag dem Bundesdenkmalamt erstatten lassen, der jedoch auf Grund der bisherigen wissenschaftlichen Ergebnisse auf diesem Gebiete

[1]) Akt des BDA., Z. 2443, aus 1913.

[1]) Akten des BDA., Z. 1011, 1714 und 2195 aus 1915.
[2]) Zeitschr. f. Denkmalpfl., III. Jg. (1929), S. 98.

abgelehnt werden mußte [1]). Kammerrat Bernhard Ludwig, welcher als Chef der gleichnamigen Großtischlerei in Wien für die Durchführung der geplanten konstruktiven und Imprägnierungsarbeiten nach dem früher erwähnten Programme in Aussicht genommen war, setzte sich inzwischen doch mit dem Chef der Vergasungsfirma Dr. A. Jencic & Co. in Wien in Verbindung und ermöglichte demselben mehrfache Versuche für die Anwendung des Zyklonverfahrens, das auf der Verwendung von Blausäuregas, gemischt mit einem Reizgas, beruht, zur Abtötung des Holzwurms und seiner Entwicklungsstadien. Die überaus günstigen Erfolge dieser Versuche und die Gutachten der Direktion des botanischen Gartens und Institutes der Universität in Wien vom 13. Dezember 1927 und insbesonders der Bundesanstalt für Pflanzenschutz in Wien vom 17. Oktober 1929 [2]) veranlaßten nun das Bundesdenkmalamt, sein bisheriges Sicherungsprogramm, nach kommissioneller Anhörung aller behördlichen und privaten Interessenten, aufzugeben, den Versuch einer Durchgasung der ganzen Kirche mit Blausäuregas zu wagen und diesen sofort zur Durchführung zu bringen. Daher wurde auch die oben genannte Firma mit einem darauf bezüglichen Auftrage vom Bundesdenkmalamte versehen und deren Vorschläge für die Vergasung der Kirche angenommen. Von der Vergasung sollte wegen der Abdichtungsschwierigkeiten der im Westen der Kirche vorgelagerte Turm ausgenommen werden. Es wurde die Abdichtung der Kirche mit einem paraffinierten Papier österreichischer Herkunft in folgender Weise geplant: Bei den Kirchenfenstern an ihrer Innenseite, beim Gewölbe vom Dachboden aus und bei den Kirchentüren wie bei der Gräflich Thürheimschen Gruft von außen. Ferner wurde die Entfernung der Verschalung hinter dem Schrein des Hochaltars und die Hebung der großen Statuen vorgesehen. Für die Durchführung der Vergasung selbst, die am 4. November 1929 beginnen sollte, war im Falle des wegen der vorgerückten Jahreszeit zu erwartenden Herabsinkens der Temperatur in der Kirche vor der Vergasung auf jenes Minimum, das den Eintritt der Kältestarre der Holzwurmkäfer befürchten läßt, eine Beheizung der Kirche mittels Koksöfen in Aussicht genommen. Die Vergasung sollte mit 1 Volumprozent eröffnet und das Gasgefälle täglich mindestens einmal durch einen chemischen Sachverständigen titrimetrisch festgestellt werden. Falls aber der Gasgehalt unter 0·2 Volumprozent sinken sollte, so wurde eine sofortige Nachbeschickung mit Gas vorgesehen. Der Fortschritt der Abtötung des Holzwurms war biologisch zu kontrollieren und von dem Ergebnisse dieser Kontrolle wurde eine weitere Beschickung wie auch die Dauer der Vergasung überhaupt abhängig gemacht. Für die Zeit der Vergasung

Abb. 278. Statue eines Propheten, Detail.
Zustand nach der Restaurierung durch J. Bolle, 1918.

sind auch folgende Sicherheitsmaßnahmen getroffen worden: Beistellung von zehn Gasmasken und Instruktion der Gendarmerie und Feuerwehr im Gebrauche derselben, Vorsorge für einen ärztlichen Bereitschaftsdienst und Beistellung der nötigen Behelfe für die erste ärztliche Hilfeleistung und endlich auch eine permanente Absperrung der Zugänge zur Kirche in einem bestimmten Umkreis. Für die Entgasung der Kirche waren alle Vorsichtsmaßregeln nach den Konzessionsbedingungen der Vergasungsfirma zu treffen.

Da unterdessen auch die finanzielle Sicherstellung dieses Programms dank des hervorragenden Ergebnisses von rund 10.000 Schilling einer unter dem Ehrenvorsitze des Herrn Landeshauptmannes von Oberösterreich Dr. Josef Schlegel und unter der Leitung des Herrn Landesamtsdirektors Hermann Attems durchgeführten Landessammlung, zu der

[1]) Akt des BDA., Z. 2635/D, aus 1927.
[2]) Akt des BDA., Z. 5479/D, aus 1929.

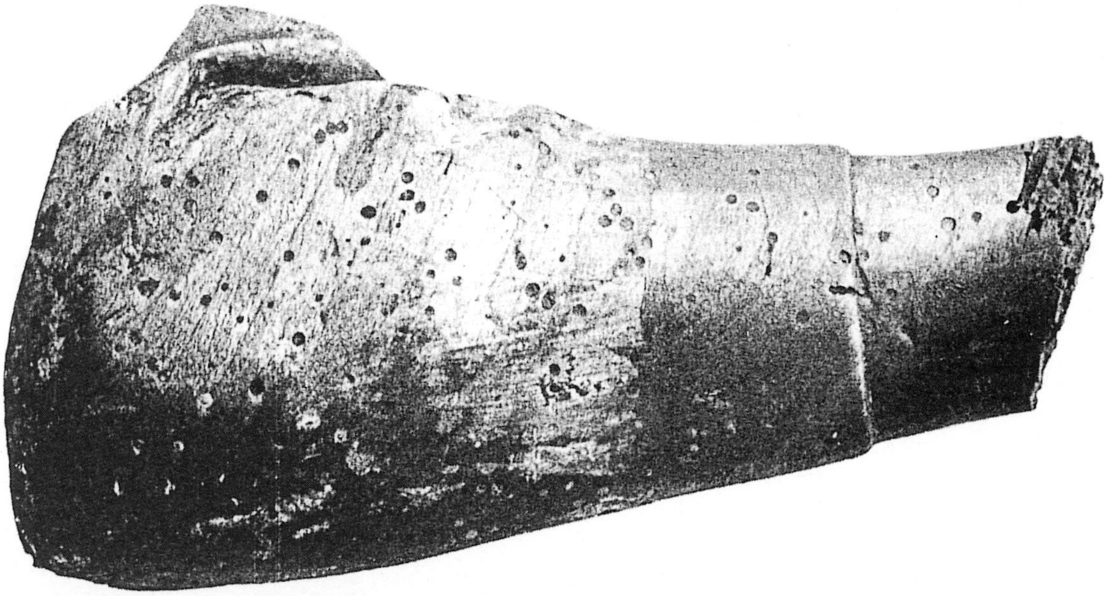

Abb. 279. Arm der Maria aus dem Flügelrelief mit der Anbetung des Kindes. Durch Holzwurmschäden abgefallen; von der linken Hälfte Lack abgezogen, rechts mit Lackierung aus dem 19. Jahrhundert.

auch der frühere Herr Bundespräsident Dr. Michael Hainisch einen namhaften Betrag spendete, und einer für das Jahr 1929 vom Bundesministerium für Unterricht bewilligten Subvention von 5000 Schilling erfolgt war, so konnte das aufgestellte Programm auch restlos zur Durchführung gebracht werden. Zur Leitung der ganzen Aktion hatte das Bundesdenkmalamt den Verfasser dieser Zeilen als seinen Bevollmächtigten ernannt und mit einer äußerst eingehenden Dienstinstruktion versehen. Die Einrichtung der sanitären Vorkehrungen übernahm Ministerialrat Dr. Marius Kaiser vom Bundesministerium für soziale Verwaltung, dem der Bezirksarzt von Freistadt Dr. Leopold Haider und der Gemeindearzt von Kefermarkt Med.-Rat Dr. Johann Huber zur Seite standen. Die chemische Kontrolle wurde Herrn Doktor Ernst Fried aus Wien, die biologische dem Leiter der naturwissenschaftlichen Abteilung des oberösterreichischen Landesmuseums Dr. Theodor Kerschner in Linz übertragen. Die oberösterreichische Landesregierung und die Bezirkshauptmannschaft Freistadt sorgten für die Beistellung der Gasmasken durch die oberösterreichische Brigade des Bundesheeres, die Verstärkung des Gendarmeriepostens auf vier Gendarmen, die während der Vergasung Tag und Nacht nach je sechs Stunden sich im Dienst ablösten, und auch für die Beruhigung der Bevölkerung, zu welchem Zwecke die Bezirkshauptmannschaft Freistadt eine eigene Kundmachung erließ. Ganz besonderes Entgegenkommen zeigten auch das hochwürdigste bischöfliche Ordinariat in Linz, welches der Sperre der Kirche auf die Dauer von 14 Tagen seine Zustimmung erteilte und Vorsorge für die anderweitige Abhaltung des Gottesdienstes während dieser Zeit traf, und endlich der hochwürdige Herr Pfarrer von Kefermarkt Franz Achleitner wie die Gemeindevorstehung des Marktes mit dem Herrn Bürgermeister Johann Zehethofer an der Spitze, die alle Vorarbeiten für die Vergasung auf das eifrigste förderten. Auch die Freiwillige Feuerwehr und der größte Teil der Bevölkerung des kleinen Ortes hatten werktätigen Anteil an den Arbeiten genommen, so daß zu dem festgesetzten Termine alle Vorbereitungen genauestens durchgeführt waren und die Vergasung der Kirche beginnen konnte.

Inzwischen war nämlich auch die geradezu mustergültige Abdichtung der Kirche durch die Angestellten der Firma Jencic programmgemäß erfolgt. Diese Arbeiten erforderten eine volle Arbeitswoche — vom 28. Oktober bis 4. November — für drei Gehilfen. Außerdem war auch bereits die Aufstellung eines Gerüstes um den Hochaltar in vier Stockwerken, wozu der Patron der Kirche, Graf Heinrich Thürheim, das Gerüstholz, das Fuhrwerk, einen Zimmermann und einen Handlanger beistellte, unter der Leitung eines Angestellten der Firma Ludwig vollzogen und die Hebung der großen Statuen durch Keile sowie die Abnahme der Verschalung des Schreins vorgenommen worden. Diese letztere Maßnahme führte zu der, der bisherigen wissenschaftlichen Behandlung des Altars noch nicht bekannten Entdeckung, daß die gegenüber den beiden anderen Hauptfiguren kleinere Statue des heiligen Petrus, deren Kopf auch allein im Gegensatz zu ihnen abhebbar ist, mit ihrem Sockel aus einem Holzstamm geschnitten ist. Dieser

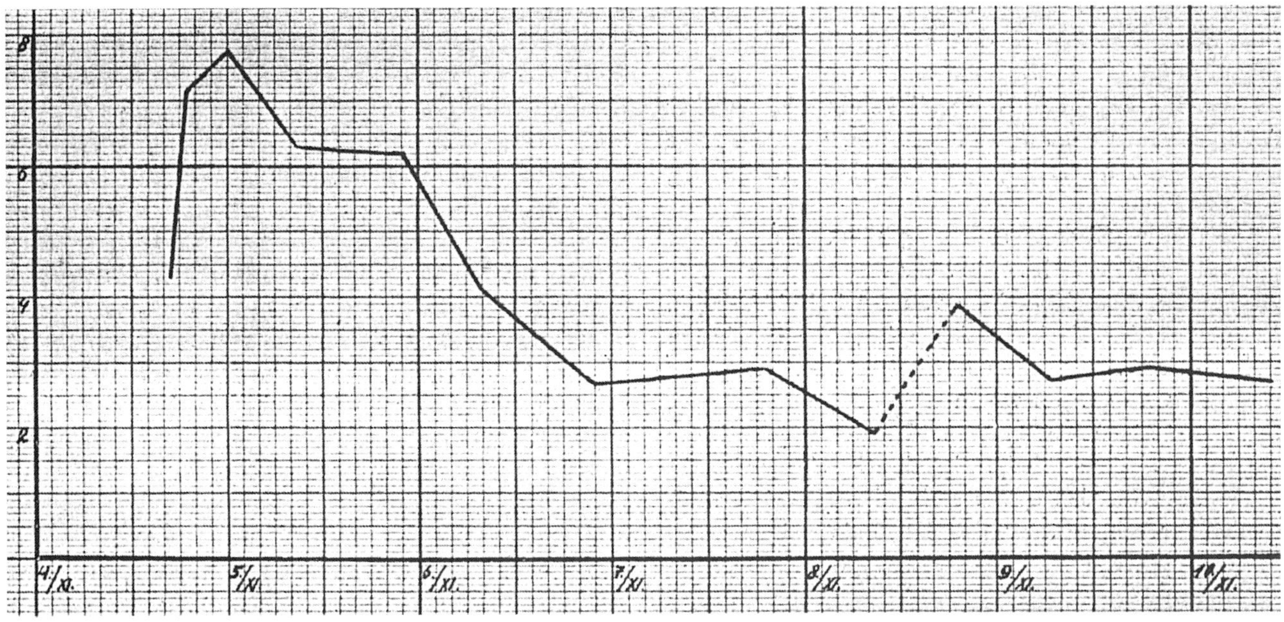

Abb. 280. Konzentrationskurve. Ordinate: Gramme HCN pro Kubikmeter des Luft-HCN-Gemisches. Abszisse: Tage und Stunden.

Umstand dürfte in Verbindung mit der überaus peniblen Durchführung der dekorativen Details gerade an dieser Statue und der Gestalt des Sockels in der weiteren Diskussion über das Urbild des Altars und seines Schöpfers, auf welche Fragen hier in keiner Weise eingegangen werden soll, noch eine große Rolle spielen.

Da die Temperatur in der Kirche während der Woche vor der Vergasung nie unter 5° C bei allerdings sehr hohem Feuchtigkeitsgehalt der Luft von oft 95 % und darüber sank, wurde von einer Beheizung der Kirche, für welche alles bereitgestellt war, abgesehen. Mit der Auslegung von neun Probehölzern und der Neueinstellung der beiden Thermo-Hygrographen waren am 4. November um 10 Uhr vormittags auch alle Vorbereitungen für die Vergasung in der Kirche selbst getroffen, in die noch Holzstatuen aus den Pfarrkirchen von Taufkirchen an der Pram und Klausen-Leopoldsdorf sowie zahlreicher vom Holzwurm befallener Hausrat von der Bevölkerung von Kefermarkt, wo in nahezu jedem Hause Holzwurmschäden feststellbar sind, zum Zwecke der Mitvergasung gebracht worden waren. Die Probehölzer bestanden aus vom Holzwurm befallenen, prismatischen Holzklötzen, von denen einer auf der Mensa des Hochaltars, einer an einer Schnur über einer Rolle in halber Höhe des Gerüstes, je einer auf dem Sebastians- und dem Kreuzaltare und einer in dem hochgelegenen Fenster über dem Orgelchor von der Form eines Ochsenauges ausgelegt war. Die restlichen vier Probehölzer wurden verschiedentlich in der Kirche und der Sakristei verteilt. Nunmehr wurden die, das durch ein kieselgurähnliches, »Erko« benanntes Gemenge gebundene Zyklongas B enthaltenden, Messingdosen im Freien vor der Kirche geöffnet und mit Kautschukkappen wieder verschlossen. In Partien von zehn bis zwölf Dosen wurden sie in die Kirche getragen und dort so verteilt, daß die größere Zahl von ihnen in der nächsten Nähe des Altars und auf dem Gerüste um denselben, der Rest in den verschiedensten Teilen des Kirchenraumes zur Aufstellung gelangte. Es wurden im ganzen 63 Dosen Zyklongas B mit einem Gewichte von 75·60 kg, was 1 Volumprozent des Kirchenraumes von rund 6800 m³ entsprach, in der Kirche verteilt. Die Beschickung, d. h. das Öffnen der Dosen und Ausschütten des »Erko«, die durch drei mit Gasmasken ausgerüstete Angestellte der Firma Dr. Jencic um 16 Uhr erfolgte, beanspruchte nur acht Minuten. 20 Minuten nach Beginn der Vergasung zeigte es sich, daß durch einen vorher nicht beachteten Riß des Mauerwerkes an einem nördlichen Anbau des Chores, ganz nahe am Erdboden, Gas ausströmte, weshalb diese Stelle sofort durch bereitgehaltenen, feuchten Lehm abgedichtet wurde.

Die Mittagstemperatur in der Kirche am Tage der Vergasung betrug im Presbyterium 8° C, unter dem Orgelchor 8·2° C, der Feuchtigkeitsgehalt 90 % bzw. 93 %. Bereits eine halbe Stunde nach der Vergasung wurde die erste Gasprobe durch Dr. Fried entnommen. Wie die Konzentrationskurve (Abb. 280) zeigt, wurde ihr höchster Punkt erst nach achtstündiger Vergasung, also am 4. November um 24 Uhr, erreicht und betrug 0·78 Volumprozent bei den Glasrohrproben. Während der ganzen Zeit der Vergasung ereignete sich — was hier gleich vorausgenommen sei

— nicht der geringste Unfall. In der ersten Nacht nach der Beschickung der Kirche mit Gas, also vom 4. auf den 5. November, um etwa 3/4 4 Uhr, stürzte das Perpendikel der Turmuhr ab, welcher Vorfall anfangs ganz unerklärlich war, dem aber, wie wir noch sehen werden, symptomatische Bedeutung zukam.

Am 5. November um 11 Uhr 45 Minuten, also nicht ganz 20 Stunden nach Beginn der Vergasung, erfolgte bereits die erste Entnahme von zwei Probehölzern, die sehr stark auf die Filtrierpapierprobe reagierten und mittels Boten sofort an Dr. Kerschner nach Linz gesendet wurden. Es waren dies aber nur größere, rasch abgesägte Teile dieser Klötze, während die restlichen Stücke wieder in die Kirche gebracht wurden. 24 Stunden später stellte Dr. Kerschner folgendes Gutachten über das Ergebnis seiner sorgfältigst und nach wechselnden Methoden vorgenommenen Untersuchungen aus: »In den beiden Versuchshölzern, die am Hochaltar ausgelegt worden sind, wurden sowohl Larven in allen Stadien als auch Imagines von Anobium striatum gefunden. Alle Tiere waren tot und Wiederbelebungsversuche erfolglos.« Alle an der Vergasung Beteiligten konnten daraufhin zum ersten Male sichere Hoffnung auf ein Gelingen ihrer Arbeit schöpfen. Die chemische Analyse der Gaskonzentration in der Kirche wurde nun fortlaufend, die biologischen Untersuchungen der in den jeweilig neu entnommenen Probehölzern vorgefundenen Holzwurmkäfer und seiner Zwischenstadien mehrmals, und zwar am 6., 7. und 9. November, wiederholt, worüber die folgenden Beiträge Dr. Kaisers und Dr. Frieds wie Dr. Kerschners näher unterrichten.

Da die Gaskonzentration in der Kirche am 8. November um 9 Uhr früh auf 0·19 % gefallen war, wurde eine Nachbeschickung der Kirche mit Gas angeordnet, wofür 12 Dosen Zyklongas B, also rund ein Fünftel der anfänglichen Gasmenge, zur Verwendung gelangten. Dabei waren wieder alle Vorsichtsmaßregeln getroffen worden wie bei der Hauptvergasung. Der Erfolg der Nachbeschickung war eine Steigerung der Gaskonzentration auf 0·39 %, die am selben Tage um 19 Uhr festgestellt wurde. Da die Gaskontrolle am 10. November um 10 Uhr vormittags nur ein Gefälle auf 0·27 % zeigte, wurde sie beendet. Das am nächsten Tage von Dr. Kerschner ausgestellte Gutachten wies die gleichen günstigen Ergebnisse der früheren Untersuchungen auf. Daher konnte auf Grund der eigens hierzu eingeholten Ermächtigung des Bundesdenkmalamtes an die Entgasung der Kirche geschritten werden. Der 11. November zeigte sich jedoch hierfür nicht günstig, weil Regenwetter herrschte und zu befürchten war, daß das Gas ebenso wie der Rauch aus den Schornsteinen der Wohnhäuser zu Boden geschlagen werde. Die für diesen Tag um 16 Uhr in Aussicht genommene Entgasung wurde daher auf den nächsten Tag (12. November) verschoben, an dem sie auch bei günstiger Windrichtung um 8 Uhr 30 Minuten früh begonnen wurde. Wieder unter Anwendung der größten Vorsichtsmaßnahmen. So mußten z. B. sämtliche Türen und Fenster der am Marktplatze gelegenen Häuser geschlossen werden und auch der Verkehr wurde von hier abgelenkt. Ärztliche Hilfe war bereitgestellt. Die Entlüftung der Kirche wurde durch das Öffnen der beiden nordseitigen, dem Markte abgewendeten Kirchentüren und des Gruftfensters begonnen, worauf in Abständen von 10 bis 20 Minuten die westwärts gelegenen Fenster des Langhauses, dann die des Chores und endlich die an der Südseite gelegene Haupteingangs- und Sakristeitüre geöffnet wurden, so daß nach etwa einer Stunde sämtliche Tür- und Fensteröffnungen offenstanden. Die Wirkung war eine höchst überraschende: denn bereits fünf Viertelstunden nach dem Beginn der Entlüftung konnte der Chef der Firma Dr. Jencic und einer seiner Angestellten den Kirchenraum ohne Gasmaske durchschreiten, worauf die strengen Absperrungsmaßregeln aufgehoben wurden.

Eine halbe Stunde später begab ich mich in Begleitung des Bezirksarztes Dr. Haider, ohne Gasmaske, in die Kirche und machte die Gasrestprobe, die ergab, daß sich im Langhause eine Verfärbung des Filtrierpapieres erst nach 10 Sekunden, im Chor dagegen erheblich früher einstellte. Drei Stunden nach Beginn der Entlüftung konnte ich bereits einige Minuten hindurch die Orgel spielen; dieses Orgelspiel wurde dann durch fünf Tage hindurch, täglich in immer längerer Zeitdauer wiederholt, was sich als äußerst notwendig erwies, weil sich in den Orgelpfeifen Gas immer wieder von neuem ansammelte.

Eine eingehende Besichtigung der Kirche ergab, daß weder Metallgegenstände noch Farben unter der Einwirkung des Zyklongases irgendeinen Schaden erlitten hatten. Vergoldungen, Silberlasierungen und Fassungen von Plastiken wie auch die Farbe der Gemälde und die Anstriche der Einrichtungsgegenstände der Kirche zeigten nicht die geringste Veränderung. Nur die neuen Eisennägel, von denen ein ganzes Paket während der Vergasung irrtümlich in der Kirche zurückgelassen worden war, zeigten einen einheitlichen, blauen Anlauf, der auf den Fettstoff zurückgeführt werden konnte, mit dem die Nägel überzogen waren, um sie bei einer längeren Lagerung vor der Rostbildung zu schützen.

Weniger erfreulich war eine andere Entdeckung. Die beiden Thermo-Hygrographen, die in der Kirche aufgestellt waren, hatten ihre Tätigkeit gleich in der ersten Nacht nach der Vergasung zwischen 2 und 4 Uhr früh automatisch eingestellt, so daß uns die Kenntnis der Innentemperaturen der Kirche während der Vergasung vorenthalten blieb. Erst einen Tag nach der Entgasung der Kirche wurde bekannt, daß um die gleiche Zeit in dem, ebenfalls auf einem Hügel, isoliert liegenden und rund zwei Luftlinien-Kilometer von der Pfarrkirche entfernten Bauernhofe des Thomas Neubauer, Kefermarkt Nr. 15, das Gewölbe der »schwarzen Küche« und eine darauf aufsitzende, hohe Mauer eingestürzt waren. In Verbindung mit dem um 3/44 Uhr früh derselben Nacht gemeldeten Absturz des Perpendikels der Turmuhr und des Versagens der Thermo-Hygrographen muß als Ursache all dieser Erscheinungen ein leichtes Erdbeben angenommen werden. Da demnach nur die bereits angegebene Anfangstemperatur bei der Vergasung in der Kirche bekannt ist, dürfte es von Interesse und einem gewissen Werte sein, wenigstens die Außentemperaturen während der Zeit der Vergasung festzuhalten. Sie lauteten: Am 4. November um 14 Uhr +9 °C; vom 5. an wurden die Temperaturen täglich dreimal, um 7, 14 und 21 Uhr, abgelesen und betrugen an diesem Tage +0·5, +9 und +1 °C; am 6. November −1·2, +6·6 und −0·2 °C; am 7. November +2·8, +7·2, und +2 °C; am 8. November −1, +6·8, und +1 °C; am 9. November 0, +5·8 und +6 °C; am 10. November +1·8, und +12 °C; die letzte Ablesung an diesem Tage entfiel; am 11. November +1·6, +7·8 und +5·4 °C und endlich am 12. November um 7 Uhr früh +3·4 und um 14 Uhr +7·4 °C. Ein Vergleich dieser Außentemperaturen mit der Konstanz der Gaskonzentration in der Kirche, besonders am 5. November und in der Nacht vom 6. auf den 7. November, legt die Vermutung nahe, daß diese Konstanz bei höheren Lufttemperaturen leichter erreichbar ist.

Der günstige Anfangserfolg der Entlüftung der Kirche machte jedoch nicht gleich entsprechende Fortschritte. Noch ein am Abend des 12. November einsetzender, starker Nebel drückte das entweichende Gas derart zu Boden, daß es dem Gendarmerieposten nicht möglich war, seinen Kontrollgang innerhalb der Friedhofsmauer fortzusetzen. Als hernach Regen einfiel, war der Gasgeruch sofort wieder verschwunden. Während der Nacht mußten nochmals zwei Gendarmen ihre Posten verlassen und ihre Kontrollgänge außerhalb der Kirchhofmauer verlegen. Die Gasrestproben am folgenden Tage (13. November) brachten nahezu das gleiche Ergebnis wie die wenige Stunden nach der Entgasung vorgenommenen. In den nächsten Tagen förderte das Wegräumen des »Erko« und ein die Kirche durchziehender, frischer Wind die Entlüftung derselben so sehr, daß sich die Verfärbung des Filtrierpapieres in allen Teilen der Kirche erst nach einer viel längeren Zeit als zehn Sekunden einstellte, so daß die Freigabe der Kirche für den Gottesdienst beantragt werden konnte und durch die Bezirkshauptmannschaft Freistadt am 16. November kommissionell auch erfolgte. Am nächsten Tage, einem Sonntag, wurde auch wieder der Gottesdienst in der Kirche gefeiert. Ein leichter Gasgeruch ist aber noch Monate später zeitweise in der Kirche feststellbar gewesen und wird angeblich von empfindlichen Personen auch jetzt, zehn Monate nach der Vergasung, noch manchmal verspürt.

Auch während der Entgasung der Kirche hat sich kein irgendwie nennenswerter Zwischenfall ereignet; doch erscheint nach allen gemachten Beobachtungen die größte Vorsicht bei der Durchführung derartiger Unternehmungen dringendst geboten.

Die Vergasung der Kefermarkter Kirche hatte das größte Aufsehen gemacht. Die Presse, auch die außerhalb Österreichs und Deutschlands, ja sogar einzelne in Amerika erscheinende Blätter, interessierten sich dafür und brachten täglich, oft lange Berichte, obwohl nur drei offizielle Verlautbarungen im ganzen herausgegeben worden waren. Sogar Radio-Wien verkündete während der Vergasung abendlich deren Fortgang.

Ursprünglich war geplant, den Hochaltar von Kefermarkt sofort nach der Entgasung der Kirche gründlich zu reinigen und gegen den Wiederbefall durch den Holzwurm von außen durch einen Anstrich mit einer einprozentigen alkoholischen Lösung von Arsennatrium und einem hernach aufgetragenen Dammaralacküberzug zu sichern. Dazu konnte es aus verschiedenen Gründen, unter denen die eingetretene Kälte, die ein längeres Arbeiten in der Kirche fast unmöglich machte, eine ziemliche Rolle spielte, jedoch nicht gleich kommen. Da unter diesen Umständen auch das Ergebnis der Vergasung während der Frühjahrsflugzeit des Holzwurmkäfers abgewartet werden sollte und außerdem die Neuausmalung der Kirche in Aussicht genommen wurde, welche inzwischen durch den akademischen Maler Engelbert Daringer in einfacher Weise zur Durchführung gelangt ist, und endlich auch die höchst notwendige, konstruktive Sicherung des Altars nunmehr in Angriff genommen werden mußte, wird der geplante Anstrich erst nach Abschluß dieser Arbeiten, aber voraussichtlich noch im Laufe dieses Jahres erfolgen.

Die von Ende März bis Ende Mai dieses Jahres von verschiedenen sachkundigen Personen wiederholt durchgeführte Kontrolle des Altars ergab, daß sich nicht nur bei ihm, sondern auch in der ganzen Kirche nicht die geringste Spur einer Tätigkeit des Holzwurms feststellen ließ. Die Beobachtung des Altars erfolgte in der Weise, daß anfänglich kleine Papierblättchen an Stellen ausgelegt wurden, an denen sich von früher her Wurmmehl vorfand und das nunmehr weggeputzt wurde. Statt des Papieres wurden später kleine Reißnägel verwendet, die sich besser bewährten. Neues Wurmmehl wurde aber nirgends vorgefunden. Der Holzwurmkäfer ist somit im Altar zweifellos abgetötet. Wenn es noch gelingt, den Altar ebenso auch noch gegen einen Wiederbefall von außen zu sichern, dann kann mit seiner endgültigen Rettung gerechnet werden.

Die Rettung des Kefermarkter Altars unter Anwendung einer neuen Methode

Von A. Jencic

Als ich vor etwa zwei Jahren in einer Tageszeitung den Aufruf zur Erhaltung des Kefermarkter Altars las, wurde es mir sofort klar, daß in diesem Falle nur dann eine wirkliche Rettung zu erzielen wäre, wenn man dafür sorgte, daß die das Holz zerstörenden Insekten und deren Entwicklungsstadien zuerst radikal abgetötet würden und dann erst an eine weitere Restaurierung des Kunstwerkes gedacht würde. Diese Zeitungsnotiz war somit die Anregung zu meinen im nachstehenden mitgeteilten Untersuchungen.

Durch die Untersuchungen von Dr. W. Nagel [1]) war man allgemein der Ansicht, daß Blausäure nicht imstande wäre, ohne Druck in Holz einzudringen. Diese seinerzeit von Nagel ausgesprochene Ansicht wurde noch unterstützt durch die Tatsache, daß Durchgasungskisten zum Zwecke von ständigen Gasungen kleinerer Gegenstände gar kein Gas durchließen. Auch wenn das Gas durch mehrere Tage in der Kiste eingeschlossen war, konnte man in dem Raum, in dem die Kiste stand, trotz sehr empfindlicher Reaktionen keine Blausäure nachweisen. In gleicher Weise verhielten sich Türen von Gebäuden, die 24 Stunden und auch länger unter Gas standen; es konnte kein Gasaustritt durch die Tür festgestellt werden. Man schloß daraus, daß sich Holz ähnlich verhält wie Kork, welcher auch für Gase, welche unter ständigem Drucke stehen, vollkommen undurchlässig ist, wofür ein schönes Beispiel jede Champagnerflasche bietet. Von dieser Erwägung ausgehend, kam ich zu der Überzeugung, daß man den Holzwurm im Holz nur abtöten könne, wenn man das Gas solange einwirken läßt, bis der Holzwurm sich vorgebohrt hat und naturgemäß die Luft von außen in das Bohrloch nachdringen muß. Wenn nun diese Luft mit Gas gemischt ist, müßte das Luftgasgemisch schließlich den Käfer respektive dessen Larve doch erreichen.

Man sollte glauben, daß Material zum Zwecke der Anstellung von solchen Versuchen leicht zu haben wäre, das ist jedoch keineswegs der Fall. Selbst dort, wo wenig Bohrlöcher im befallenen Holz sichtbar sind, ist das Holz dennoch im Innern stark zerstört.

Durch die Liebenswürdigkeit des Herrn Kammerrates Ing. Bernhard Ludwig gelang es mir, solches Holz zu bekommen. Es war dies ein großes, zirka 8 cm dickes, 22 cm breites und 1·50 m langes Brett von Rotbuche. Eine genaue Untersuchung ergab, daß zufällig dieses Holz nicht allein von Anobium striatum, sondern auch von Ptilinus pectinicornis befallen war. Dieser Umstand verdient besonders hervorgehoben zu werden, weil der Kefermarkter Altar vielleicht von beiden Käfern infiziert war. Ich selbst konnte in Kefermarkt allerdings nur Anobium striatum feststellen, in der Sammlung des Linzer Landes-Museums finden sich jedoch zahlreiche Exemplare von Ptilinus pectinicornis, welche aus dieser Kirche stammen.

Der erste Versuch, welchen ich durchführte, dauerte aus den oben angeführten Gründen daher 11 Tage und die Kontrolle, die sowohl von mir als auch in der Bundesanstalt für Pflanzenschutz von Herrn Regierungsrat Dr. Fulmek durchgeführt wurde, ergab eine restlose Abtötung, sowohl der Käfer als auch der Larven. Ich verwendete zu den ersten Versuchen Holzstücke des erwähnten Brettes, welche immerhin eine beträchtliche Größe aufwiesen, und zwar wurden Stücke von zirka 60 bis 70 cm Länge heruntergeschnitten und der Vergasung zugeführt. Bei der Nachprüfung des Holzes mit Hilfe der Benzidin-Kupferazetat-Gasrestprobe [1]) ergab sich die außerordentlich interessante und merkwürdige Tatsache, daß das Holz nicht nur vom Gas vollkommen durchdrungen war, sondern daß dieses Gas auch lange Zeit im Holz verblieb und noch nach fünf Tagen eine sehr starke positive Zyan-Reaktion festzustellen war. Wenn ich das lange vorher vergaste Holz zersägte, ergab ein zwischen die Schnittflächen gelegtes, mit dem Reagens getränktes Papier schon nach einigen Sekunden eine intensive Blaufärbung. Diese Tatsache überzeugte mich sofort, daß das Gas auch ohne Druck in das Holz einzudringen vermag und daß es anscheinend in diesem längere Zeit festgehalten würde. Diese Entdeckung konnte ich bei meinen späteren Versuchen immer wieder bestätigt finden, worauf ich später nochmals zurückkommen werde. Dadurch änderte sich auch sofort die gesamte Versuchsanstellung. Wenn bisher das Streben vorhanden war, möglichst lange unter Gas zu bleiben, damit die Larven und Käfer sich während dieser langen Zeit bestimmt weiter vorbohren und so vom Gas erreicht würden, war es nun ohne weiteres klar, daß es nur notwendig wäre so lange zu vergasen, bis das Gas das Holz durchtränkt hätte. Meine Versuche bewegten sich daher nunmehr in dieser Richtung.

Vom holzanatomischen Standpunkt betrachtet ergab sich die Notwendigkeit, die drei anatomischen Hauptschnitte bezüglich der Eindringungsfähigkeit des Gases in das Holz zu prüfen. Ich ließ mir daher unbefallenes Holz so herrichten, daß aus dem Stamm dreiseitige

[1]) Bekämpfung von Anobium striatum Oliv. mittels Zyanwasserstoffgasen. »Zeitschrift für angewandte Entomologie«, 1921, pag. 340 ff.

[1]) Schlenk, Liebigs Ann. Chem. 1908, Bd. 363, S. 313; Madelung, Ber. d. chem. Ges. 1911, Bd. 44, S. 626, 1674; Piccard, Ber. 1913, Bd. 46, S. 1860—1862; Fr. Feigl, Österr. Chem. Ztg. 1923, S. 83 ff.

Prismen ausgeschnitten wurden, welche zwei Querschnittflächen, zwei Radialflächen und eine Tangentialfläche aufwiesen. Es wurden nun alle Teile mit einem für Gas undurchdringlichen paraffingetränkten Papier dicht überklebt, so daß an je einem Prisma nur je eine Querschnitt-, eine Tangential- und eine Radialfläche frei war, während alle anderen Flächen durch das Papier so abgedichtet waren, daß Gas von dieser Seite nicht eindringen konnte. Für diesen Zweck mußten naturgemäß unbefallene Hölzer genommen werden. Ich verwandte zu meinen Versuchen dikotyle Hölzer, ebenso wie solche von Koniferen. Es ergab sich, daß das Gas in alle Hölzer ziemlich rasch eindringt und darin durch längere Zeit hindurch festgehalten wird. Selbst eine Probe eines größeren Holzstückes einer Eiche, die vor zwei Monaten vergast worden war, ergab auf der frischen Schnittfläche nach dieser Zeit noch deutlich erkennbare Reaktion auf Blausäure. Der Unterschied der Eindringungsgeschwindigkeit durch die verschiedenen anatomischen Hauptschnitte scheint kein wesentlicher zu sein; wohl sieht man deutlich, was ohne weiteres verständlich ist, ein etwas rascheres Eindringen durch die Querschnittflächen, aber auch die Tangential- und Radialflächen lassen das Gas rasch in das Innere des Holzkörpers eindringen, wobei sich herausstellte, daß es nach allen Richtungen gleichmäßig vordringt, denn alle Versuchsstücke erwiesen sich schon nach 24 Stunden als vom Gas durchdrungen. Weitere exakte Untersuchungen über die Geschwindigkeit des Eindringens müßten wohl erst gemacht werden, haben aber weniger praktisches als theoretisches Interesse. Mir, der ich mich nur von praktischen Gesichtspunkten leiten ließ, genügte es im Gegensatz zu Nagel[1]) festgestellt zu haben, daß das Gas ohne Druck in das Holz eindringt, in diesem festgehalten wird und daß es durch alle Schnitte ziemlich gleichmäßig in das Innere des Holzkörpers vordringt, auch wenn dieses vollkommen gesund ist.

Die im vorhergehenden erwähnten Versuche berücksichtigten jedoch nicht, daß manche Holzstatuen, die vom Holzwurm befallen sind, mit Lack oder Farbe oder mit beiden überzogen sind oder, wie der Fachausdruck heißt, gefaßt sind. Ich habe daher mehrere Versuchsreihen in dieser Richtung hin ausgeführt. Es wurden Holzkeile, wie oben beschrieben, an allen Seiten mit Papier umklebt, nur an je einem Tangential-, Quer- und Radialschnitt wurde eine kleine Fläche von wenigen Quadratzentimetern freigelassen. Jeder der Holzkeile hatte einen Kubikinhalt von zirka 500 cm^3 und eine Oberfläche von zirka 420 cm^2. An jedem der anatomischen Hauptschnitte wurden an je einem Keil etwa 28 cm^2 vom Papier freigelassen, so daß das Gas nur dort in das Holz eindringen konnte. An Statuen wird das Verhältnis der ungefaßten Teile zu den gefaßten ein wesentlich günstigeres sein wie an diesen Versuchsprismen. An meinen Versuchsprismen waren daher für das Eindringen des Gases erschwerte Bedingungen vorhanden. Trotzdem konnte ich mit der Benzidin-Kupferazetat-Probe feststellen, daß das Holz schon nach einer zweitägigen Vergasungsdauer mit 1 Volumprozent Blausäure vollkommen und gleichmäßig vom Gas durchsetzt war. Man wird daher auch gefaßte Statuen einer Vergasung mit Erfolg unterziehen können.

Schon durch die Untersuchungen von Nagel[1]) war festgestellt worden, daß bei einer Expositionszeit von 24 Stunden und einer Konzentration von nur 0·1 Volumprozent die Larve des Käfers und dieser selbst abgetötet wurden. Ich konnte bei meinen diesbezüglichen Versuchen diese Tatsache ebenfalls bestätigen. Es haben insbesondere die Amerikaner, welche sich mit Schädlingsbekämpfung in Gewächshäusern mit Blausäure beschäftigt haben, festgestellt, daß man durch geringe Konzentrationen und lange Einwirkungszeit einen guten Erfolg mit Blausäure erzielen kann. Ich bin daher bei meinen Versuchen in der Einwirkungszeit nicht unter 24 Stunden heruntergegangen und wie die nachherige große Vergasung der Kefermarkter Kirche erwiesen hat, genügen sogar 19 Stunden zum Abtöten des Käfers und der Larve im Holz. Dennoch bin ich der Ansicht, daß man bei Vergasungen gegen den Holzwurm nicht unter 1 Volumprozent Gaskonzentration und wenigstens 48stündige Einwirkungsdauer heruntergehen soll. Ich habe nachträglich, nach der Kefermarkter Kirche eine größere Menge von Statuen, Möbelstücken und dergleichen einer Durchgasung unterzogen und hatte mit 48stündiger Einwirkungsdauer und 1 Volumprozent Anfangskonzentration auch in Gasungskammern vollen Erfolg.

Durch Nagels und meine Untersuchungen war festgestellt worden, daß die Konzentration des Gases, um noch wirksam zu sein, nicht unter 0·1 Volumprozent sinken dürfe. Es war daher unser Bestreben bei der Vergasung der Kefermarkter Kirche in erster Linie darauf gerichtet, eine möglichst gute und exakte Abdichtung der Kirche zu erreichen. Die Abdichtungsarbeiten dauerten vom 28. Oktober bis 4. November und wurden durch drei unserer geschicktesten Durchgasungstechniker durchgeführt. Zuerst wurden die vier großen und sechs kleinen Butzenscheibenfenster in Angriff genommen. Die Butzenscheiben sind in Blei gefaßt und saßen vielfach ganz locker in der Fassung. Die gotischen Fenster waren durch zwei senkrechte Pfosten in drei gleiche Längsfelder geteilt und diese wieder durch Querleisten in kleinere Querfelder. Vielfach sind sowohl die Fassung als auch die Butzenscheiben selbst zerbrochen und es war daher unsere erste

[1]) l. c. pag. 345 ff.

[1]) l. c. pag. 343 ff.

Aufgabe, diese offenen Stellen mit unserem Paraffinpapier zu verkleben. Dann erst wurden breite Papierbahnen aus dem gleichen Paraffinpapier über die Fenster geklebt, und zwar so, daß gleichzeitig die Öffnung zwischen Mauer und Fensterstock verklebt wurde. Die Längsfelder wurden der Länge nach mit dem breiten Papier so überklebt, daß der eine Rand des Papieres auf der Mauer festgeklebt war, während der zweite Rand bis zur ersten Längsseite reichte. Die Papierbahnen wurden so gut als möglich fest an die Scheiben angeklebt. Ein zweiter Papierstreifen bedekte dann das Mittelfeld des Fensters von oben bis unten und der dritte Längsstreifen den dritten Teil des Fensters wieder mit Anschluß an die Wand. Dadurch erreichten wir eine ganz außerordentlich große Dichtigkeit. Es war dies umso notwendiger, als die Öffnungen zwischen Fensterstock und Mauer oft so breit waren, daß man mit einer ganzen Hand durchfahren konnte. Die Klebearbeiten waren durch die Höhe der Fenster und durch die Unmöglichkeit der Aufstellung eines Gerüstes zu jedem einzelnen Fenster außerordentlich schwierig und stellten hohe Anforderungen an die Schwindelfreiheit und den Wagemut der Durchgasungstechniker. In ähnlicher Weise dichteten wir auch die Türen ab: zuerst am Rand mit schmalen Streifen und dann mit einer 70 cm breiten Papierbahn. Im ganzen verwendeten wir zum Abdichten 3500 m Papierstreifen von 60 mm Breite und 100 m^2 Paraffinpapier.

Einen wichtigen Teil der Abdichtung bildeten sowohl die Gerüstöffnungen in der Decke der Kirche, als auch jene Öffnungen, durch welche die Beleuchtungskörper aufgezogen werden können. Die Abdichtung dieser Öffnungen geschah vom Dachboden aus durch Zudecken der Öffnungen mit nassem Lehm, möglichst kurze Zeit vor der Beschickung der Kirche mit Gas.

Gemeinsam mit Herrn Ministerialrat Dr. Kaiser wurden von mir die Stellen ausgewählt, an welchen Probehölzer untergebracht werden sollten. Im ganzen waren neun Probestücke ausgelegt, und zwar: 1. auf dem Hochaltartisch; 2. auf dem Gerüst des Hochaltars in 10 m Höhe, durch ein Seil hochgezogen; 3. auf dem Orgelchor; 4. auf der Kanzel; 5. auf dem Seitenaltartisch (Epistelseite); 6. auf der Seitenaltarstufe, rechts unter dem Teppich; 7. im Hohlraum einer Marienstatue, die nicht zur Kirche gehörte, sondern aus einer anderen hierher gebracht wurde; 8. in dem Orgelchorfenster (Ochsenauge); 9. in einem Kasten in der Sakristei.

Von dem Chemiker Dr. Fried wurden mit Hilfe unserer Durchgasungstechniker drei Schlauchlinien in der Kirche verlegt, um damit das Gasluftgemisch während der ganzen Dauer der Vergasung vom Oratorium aus zu prüfen.

Die Vergasung der Kirche erfolgte am 4. November 1929, um 16 Uhr, nach den von der deutschen Gesellschaft für Schädlingsbekämpfung in Frankfurt am Main bereits allgemein eingeführten Zyklon-Verfahren [1]). Ähnlich wie Dynamit eine Aufsaugung von Nitroglyzerin in Kieselgurerde darstellt, ist beim Zyklon als Aufsaugemasse auch Diatomit und in jüngster Zeit eine aus Gips hergestellte Kunstmasse, »Erko« genannt, gewählt. Als Stabilisator enthält die Blausäure außerdem geringe Zusätze von Chlorameisensäureestern, welche gleichzeitig als Reizgas dienen. Die von Blausäure getränkte Kieselgur kommt in gut verlöteten, in verschiedener Größe hergestellten Büchsen an den Ort der Entwesung und diese werden entweder nach entsprechender Verteilung in den zu begasenden Räumen selbst oder dort, wo größere Mengen Dosen gebraucht werden, mit Hilfe einer Maschine im Freien geöffnet und mit Kautschukkappen versehen. Darauf verteilt man die mit Kautschukkappen bedeckten Büchsen in allen zu begasenden Räumen, um ihren Inhalt schließlich von mit gutsitzenden Gasmasken versehenen Technikern auf den Boden zu

---

[1]) Siehe unter anderen:

Buttenberg P., »Über Blausäuredurchgasung zum Zwecke der Schädlingsbekämpfung«, Technisches Gemeindeblatt, Jahrgang XXVIII, Nr. 6.

Hasselmann M. C., »Gewerbliches Arbeiten mit Blausäure«, Zentralblatt für Gewerbehygiene und Unfallverhütung, N. F., Bd. II, 1925, Nr. 6.

Flury, »Über moderne Schädlingsbekämpfung«, Deutsche Nahrungsmittelrundschau 1925, Nr. 31.

Hasselmann M. C., »Zur Frage der Überwachung von Blausäure- und Zyklondurchgasungen durch den beamteten Arzt«, Zeitschrift für Medizinalbeamte und Krankenhausärzte, Nr. 24, vom 15. Dezember 1925, Seite 921—946.

Kaiser M., »Die Raumausgasung als Mittel zur Schädlingstilgung«, Wiener Neueste Nachrichten vom 16. Dezember 1925.

Lehrecke H., »Die Bekämpfung der Schädlinge der Apfelsinenbäume mit Blausäure«, Umschau 1926 (30), 16, 310—312.

Buttenberg P., Deckert W. und Gahrtz G., »Weitere Erfahrungen bei der Blausäuredurchgasung«, Zeitschrift für Untersuchungen der Nahrungs- und Genußmittel 1925 (50), 1/2, 92—102.

Herzog Walter, »Die neuere Entwicklung der Schädlingsbekämpfung mittels Blausäure«, Chemiker-Zeitung, Cöthen, 7. Juli 1926.

Rasch Walter, »Die Bedeutung der Blausäure und ihrer Derivate für die Schädlingsbekämpfung«, Zeitschrift »Desinfektion«, N. F. 6. Jahr Mai/Juni 1921, 5./6. Heft.

Kaiser M., »Das Zyanwasserstoffgas als wirksamstes Mittel zur Ungeziefervertilgung«, Wiener klinische Wochenschrift 1925, Nr. 27.

Rasch W., »Der augenblickliche Stand der Ausbreitung der Blausäure in der Schädlingsbekämpfung«, Zeitschrift für angewandte Entomologie, Band XIV, Heft 2, 1928.

Akib C. V. und Sherrard G. C., »Durchgasung mit Zyanpräparaten«, Zeitschrift für Desinfektion, Jahrgang XXI, April, Heft 4.

Deckert W., »Die gesetzlichen Grundlagen der Schädlingsbekämpfung mit Blausäure in den meisten Kulturstaaten«, Zeitschrift für Desinfektions- und Gesundheitswesen, Jahrgang XXII, 1930, Heft 2.

entleeren. Alsbald stehen nun die vorher abgedichteten Räume unter der Einwirkung der vergasenden Blausäure. Nach entsprechender Dauer der Vergasung erfolgt die Lüftung wieder durch Personen, welche mit Gasmasken in den vergasten Raum eindringen und Fenster und Türen öffnen. Die Blausäure ist meist schon nach wenigen Stunden, sicher aber nach einem Tage aus den Räumen entwichen, vorsichtshalber aber kann man den Zeitpunkt ausfindig machen, wann der letzte Rest der Blausäure nicht mehr vorhanden ist. Die Gasrestprobe besteht darin, daß man einen mit einer etwa 0·25%igen Kupfer- und Benzidinazetat-Lösung getränkten Filtrierpapierstreifen in dem entlüfteten Raum durch zehn Sekunden exponiert. Auch Spuren von Blausäure bewirken noch eine deutliche Blaufärbung des Reagenspapieres.

Die Eingänge in den die Kirche umgebenden Friedhof waren verschlossen worden und standen unter Gendarmeriebewachung, während vor dem südlichen Eingang in die Kirche auf Friedhofsterrain die Dosen geöffnet wurden.

Die Verteilung des Gases in der Kirche erfolgte möglichst gleichmäßig, soweit es angängig war auch gleichmäßig bezüglich der Höhenlage. Der Hauptaltar war zum Zwecke der nach der Vergasung zu erfolgenden Restaurierung schon vor derselben mit einem Gerüst in vier Stockwerken versehen worden, auf welche man mit Leitern sehr leicht hinaufgelangen konnte. Wir haben uns dies zunutze gemacht und in jedem Stockwerk um den Hochaltar je zwei Dosen ausgeleert. Eine Dose hinter dem Altar, eine Dose auf den Altartisch und sechs Dosen, gleichmäßig verteilt, im Presbyterium und eine in der anschließenden Sakristei. Auch in der übrigen Kirche wurden die Dosen ziemlich gleichmäßig zur Verteilung gebracht, und zwar: In der Mitte des Längsschiffes zwischen den Bankreihen 16 Dosen und rechts und links von den Bankreihen wieder je 16 Dosen. Hinter den Bankreihen unter dem Orgelchor wieder sechs Dosen, desgleichen auf demselben. Wir hatten 63 Dosen mit je 1200 g Blausäure aufgeteilt. Die Menge der Dosen entspricht genau 1 Volumprozent. Der Gesamtkubikinhalt der Kirche war von uns unter Berücksichtigung der parabolischen Wölbung möglichst genau mit **6·800 m³** errechnet worden.

Zum Öffnen der 63 Dosen wurde eine halbe Stunde verwendet. Die Verteilung und Einbringung der Dosen in die Kirche beanspruchte etwa eine Stunde. Das Ausschütten des Zyklons erforderte etwa 8 Minuten. Am nächsten Tage, am 5. November 1929, um 11 Uhr 45 Minuten vormittags, also genau 19 Stunden vom Zeitpunkte der Vergasung an gerechnet, wurde vom Durchgasungstechniker Roland Bittner die erste Testprobe aus der Kirche geholt. Man einigte sich, vorläufig nur die zwei Hölzer vom Hochaltar herausbringen zu lassen.

Die Probehölzer waren 40 cm lang, 20 cm breit und 20 cm tief. Es wurde nun ein Teil, zirka 10 cm, der Länge abgesägt und dieses Stück sofort mit einem Stemmeisen zerkleinert, um auf diese Weise die Larven herauszupräparieren. Alle Larven waren tot. Noch am selben Tage wurde dem Kustos Doktor Kerschner nach Linz das Holz überbracht, welcher sofort ebenfalls genaue Untersuchungen anstellte und dabei feststellen konnte, daß alle Entwicklungsstufen des Käfers abgetötet waren. Eier konnten allerdings keine gefunden werden, was verständlich ist, da die Vergasung ja im November stattfand und die Eiablage wohl spätestens im Juni erfolgt war, so daß die Eier schon alle geschlüpft waren. Die beiden am Altar ausgelegten Hölzer waren von jenem Stück, mit dem ich seinerzeit die Versuche angestellt hatte und welches sehr stark von Anobien und Ptilinus befallen war. Die anderen Probehölzer waren im Orte Kefermarkt durch den Bürgermeister von verschiedenen Bauern gesammelte Holzstücke, deren Befall meist viel geringer war. Im Laufe der eine Woche dauernden Vergasung wurden, wie bereits erwähnt, zuerst am 5. November 1929, dann am 6. November 1929 und am 7. November 1929 Stücke von den beiden am Hochaltar befindlichen Hölzern abgesägt und zur Überprüfung nach Linz gesandt. Am 9. November 1929 wurden dann sämtliche neun Probehölzer, welche ausgelegt worden waren, eingesammelt und von mir persönlich in Linz an Dr. Kerschner übergeben. Betonen möchte ich, daß Herr Dr. Kerschner alle möglichen Wiederbelebungsversuche an den Larven anstellte, um ganz genau festzustellen, ob wirklich alle tot sind. Sowohl mechanische Reizungen als auch das Einbringen der Larven in einen Thermostaten ergaben keine Wiederbelebungsmöglichkeit. Die Vergasung war für einen sehr späten Zeitraum, erst für November, anberaumt worden. Glücklicherweise sank die Temperatur in der Kirche niemals vor der Vergasung unter 5° C. Da auch die Probehölzer schon eine Woche vorher in die Kirche gebracht worden waren und die Larven in diesen auch keine Kältestarre aufwiesen, war anzunehmen, daß die Larven auch im Holz des Altars noch nicht kältestarr waren, so daß sie, ebenso wie die in den Probehölzern, vom Gas abgetötet wurden, insbesondere auch deshalb, weil ja das Gas, obwohl schon nach 19 Stunden alles tot war, dennoch durch weitere sechs Tage einwirken konnte. Ein absolut sicheres Kriterium, ob die Käfer und deren Entwicklungsstadien wirklich abgetötet wurden, konnte erst im heurigen Frühjahr nach der Flugzeit auf Grund eingehender Untersuchungen erbracht werden.

Durch die am 8. Oktober 1929 zusammengetretene Kommission des Bundesdenkmalamtes war festgelegt worden, daß, falls die Konzentration unter 0·2 sinken würde, ein Nachbeschicken der Kirche mit Gas notwendig wäre. Da die Beobachtungen der Gaskonzentration am 8. November 1929 um 7 Uhr früh auf dem Altartisch nur mehr 0·19 Blausäure auf den Kubikmeter ergaben, wurde am 8. November 1929 um 14 Uhr nachmittags mit 12 Dosen zu 1200 g Blausäure nachbeschickt, wodurch die theoretisch errechnete Menge von 0·4 beinahe erreicht wurde, denn es konnte 0·39 nachgewiesen werden.

Am 11. November 1929 fand keine Gasentnahme mehr statt, da die Absicht bestand, am Nachmittag die Lüftung durchzuführen. Diese fand jedoch nicht statt, weil föhniges Wetter mit starkem Nebeleinfall eintrat und man an den Kaminen der angrenzenden Häuser beobachten konnte, daß der Rauch nach abwärts gedrückt wurde. Am Morgen des 12. November 1929 wehte ein leichter Wind vom Orte weg, so daß die Entlüftung durchgeführt werden konnte und einwandfrei gelang. Schon kurze Zeit nach der Öffnung der Tore und der zum Öffnen geeigneten Fenster konnte die Kirche ohne Gasmaske betreten werden. Am 18. November 1929 wurde im Beisein des Herrn Regierungsrates Dr. Oberwalder, Herrn Physikus Dr. Heider, des Herrn Pfarrers Achleitner und meiner Person mit Hilfe der Gasrestprobe geprüft, ob noch Gasreste in der Kirche vorhanden wären, und kommissionell festgestellt, daß dies nicht der Fall ist. Bestimmungsgemäß wurde daher die Kirche wieder der Bezirkshauptmannschaft respektive dem Herrn Pfarrer übergeben.

Die chemischen Untersuchungen während der Ausgasung in Kefermarkt

Von M. Kaiser und E. Fried

Trotz der vielseitigen Anwendung, die Blausäure, respektive deren Derivate in der Schädlingsbekämpfung seit Jahrzehnten gefunden haben, muß die Ausgasung des Altars in Kefermarkt als erster praktischer Versuch gelten, Holzbohrkäfer mit Zyanwasserstoff zu bekämpfen. Die hohe Giftigkeit des Mittels allein bietet wohl keine hinreichende Erklärung für diesen merkwürdigen Umstand, denn in der Hand von Sachverständigen ist die Verwendung auch dieser hochgiftigen Präparate ohne Gefahr möglich. Anderseits gewährt die Blausäure mit ihrer chemischen Indifferenz besondere Vorteile, speziell auf dem Gebiete der Konservierung von Kunstdenkmälern, wo empfindliches Material die Verwendung anderer wirksamer Präparate häufig unmöglich macht. (Schwefelhältige Substanzen bei bemalten Gegenständen u. s. w.) Es waren in erster Linie wohl folgende zwei Bedenken, welche die interessierten Kreise, bei dem Mangel an praktischen Erfahrungen, von der Verwendung der Blausäure abgehalten haben:

1. Ist der Zyanwasserstoff für alle Stadien der Holzschädlingsentwicklung giftig?

2. Vermag HCN bis zu tief im Holz befindlichen Insekten zu gelangen, i. e. diffundiert Blausäure genügend kräftig durch verschiedene Holzsorten, um die für die Käfer giftige Konzentration auch in größerer Entfernung von der Holzoberfläche zu erreichen?

Bei der bekannten biologischen Wirksamkeit der Blausäure war die erste Frage, unter Voraussetzung einer Mindestkonzentration, ohne weiteres zu bejahen; über die Größe des Diffusionskoeffizienten der Blausäure in Holz boten in der neueren Literatur vorhandene quantitative Untersuchungen über die Absorption von Zyanwasserstoff genügend Anhaltspunkte, um einen günstigen Effekt bei Einhaltung gewisser Arbeitsbedingungen zu erwarten. Als solche mußten gelten: Lange Einwirkungsdauer und Sicherung einer Mindestkonzentration für die Dauer der Ausgasung.

Diesen Forderungen mußte also bei der Ausgasung in Kefermarkt entsprochen werden; die verantwortliche Kommission beschloß daher, den Altar mindestens acht Tage der Einwirkung des Zyanwasserstoffes auszusetzen und dessen Menge so zu dosieren, daß rechnungsmäßig eine Anfangskonzentration von 1 Volumprozent erreicht würde; ferner sollte für den Fall des Sinkens der Konzentration unter 2 g HCN pro Kubikmeter, einer biologisch sicher noch wirksamen Stärke, neuerlich Blausäure in entsprechend berechneter Menge in die Kirche gebracht werden.

Damit war eine dauernde Kontrolle der Blausäurekonzentration durch quantitative Analyse notwendig geworden; wir wählten hierfür die Methode von Kolthoff, die auf der Brom-Zyanbildung und dessen Umsetzung mit Jodkalium beruht, da sie bei hinreichender Genauigkeit ein Mikro-Schnellverfahren ermöglicht (Verwendung von $\frac{N}{100}$-Lösungen). Zur Entnahme der Gasproben wurde ein Glasrohr in die Fensteröffnung zwischen Presbyterium und Oratorium eingekittet und mittels der hier aufgestellten Aspiratoren die Gasproben entnommen[1]). Die abgesogene Gasmenge betrug in den meisten Fällen einen Liter und konnte nach der Absorption in Kali-

[1]) Es war geplant, von mehreren bis zu 35 m vom Absorptionsapparat entfernten Stellen Gasproben zu entnehmen und so eine Kontrolle über die Geschwindigkeit der HCN-Verbreitung im Raum zu gewinnen; hierfür wurden Gummischlauchleitungen gelegt, da dieses Material nach einigen Literaturdaten verschwindende Mengen von Blausäure bindet. Wir hatten überdies aus Vorsichtsgründen das Schlauchmaterial mit HCN vorbehandelt; trotzdem erwies die Analyse eine so starke Absorption des Zyanwasserstoffes in den langen Leitungen, daß eine Verwertung der Befunde nicht möglich war.

lauge sofort analysiert werden, da wir ein kleines Handlaboratorium im Pfarrhof eingerichtet hatten[1]). Über den Verlauf der HCN-Konzentration gibt die nachstehende Tabelle und die Kurve (Abb. 280) der zweimal täglich ermittelten Analysenwerte Auskunft.

Entnahmezeitpunkt		Gramme HCN pro Kubikmeter	
4./XI.	$17^h 20'$	4·3	½ Stunde nach Beginn
4./XI.	$18^h 30'$	7·2	
4./XI.	24^h	7·8	
5./XI.	9^h	6·3	
5./XI.	22^h	6·2	
6./XI.	8^h	4·1	
6./XI.	22^h	2·7	
7./XI.	8^h	2·8	
7./XI.	19^h	2·9	
8./XI.	9^h	1·9	14^h: 14·4 kg Blausäure werden nachgeschickt
8./XI.	19^h	3·9	
9./XI.	7^h	2·7	
9./XI.	19^h	2·9	
10./XI.	10^h	2·7	

Das Innenvolumen der Kirche beträgt über 6000 m^3; um hier die Anfangskonzentration von 1 Volumprozent HCN (ca. 1·25 g HCN pro Kubikmeter) herzustellen, waren rund 75 kg Blausäure notwendig, die am 4. November, 4 Uhr nachmittags, nach Beendigung der Vorarbeiten — wie Abdichtung der Kirche, Abkratzen des die Rückwand des Altars noch teilweise deckenden Ockerbelages, zwecks leichterer HCN-Aufnahme, u. s. w. — von Angestellten der ausführenden Firma Dr. A. Jencic & Co. in Form des bekannten Zyanwasserstoffpräparates »Zyklon« in der Kirche ausgestreut wurden. Die erste, eine halbe Stunde nach der Freisetzung der Blausäure vorgenommene Analyse zeigt mit dem Wert von 4·3 g HCN pro Kubikmeter an, daß die Verdampfung des Zyanwasserstoffes infolge der niedrigen Raumtemperatur von 8° sehr langsam vor sich ging und besonders in der Nähe des Zyklons durch die starke Verdunstungskälte noch bedeutend verzögert wurde. Erst nach ca. 7 Stunden wird mit 7·8 g pro Kubikmeter der Höchstwert erreicht. Da somit nur ungefähr zwei Drittel der berechneten Konzentration von 12 g HCN im Kubikmeter wieder gefunden werden, ist die überraschend große Menge von 25 kg Blausäure schon in den ersten Stunden durch Absorption, Diffusion u.s.w. aus dem Raume verschwunden. Der weitere Verlauf der Kurve bis zum 8. November zeigt naturgemäß Konzentrationsabfall, dessen merkwürdig unstetige Form — er ist durch 12- bis 24stündige Intervalle unveränderten HCN-Gehaltes unterbrochen — nur mit Hilfe von genauen Barometer-, Wind-, Feuchtigkeits- und Temperaturkurven erklärt werden könnte[1]). Zu diesem Zweck in der Kirche aufgestellte automatische Registrierapparate wurden leider schon wenige Stunden nach Gasungsbeginn durch ein Erdbeben stillgelegt.

Da am 9. November, 9 Uhr vormittags, der Blausäuregehalt unter die festgesetzte Mindestkonzentration von 2 g pro Kubikmeter gefallen war, wurden neuerlich 14·4 kg Zyanwasserstoff (Präparat »Zyklon«) in die Kirche gebracht und damit rechnerisch ein Wert von insgesamt 4·3 g HCN pro Kubikmeter erreicht; der 7 Stunden später analytisch ermittelte Betrag war 3·9 g. Am 10. November vormittags wurde bei einem analysierten Werte von 2·7 g HCN im Kubikmeter die chemische Untersuchung eingestellt. Der eingangs aufgestellten Forderung nach langer Einwirkung des Gases bei wirksamer Konzentrationshöhe war umsomehr Genüge getan, als die biologische Untersuchung der ausgelegten Testhölzer (Käfer und Larven des Anobium striatum) schon 19 Stunden nach Beginn der Vergasung zufriedenstellende Resultate ergeben hatte.

Die biologischen Ergebnisse der Vergasung

Von Th. Kerschner

Bereits Hofrat Johann Bolle hat im Jahre 1916 auf die Möglichkeit hingewiesen (Literaturverzeichnis 1), die im Hochaltar von Kefermarkt bohrenden Käfer und Larven von Anobium striatum Oliv. mit Giftgasen zu bekämpfen, um dadurch das gotische Kunstwerk vor der sonst unvermeidlichen gänzlichen Zerstörung zu retten. Auf Grund seiner Versuche, die

[1]) Herrn Pfarrer Achleitner danken wir auch an dieser Stelle für sein besonderes Entgegenkommen.

[1]) Die geringfügige Steigerung der Konzentration (vom 6. November bis 7. November), welche die Fehlergrenze der Analyse wohl etwas übersteigt, dürfte durch eine, infolge Temperaturerhöhung oder einseitigem Winddruck zu erklärende Zyanwasserstoffabgabe aus den Mauern hervorgerufen sein.

er zum Teil am oberösterreichischen Landesmuseum durchführte, hat Bolle als wirksamstes Bekämpfungsmittel Schwefelkohlenstoff vorgeschlagen. Es sollte über den Altar ein großer Blechkasten gebaut werden, dessen Abdichtung am Fliesenboden wohl sehr schwer durchzuführen gewesen wäre, oder aber der Altar sollte in Teile zerlegt und in Blechkisten vergast werden. Beides erschien nicht ratsam, da auch die übrigen Altäre von Holzkäfern befallen waren und beim Zerlegen und Zusammenfügen des Hochaltars die Gefahr der Beschädigung der einzelnen Teile zu groß war.

Inzwischen wurde Blausäure (HCN) zur Schädlingsbekämpfung immer mehr verwendet.

Als Schädling des Altars wurde Anobium striatum Oliv. von Bolle (Lit. 1) festgestellt, der auch einige Imagines von Ptilinus pectinicornis L. dem oberösterreichischen Landesmuseum mit dem Fundort Kefermarkt übergeben hat. Da jedoch Bolle von diesem Holzschädling in seiner Publikation (Lit. 1) nichts erwähnt und auch nachträglich kein Stück von Ptilinus pectinicornis L. am Altar oder sonst in der Kirche gefunden werden konnte, war die Annahme berechtigt, daß keine Mischinfektion des Hochaltars, zumindest aber keine wesentliche Gefährdung des Kunstwerkes durch Ptilinus vorhanden war, so daß tatsächlich, wenn schon ein Mischbefall vorhanden gewesen wäre, dies praktisch keine große Rolle gespielt hätte.

Der Befall des Altars war ganz außerordentlich hoch. Bolle (Lit. 1) gibt Zahlen an. An einer Stelle konnte er auf 14 cm² 1100 Bohrlöcher feststellen. Über den ganzen Altar verteilt waren frische Bohrmehlhäufchen zu sehen.

Zacher (Lit. 3) empfiehlt zur Bekämpfung von Anobium striatum auch ein Injektionsverfahren, bei dem die Bohrlöcher mit der Desinfektionslösung eingespritzt und nachher sofort verschlossen werden müssen. Bei der großen Zahl der Löcher und im Hinblick auf das reich verzweigte Maßwerk des gotischen Altars erschien dies wirksam kaum durchführbar. Da in der Kirche fast alles Holz, also auch die anderen Altäre, Orgel, Kanzel u. s. w. befallen waren, konnte nur eine Vergasung der ganzen Kirche in Frage kommen.

Das Holz des Kirchendachstuhles zeigte auffallenderweise keinen Befall.

Die Seitenaltäre und die Kanzel besitzen aber Metallfassungen und so mußte schon deshalb von der Verwendung von Schwefelkohlenstoff abgesehen werden, da sonst die Farben der Fassungen gelitten hätten. Tetrachlorkohlenstoff kam wegen der geringeren Dichtigkeit und wegen seiner langsamen Verdunstung nicht in Betracht.

Dadurch richtete sich das Augenmerk immer mehr auf die Verwendungsmöglichkeit der Blausäure zur Anobium-Bekämpfung des infizierten Kunstwerkes. 1921 hat W. Nagel (Lit. 2) eingehende Versuche der Bekämpfung von Anobium striatum Oliv. mittels Zyanwasserstoffgase veröffentlicht.

So ermunternd seine Versuche VIII bis X waren, die zeigen, daß die geringe Dosierung von 0·1 Volumprozent mit einer Expositionszeit von 24 Stunden genügt, um die Larven abzutöten, so entmutigend waren die Ergebnisse seiner Versuche XI und XII. Nagel kam dabei zu dem Ergebnis: »Eine Bekämpfung von Anobium striatum mit gasförmiger Blausäure nach Art der bekannten Mühlenvergasungen ist undurchführbar, da nicht genügend Blausäure in das Holz einzudringen vermag. Die Bekämpfung mit Zuhilfenahme eines Unterdrucks ergibt eine restlose Abtötung bei hoher Konzentration und langer Einwirkungszeit.«

Die ganze Kirche in Kefermarkt im Vakuum mit Unterdruck zu vergasen, war aber nicht durchzuführen.

Nagel (Lit. 2) hat seine Versuche nach dem damals üblichen Bottichverfahren durchgeführt. »Die Entwicklung der Blausäure wurde in einem am Boden aufgestellten Tonkrug aus NaCN, 60%iger Schwefelsäure und Wasser vorgenommen.«

Wie Herzog (Lit. 4) berichtet, hat im Jahre 1922 die »Deutsche Gesellschaft für Schädlingsbekämpfung« in Frankfurt am Main im Zyklon B eine Anwendungsart der Blausäure gefunden, die das Bottichverfahren vollständig verdrängte.

Die Firma Dr. A. Jencic & Co. in Wien hat im Laufe der letzten Jahre mit diesem Zyklonverfahren viele Räume gegen verschiedene Schädlinge und Parasiten vergast und dabei konnte Dr. Jencic gelegentlich feststellen, daß aus wurmstichigem Holz nach längeren Vergasungen bei stärkerer Konzentration auch nach Monaten keine Bohrmehlhäufchen mehr ausgeworfen wurden, also Anobium striatum bei der Vergasung mitgetötet wurde. Dadurch aufmerksam gemacht, wendete Dr. Jencic dieser Tatsache ein erhöhtes Augenmerk zu und konnte unter anderem auch die Bestätigung beibringen, daß in einem Falle ein Jahr nach einer Wohnungsvergasung an den dort mitvergasten wurmstichigen Altertümern keine neue Fraßtätigkeit von Anobium striatum mehr auftrat. Hierauf hat Dr. Jencic weitere Versuche angestellt, die ergaben, daß Zyklon B bei stärkerer Konzentration und längerer Einwirkungszeit in befallenes Holz in genügendem Maße einzudringen vermag, um Anobium striatum abzutöten.

Ob Zyklongas einen anderen Diffusionskoeffizienten dem Holze gegenüber besitzt als das mit dem Bottichverfahren hergestellte HCN oder ob die im Zyklon B enthaltenen Reizgase eine besonders günstige Eigenschaft entwickeln, wurde nicht überprüft.

Ebenso war unbekannt, ob und wie weit der Feuchtigkeitsgehalt der zu vergasenden Luft und Hölzer für die Diffusion des Zyklongases eine Rolle spielt.

Fest standen nur die praktischen günstigen Ergebnisse, die Dr. Jencic bei gelegentlichen Vergasungen und bei seinen Vorversuchen erzielt hatte.

Der Unterschied zwischen seinen und den Versuchsergebnissen Nagels war vorhanden; es war jedoch nicht bekannt, welche Faktoren die Verschiedenheit beeinflußt haben.

Da Dr. Jencic vertraglich für den Erfolg einer Zyklonvergasung gutstand und da man die Bekämpfung des Holzwurms wegen der Gefährdung des gotischen Kunstwerkes nicht mehr länger hinausschieben wollte, entschloß sich das Bundes-Denkmalamt, die »Entwesung« am 4. November 1929 zu beginnen.

Der Herbst als Zeitpunkt der Vergasung war günstig, da zu dieser Jahreszeit hauptsächlich nur Larven und wenig oder gar keine Eier im Holze sich befinden, die dem Gas gegenüber am widerstandsfähigsten sind (Lit. 1, 2).

Die Vergasung sollte mindestens eine Woche dauern und die Konzentration auch am Schlusse unter 0·2 Volumprozent nicht herabsinken dürfen.

Die Abdichtung der Kirche mußte daher mit größter Sorgfalt durchgeführt werden und ist auch überraschend gelungen, wie an anderer Stelle aus der Konzentrationstabelle während der Vergasung hervorgeht. Man beachte dagegen die Gasverluste bei Nagels Versuch XII (Lit. 2) unter ähnlichen Bedingungen.

Glücklicherweise war am Hochaltar der alte Lacküberzug früherer Restaurierungen teils abgelöst, teils bröselig, wo er aber noch anhaftete, in mehr oder weniger breiten Klüften zersprungen.

Die großen Figuren des Altars wurden aufgekeilt, so daß auch von der Standfläche aus, also von unten her, das Zyklongas eindringen konnte.

Bei der Beschickung mit Zyklon wurde dieses direkt auf den Altar gestreut.

Wichtig war das Auslegen von befallenen Versuchshölzern in der zu vergasenden Kirche, damit die Wirkung des Giftgases geprüft werden konnte. Es mußte getrachtet werden, Probehölzer auszulegen, die in der Stärke den dicksten Teilen des Altars ziemlich gleichkamen. Da die großen Statuen als stärkste Teile rückwärts ausgehöhlt sind, konnte dieser Forderung annähernd entsprochen werden. Das Maßwerk kam bei seiner zierlichen Gliederung dem Erfolge der Vergasung sehr entgegen.

An verschiedenen Stellen der Kirche wurden 9 Versuchshölzer ausgelegt, die alle von Anobium striatum Oliv. befallen waren. Von einigen Probehölzern wurden Teile vorher abgesägt, der Vergasung nicht ausgesetzt und womöglich in gleichen Temperaturen wie die vergasten Hölzer aufbewahrt.

Von den Versuchshölzern kamen wegen der Größe hauptsächlich 3 (I, II und VIII), aber auch nebenbei noch 2 Stück (III und IV) in Betracht.

Am 4. November 1929, 16 Uhr, wurde die Kirche mit Zyklon beschickt und am 12. November 1929, 8 Uhr 30 Minuten, mit der Entlüftung begonnen. Das Innere der Kirche war daher rund $7^1/_2$ Tage unter Gaseinwirkung. Am ersten Tage wurden 0·8 Volumprozent erreicht und nach drei Tagen waren noch immer 0·22 Volumprozent festzustellen. Erst am vierten Tag sank die Konzentration auf 0·18 Volumprozent, worauf Zyklon nachgeschossen wurde. Fast bis zum Schlusse der Vergasung erhielt sich die Konzentration auf über 0·2 Volumprozent. Die Abdichtung der Kirche war also gut gelungen.

Versuchsholz I: Ein Teil vor der Vergasung abgesägt und nicht vergast. Rotbuche. Größe: 54 cm lang, 20 cm breit, 12·5 cm hoch. Ausgelegt am Altartisch. Entnommen 5. November 1929, 11 Uhr 45 Minuten, daher fast 19 Stunden unter Gas. 11·5 cm abgesägt. Übriger Teil (42·5 cm Länge) in die vergaste Kirche an den früheren Platz zurückgelegt. 6. November 1929, 7 Uhr entnommen, daher fast 38 Stunden unter Gas. 7·5 cm abgesägt. Den übrigen Teil (35 cm Länge) an den früheren Platz zurückgelegt. Endgültig entnommen 7. November 1929, 7 Uhr, daher fast 62 Stunden unter Gas.

Versuchsholz II: Rotbuche. Größe: 54 cm lang, 15 cm breit, 12·5 cm hoch. Ausgelegt am Gerüst in Altarhöhe. Entnommen 5. November 1929, 12 Uhr, daher fast 19 Stunden unter Gas. 11 cm abgesägt. Übriger Teil (43 cm Länge) in die vergaste Kirche an den früheren Platz zurückgelegt. 6. November 1929, 7 Uhr entnommen, daher fast 38 Stunden unter Gas. 4 cm abgesägt. Den übrigen Teil (39 cm Länge) an den früheren Platz zurückgelegt. 9. November 1929, 7 Uhr, Rest entnommen (39 cm Länge), daher fast 110 Stunden unter Gas.

Versuchsholz III: Rotbuche. Größe: 17·5 cm lang, 12 cm breit, 9 cm hoch. Ausgelegt am Chor. Entnommen 9. November 1929, 7 Uhr, daher fast 110 Stunden unter Gas.

Versuchsholz IV: Rotbuche. Größe: 18 cm lang, 12 cm breit, 11·5 cm hoch. Ausgelegt auf der Kanzel. Entnommen 9. November 1929, 7 Uhr, daher fast 110 Stunden unter Gas.

Versuchsholz V: Fichtenbrett (alter Ölfarbanstrich). Größe: 45 cm lang, 8·5 cm breit, 1·5 cm hoch. Ausgelegt am rechten Seitenaltar am Altartisch. Entnommen am 6. November 1929, 7 Uhr, daher 38 Stunden unter Gas. 11 cm abgesägt. Übriger Teil (36 cm Länge) zurückgelegt. Entnommen 9. November 1929, 7 Uhr, daher 110 Stunden unter Gas.

Versuchsholz VI: Fichtenbrett (alter Ölfarbanstrich). Größe: 46·5 cm lang, 10 cm breit, 1·5 cm hoch. Ausgelegt beim rechten Seitenaltar am Fußboden unter einem Kokosteppich. Entnommen 9. November 1929, 7 Uhr, daher 110 Stunden unter Gas.

Versuchsholz VII: Fichtenbrett (nur an einem Ende befallen). Größe: 46 cm lang, 21 cm breit, 1·5 cm hoch. Ausgelegt im Mittelschiff der Kirche in einer Kiste mit der Madonnenstatue von Taufkirchen.

Entnommen 9. November 1929, 7 Uhr, daher 110 Stunden unter Gas.

Versuchsholz VIII: Ahorn (großer, alter Radschuh). Ausgelegt am Orgelchor beim rechten Oberfenster. Entnommen 9. November 1929, 7 Uhr, daher 110 Stunden unter Gas.

Versuchsholz IX: Fichtenbrett. Größe: 46 cm lang, 15 cm breit, 1'5 cm hoch. Ausgelegt am Schrein in der Sakristei. Entnommen 9. November 1929, 7 Uhr, daher 110 Stunden unter Gas.

Nagel hat festgestellt (Lit. 2), daß der Tod bei Anobienlarven daran zu erkennen sei, daß die Tiere »nach und nach ihre weiße Farbe verlieren und gelblich-braun werden. Auch entstehen bei leichtem Druck Vertiefungen, die bleiben; bei nur betäubten Larven gleichen sich diese Vertiefungen sofort wieder aus. Nach längerer Zeit werden die Tiere dunkelbraun und hart und schrumpfen vollständig ein.« Außerdem beobachtete Nagel noch, daß ungenügend vergaste Larven in einen Starrezustand verfallen, aus dem sie sich nach 7 Tagen oft erst wieder erholen können. Auf Grund angestellter Versuche mit Schwefelkohlenstoff und Zyklon können diese Beobachtungen bestätigt werden.

Außerdem konnten aber noch in Vorversuchen an Anobienlarven, die nur in einem Starrezustand sich befanden, bei den Stigmen Gasblasen festgestellt werden, die bei toten Tieren nie beobachtet werden konnten. Wenn man starre, also nicht tote Anobienlarven ins Wasser taucht, kann man diese Gasblasen an der starken Lichtbrechung sofort erkennen. Dieses Tauchverfahren wurde auch bei ungefähr der Hälfte der zur Untersuchung gelangten Tiere aus den Versuchshölzern angewendet. Die untersuchten Tiere wurden dann auf Fließpapier vorsichtig abgetrocknet und wie die anderen Versuchslarven in Petrischalen auf unvergastes Bohrmehl gelegt.

Von Probeholz I wurde aus der vergasten Kirche, wie oben bereits erwähnt, schon nach 19 Stunden ein Teil entnommen.

Die Hölzer wurden immer kreuzweise auseinandergesägt, so daß aus dem innersten Kern Larven entnommen werden konnten. Die Probehölzer rochen stark nach Zyklon, so daß dies nur bei offenem Fenster durchgeführt werden konnte.

Auffallend war, daß schon nach 19stündiger Vergasung bei allen untersuchten Larven der Turgor im Körper aufgehört hatte, also die Larven ganz weich waren und bei Berührung mit einem weichen Pinsel die Druckstellen eingesunken blieben. An den Stigmen waren beim Tauchverfahren keine Gasblasen festzustellen.

Es hat sich auch keine der Anobienlarven nachträglich wieder erholt. Die Larven verfärbten sich alle schon nach wenigen Stunden.

Da in keinem einzigen Falle der später entnommenen Probehölzer, unter denen sich Balken von 39 cm und 35 cm Länge befanden, lebende Larven gefunden werden konnten und auch kein einziges Tier sich nachträglich wieder erholt hat, erübrigt sich das Anführen der weiteren Untersuchungen.

Die freigelegten Larven wurden durch 2 Monate noch überwacht und an den gelüfteten Versuchshölzern bis nach 6 Monaten Stichproben vorgenommen, aber immer mit demselben Ergebnis, daß alle Anobien abgetötet waren.

In den nichtvergasten Teilen der Probehölzer lebten aber fast alle Tiere; nur zwei tote Exemplare deren Todesursache eine andere war, konnten darin gefunden werden.

Auch in den größten Versuchshölzern waren nach 110stündiger Vergasung alle Tiere getötet worden, also das Zyklongas in genügender Konzentration eingedrungen. Man entschloß sich aber, die Kirche noch 73 Stunden unter Gas zu halten.

Heute kann nun festgestellt werden, daß auch im Altar alle Entwicklungsstadien von Anobium striatum Oliv. abgetötet worden sind, denn bis Juli 1930, also nach über 7 Monaten, war kein neuer Fraß, d. h. kein Bohrmehl mehr an dem eingerüstet gebliebenen und daher überall zugänglichen Altar beobachtet worden.

Die Vergasung kann daher als gelungen bezeichnet werden.

Literatur:

1) Bolle, Joh., Über die Bekämpfung des Holzwurmes (Anobium) in einem alten Kunstwerke. Zeitschrift für angewandte Entomologie. 3. Band, Berlin 1916.

2) Nagel, W., Bekämpfung von Anobium striatum Oliv. mittels Zyanwasserstoffgasen. Zeitschrift für angewandte Entomologie. 7. Band, Berlin 1921.

3) Zacher, Fried., Die Vorrats-, Speicher- und Materialschädlinge und ihre Bekämpfung. Verlag Paul Parey, Berlin 1927.

4) Herzog, Dr. Ing. Walth., Die neuere Entwicklung der Schädlingsbekämpfung mittels Blausäure. Chemiker-Zeitung, Sonderteil: Die Chemische Praxis. 50. Jahrgang, Nr. 68, Cöthen 1926.

Abbildungsnachweis

Wibke Unger, Nahrung und Klima als entscheidende Faktoren für Angriff, Bestand und Ausbreitung holzzerstörender Insekten und Pilze in Baudenkmälern
Abb. Verfasserin

Gerhard Binker, Umweltschutzkonzepte und Neuentwicklungen bei Kulturgutbegasungen
Abb. Verfasser

Autoren

Hideo Arai, Ph. D., Japan Environment Institute of Cultural Property c/o Chemix Japan Ltd., Miyasuka Bldg. 6F, 2-7-12 Bakurocho, Chuo-ku, Tokyo 103, Japan

Werner Biebl, Fa. Biebl & Söhne, Schädlingsbekämpfung und Desinfektion GmbH, Bergstraße 8, 82024 Taufkirchen

Dr. Gerhard Binker, Fa. Binker-Materialschutz GmbH, Postfach 4, 90567 Schwaig

Erwin Emmerling, Ltd. Dipl.-Restaurator, Bayerisches Landesamt für Denkmalpflege, Restaurierungswerkstätten, Leiter der Referate Tafel- und Leinwandgemälde sowie Skulpturen, Hofgraben 4, 80539 München

Dr. Mark Gilberg, M. Sc. Ph. D., United States Department of the Interior, National Park Service, National Center for Preservation Technology and Training, Northwestern State University, NSU Box 5682, Natchitoches, Louisiana 71497

Alex Roach, Materials Conservation Division, Australian Museum, 6-8 College Street, Sydney, NSW 2000, Australia

Dr. Achim Unger, Staatliche Museen Berlin, Preußischer Kulturbesitz, Rathgen-Forschungslabor, Schloßstraße 1a, 14059 Berlin

Dr. Wibke Unger, Materialprüfungsamt Brandenburg, Außenstelle Eberswalde, Schicklerstraße 3-5, 16225 Eberswalde

Tagungsberichte
des Bayerischen Landesamtes für Denkmalpflege
Restaurierungswerkstätten

Wegen der großen Nachfrage plant das Bayerische Landesamt für Denkmalpflege die Tagungsberichte der Restaurierungswerkstätten der Jahre 1992-1995 in der Reihe der Arbeitshefte herauszugeben. Die Hefte umfassen die auf den Tagungen gehaltenen Vorträge und z.T. Diskussionsbeiträge, Literaturlisten, Abbildungen u.a. Die Reihe wird fortgesetzt.

Preis der Bände je DM 42,– (zzgl. Versandkosten)

Tagungsbericht Nr. 1 (4.5.1992): Holzschutz, Holzfestigung, Holzergänzung (Arbeitsheft 73)

Tagungsbericht Nr. 2 (17.11.1992): Haftungsprobleme und Putzsicherung an gemauerten und hölzernen Putzträgern (Arbeitsheft 79)

Tagungsbericht Nr. 3 (22.10.1993): Holzschädlingsbekämpfung durch Begasung (Arbeitsheft 75)

Tagungsbericht Nr. 4 (28./29.11.1988, aktualisiert): Zur Problematik salzbelasteter Wandmalerei (Arbeitsheft 78)

Tagungsbericht Nr. 5 (1994/95): Konservierung von Wandmalerei mit chemischen Methoden

Tagungsbericht Nr. 6 (1995): Holzschutzmaßnahmen mit modernen Techniken

Die Titel der Tagungsberichte entsprechen den Veranstaltungsthemen, sie können beim Arbeitsheft einen leicht veränderten Titel tragen.

Arbeitsheft 73

Aus dem Inhalt:

Achim und Wibke Unger
Die Bekämpfung tierischer und pilzlicher Holzschädlinge

Ulrich Schießl
Festigkeitserhöhende Konservierung von Holz

Erwin Emmerling
Festigungs- und Ergänzungsarbeiten an Holzbildwerken. Beispiele aus der praktischen Arbeit; Materialien und Techniken

Edmund Melzl
Zur Restaurierung des spätgotischen Kruzifixus' aus der Klosterkirche zum Hl. Kreuz des Klosters Niedernburg in Passau

Gabi Schmidt
Zur Restaurierung der gefaßten Martinsfigur aus der Kath. Pfarrkirche St. Martin in Boos

Achim und Wibke Unger
Bibliographie zur Holzkonservierung